国家自然科学基金项目资助

无线通信系统

——FFT 与信道译码 VLSI 设计

王建　范广腾　田世伟　刘马良　编著

西安电子科技大学出版社

内 容 简 介

本书针对无线通信系统高吞吐量、高可靠性基带处理对专用集成电路设计的需求，系统地阐述了低复杂度高精度 FFT 信号处理、低时延高性能信道译码算法，以及它们的 VLSI 实现结构。全书共 7 章，包括无线通信系统中的 FFT 与信道译码技术、基于并行流水线的 FFT 计算方法及 VLSI 结构、基于单端口 RAM 的 FFT 处理器及 VLSI 结构、Radix-2^k FFT 算法量化误差分析与 VLSI 结构优化、Turbo 码并行译码器 VLSI 结构设计、卷积码的并行列表译码算法与并行列表译码器的硬件结构设计和无人机通信系统 VLSI 结构设计。

本书可作为高等院校信息与通信工程、集成电路、微电子及其他相近专业的教材，也可供数字集成电路设计以及移动通信领域的科研人员阅读和参考。

图书在版编目(CIP)数据

无线通信系统：FFT 与信道译码 VLSI 设计 / 王建等编著. —西安：西安电子科技大学出版社，2023.4
ISBN 978 - 7 - 5606 - 6754 - 6

Ⅰ. ①无… Ⅱ. ①王… Ⅲ. ①无线电通信—通信系统—高等学校—教材
Ⅳ. ①TN92

中国国家版本馆 CIP 数据核字(2023)第 020514 号

策　　划　李惠萍
责任编辑　阎　彬
出版发行　西安电子科技大学出版社(西安市太白南路 2 号)
电　　话　(029)88202421　88201467　　　邮　编　710071
网　　址　www.xduph.com　　　　　电子邮箱　xdupfxb001@163.com
经　　销　新华书店
印刷单位　陕西日报社
版　　次　2023 年 4 月第 1 版　2023 年 4 月第 1 次印刷
开　　本　787 毫米×1092 毫米　1/16　印张 13.75
字　　数　322 千字
印　　数　1～2000 册
定　　价　34.00 元
ISBN 978 - 7 - 5606 - 6754 - 6/TN

XDUP 7056001 - 1

前　言

从 1896 年意大利工程师马可尼成功实现无线电通信并获得世界上第一个无线电报系统专利开始，无线通信技术开启了自身发展的序章。在百年发展历程里，一代代研究者们不断耕耘，使无线通信不断取得新的技术突破和能力演进，也推动着人类社会生产生活方式的变革。在当前这个万物互联的时代，无线通信技术在移动蜂窝网络、工业物联网络、航天测控与通信网络等各类通信体系中扮演着重要的角色，也为大数据、人工智能、无人系统等新技术的落地应用提供了有力支撑。

无线通信技术能够得到如此广泛的应用，除了与通信信号体制随着传输速率的提升不断革新、信号信息处理算法随着应用场景的扩展不断升级有关，还离不开无线通信系统超大规模集成电路(Very Large-Scale Integration，VLSI)实现领域的大量研究进展。各式各样的终端设备作为无线通信系统最为基础和关键的组成部分，都具有能量受限、处理能力受限的典型特征。这意味着离开 VLSI 实现研究，直接将各类通信信号处理算法运行在一些通用的可编程处理器上，将面临功耗的激增或处理速度的瓶颈，难以满足绝大多数场景对通信终端的应用要求。特别是近十年以来，以物联网模块、5G 移动通信终端为代表的无线通信设备愈发明显地呈现出低功耗、高速率的发展趋势，因此更需要从集成电路设计角度，在数字电路复杂度、芯片功耗的严格约束下，通过高效的 VLSI 设计方案，将先进的通信信号处理算法进行片上集成，使其在各类系统和设备中发挥效能。

本书以无线通信系统的 VLSI 设计为主题，选取快速傅里叶变换(Fast Fourier Trans，FFT)与信道译码作为切入点进行深入阐述。其中，FFT 是信号处理常用的时频变换工具，在各类无线通信体制下均发挥着重要作用；信道译码是无线通信系统接收端进行信息纠错的关键操作，对于保证通信链路的可靠性不可或缺。

全书共 7 章。第 1 章是无线通信系统中的 FFT 与信道译码技术，介绍无线通信的基本数学原理、FFT 在无线通信系统中的应用、无线通信系统典型的信道编译码方法；第 2 章是基于并行流水线的 FFT 计算方法及 VLSI 结构，介绍面向硬件实现的 Radix-2^k FFT 算法原理、FFT 串行流水线结构、FFT 并行流水线计算方法、FFT 混合抽取多路延迟反馈 VLSI 结构、理论分析与硬件测试；第 3 章是基于单端口 RAM 的 FFT 处理器及 VLSI 结构，介绍 FFT 处理器顶层架构设计、FFT 处理器数据访问方案设计、FFT 处理器 VLSI 结构设计、理论分析与硬件测试；第 4 章是 Radix-2^k FFT 算法量化误差分析与 VLSI 结构优化，介绍基于矩阵变换的混合 Radix-2^k FFT 算法分析、混合 Radix-2^k FFT 算法的量化误差分析、FFT 流水线结构硬件参数的优化配置、仿真分析与实验测试；第 5 章是 Turbo 码并行译码器 VLSI 结构设计，介绍 Turbo 码的并行译码方法、Turbo 码子块并行译码器 VLSI 结构设计、Turbo 码并行译码 QPP 交织器 VLSI 结构设计、并行 QPP 交织器的硬件设计、理论分析与硬件测试；第 6 章是卷积码的并行列表译码算法与并行列表译码器的硬件结构设计，介绍卷积码的并行列表译码算法、基于路径标识的非咬尾卷积码并行列表译码算法、并行列表译码器的硬件结构设计、理论分析与硬件测试；第 7 章是无人机通信系统 VLSI 结构设计，介绍数字前端方案设计、直接数字频率合成器 VLSI 结构设计、数字信道化接收装置 VLSI 结构设计、伪码并行捕获装置 VLSI 结构设计、信道估计与均衡装置 VLSI 结构设计。

本书编写得到了国家自然科学基金（No. 61801503）的大力支持，相关成果的取得和总结凝聚了集体智慧。在本书的编写过程中，我们参阅了大量的文献和图书资料，在此谨向相关文献的作者表示衷心的感谢。

无线通信系统的 VLSI 设计是信号处理与数字电路设计的交叉领域。随着集成电路学科的不断完善，无线通信系统的发展将走向更广阔的平台，迎来百花齐放的新时代。由于作者水平有限，书中难免存在疏漏和不妥之处，敬请读者批评指正。

编　者

2022 年 10 月

目 录

第1章　无线通信系统中的 FFT 与信道译码技术 ··· 1

1.1　无线通信的基本数学原理 ··· 1

1.1.1　连续时间基带模型 ··· 2

1.1.2　离散时间基带模型 ··· 3

1.1.3　加性白噪声 ··· 4

1.2　FFT 在无线通信系统中的应用 ··· 5

1.2.1　FFT 在信号同步中的应用 ··· 6

1.2.2　FFT 在调制解调中的应用 ··· 7

1.2.3　FFT 在信道均衡中的应用 ··· 9

1.3　无线通信系统典型的信道编译码方法 ··· 11

1.3.1　卷积码的编码与译码 ··· 12

1.3.2　Turbo 码的编码与译码 ··· 13

本章小结 ··· 15

第2章　基于并行流水线的 FFT 计算方法及 VLSI 结构 ······························· 17

2.1　面向硬件实现的 Radix-2^k FFT 算法原理 ··· 18

2.2　FFT 串行流水线结构 ··· 20

2.2.1　延迟反馈 VLSI 结构 ··· 20

2.2.2　延迟换向 VLSI 结构 ··· 21

2.2.3　数据排序单元优化设计方案 ··· 22

2.2.4　旋转因子存储单元优化方案 ··· 26

2.3　FFT 并行流水线计算方法 ··· 29

2.4　FFT 混合抽取多路延迟反馈 VLSI 结构 ··· 31

2.4.1　基于折叠变换的延迟反馈结构分析 ··· 32

2.4.2　延迟反馈结构计算调度优化 ··· 35

2.4.3　混合抽取多路延迟反馈 VLSI 结构设计 ··· 37

2.5　理论分析与硬件测试 ··· 39

2.5.1　FFT 并行流水线结构的资源开销估计与比较 ····································· 39

2.5.2　M^2DF 结构的硬件实现与测试 ··· 41

本章小结 ··· 44

第3章　基于单端口 RAM 的 FFT 处理器及 VLSI 结构 ······························· 45

3.1　FFT 处理器顶层架构设计 ··· 46

3.2　FFT 处理器数据访问方案设计 ··· 49

3.2.1　输入数据缓存方案 ··· 50

3.2.2　中间计算结果存取方案 ··· 50

3.2.3　输出数据读取方案 ··· 58

3.3　FFT 处理器 VLSI 结构设计 ··· 61

3.3.1　数据访问参数的生成 ··· 61

  3.3.2 输入输出转换单元及数据次序变换单元 ················ 66

  3.3.3 混合抽取多路延迟反馈 VLSI 结构设计 ·············· 67

 3.4 理论分析与硬件测试 ······································· 68

  3.4.1 FFT 处理器性能及硬件开销估计与比较 ············· 68

  3.4.2 FFT 处理器硬件实现与测试 ······················· 70

 本章小结 ··· 73

第 4 章 Radix-2^k FFT 算法量化误差分析与 VLSI 结构优化 ···· 75

 4.1 基于矩阵变换的混合 Radix-2^k FFT 算法分析 ················ 76

  4.1.1 混合 Radix-2^k FFT 算法的矩阵变换表示 ··········· 76

  4.1.2 混合 Radix-2^k FFT 算法分量矩阵的数学性质 ········ 79

 4.2 混合 Radix-2^k FFT 算法的量化误差分析 ················· 80

  4.2.1 可变数据位宽下的量化误差模型 ················· 81

  4.2.2 量化误差的功率估计 ·························· 83

 4.3 FFT 流水线结构硬件参数的优化配置 ···················· 86

  4.3.1 流水线 VLSI 结构存储开销分析 ·················· 86

  4.3.2 流水线 VLSI 结构计算资源开销分析 ··············· 91

  4.3.3 FFT 流水线 VLSI 结构硬件参数优化方法 ············ 92

 4.4 仿真分析与实验测试 ······································· 94

  4.4.1 流水线结构的 SQNR 与存储开销的仿真分析 ·········· 94

  4.4.2 FFT 流水线结构的 SQNR 的实验测试 ·············· 99

 本章小结 ·· 102

第 5 章 Turbo 码并行译码器 VLSI 结构设计 ················ 103

 5.1 Turbo 码的并行译码方法 ······························· 104

  5.1.1 基于符号的 MAP 译码算法 ····················· 104

  5.1.2 子块并行译码方法与块交织流水线策略 ············· 105

  5.1.3 滑动窗译码与前后向交叉译码方式 ··············· 107

 5.2 Turbo 码子块并行译码器 VLSI 结构设计 ················· 108

 5.3 Turbo 码并行译码 QPP 交织器 VLSI 结构设计 ············· 110

  5.3.1 外信息存储模式与 QPP 交织器的数学表示 ·········· 111

  5.3.2 支持无冲突访问的外信息存储模式 ··············· 112

 5.4 并行 QPP 交织器的硬件设计 ···························· 115

  5.4.1 数据写入电路结构 ··························· 116

  5.4.2 数据读取电路的读地址产生单元 ················· 118

  5.4.3 数据读取电路中的数据路由网络 ················· 124

 5.5 理论分析与硬件测试 ······································ 127

  5.5.1 不同设计方案中 QPP 交织器的复杂度分析 ·········· 127

  5.5.2 QPP 交织器的硬件实现与测试 ·················· 130

 本章小结 ·· 132

第 6 章 卷积码的并行列表译码算法与并行列表译码器的硬件结构设计 ··· 133

 6.1 卷积码的并行列表译码算法 ····························· 134

  6.1.1 非咬尾卷积码的列表译码 ······················ 135

  6.1.2 咬尾卷积码的列表译码 ······················· 137

6.2　基于路径标识的非咬尾卷积码并行列表译码算法 ·········· 137

6.2.1　基于路径标识的前向递推运算 ················· 139

6.2.2　基于路径标识的路径回溯 ···················· 140

6.2.3　基于网格循环性的咬尾卷积码初始状态估计器 ······· 141

6.3　并行列表译码器的硬件结构设计 ······················ 145

6.3.1　并行列表译码器的 ACS 单元 ·················· 147

6.3.2　并行列表译码器的路径回溯单元 ················ 148

6.3.3　初始状态估计器 ·························· 150

6.4　理论分析与硬件测试 ····························· 153

6.4.1　非咬尾卷积码列表译码算法所需的存储开销分析 ······ 153

6.4.2　基于 FPGA 的列表译码器硬件实现与性能测试 ······· 154

6.4.3　列表译码器的 VLSI 结构实现 ·················· 157

本章小结 ··································· 160

第 7 章　无人机通信系统 VLSI 结构设计 ····················· 161

7.1　数字前端方案设计 ····························· 163

7.1.1　信号分离装置 ··························· 163

7.1.2　残余频偏纠正装置 ························· 166

7.1.3　信号功率控制方案 ························· 167

7.2　直接数字频率合成器 VLSI 结构设计 ·················· 168

7.2.1　直接数字频率合成器存储压缩方案 ··············· 169

7.2.2　直接数字频率合成器 VLSI 实现结构 ·············· 173

7.2.3　直接数字频率合成器实现实例 ················· 176

7.3　数字信道化接收装置 VLSI 结构设计 ·················· 178

7.3.1　数字信道化接收装置顶层架构 ················· 179

7.3.2　输入排序单元设计 ························· 181

7.3.3　M 通道数字信道化迭代处理单元设计 ············· 183

7.3.4　输出分离单元设计 ························· 185

7.4　伪码并行捕获装置 VLSI 结构设计 ··················· 187

7.4.1　数据缓存单元及参数存储单元设计 ··············· 188

7.4.2　数据读取单元设计 ························· 191

7.4.3　数据处理单元设计 ························· 193

7.4.4　B 点 IFFT 计算单元设计 ····················· 194

7.4.5　码相位与多普勒估计单元设计 ················· 194

7.5　信道估计与均衡装置 VLSI 结构设计 ·················· 198

7.5.1　导频符号排列方式设计 ······················ 199

7.5.2　信道估计与均衡装置顶层架构 ················· 200

7.5.3　数据缓存单元结构及控制方案 ················· 203

7.5.4　全频域信道估计与均衡结构 ··················· 204

本章小结 ··································· 206

附录　CORDIC 运算单元的量化误差分析 ···················· 207

参考文献 ·· 209

第 1 章　无线通信系统中的 FFT 与信道译码技术

　　无线通信是指不利用导线、电缆、光纤等有线介质，而利用空间来传递电磁信号的通信方式。短波通信、微波通信、移动通信、卫星通信，以及家用无线宽带、航天器测控、深空通信都属于无线通信在特定领域的典型应用。1896 年，马可尼发明了无线电报，开辟了无线通信这一新的领域。20 世纪以来，从通信频段来看，无线通信覆盖了从长波、中波、短波、超短波、分米波、微波、毫米波到激光的各个频段；从传输能力来看，从文字、话音、到图像、视频，无线通信能够支撑的业务种类越来越丰富，信息速率越来越高。无线通信技术的不断发展演进，为人类社会的信息化、数字化和智能化提供了坚实的基础和有力的支撑，也深刻地改变了人们的生产生活方式。

　　数字化的基带处理是无线通信系统的重要特征。所谓数字化，是指基带处理的对象为离散时间信号，而非在无线信道上传输的连续时间信号。在发送端，基带处理的任务是将待发送的信息比特在信息层和信号层进行变换，使之成为适合无线信道传输的离散时间信号，该离散时间信号经过数模（D/A）转换后成为模拟通信信号，该模拟通信信号经过上变频调制到合适的载频发送。在接收端，信号经过下变频、滤波与采样后，得到的离散时间信号经过信号层与信息层的逆变换，恢复出发送的信息比特。信息层的变换与逆变换主要是指信道编码与译码，其作用是通过在信息比特中插入纠错信息来减少通信过程中的传输误码。信号层的变换与逆变换主要是指信号调制与解调，其目的是将信息比特变换成适合无线信道传输的带限信号，该带限信号通常具有较低的频谱泄露和较高的功率放大器使用效率。当然，接收端在进行信号逆变换（即信号解调）之前，需要进行信号同步、信道估计与均衡等操作，以克服噪声和无线信道传输失真对信号解调的不利影响。

　　本章主要内容安排如下：1.1 节阐述无线通信的基本数学原理，给出连续时间和离散时间条件下的基带模型，揭示信号调制与解调的数学内涵，说明无线信道对通信信号传输的影响；FFT 作为无线通信系统基带处理常用的信号变换操作，其在不同通信系统中的应用将在 1.2 节进行介绍；1.3 节介绍无线通信系统的信道编译码方法，重点介绍目前广泛应用的卷积码和 Turbo 码，并以移动通信网的长期演进（Long Term Evolution，LTE）系统的标准码型为例说明其编译码过程；最后对本章内容进行了总结。

1.1　无线通信的基本数学原理

　　对于无线通信信号，其频谱以 f_c 为中心频率并占用 $\left[f_c - \dfrac{W}{2}, f_c + \dfrac{W}{2} \right]$ 的带宽范围，其中 W 表示信号带宽。但是大多数的通信信号与信息处理（比如数据的编码与译码、信号的调制与解调等)都是完全在基带上进行的。在发送端，最后一步是首先将信号上变频到载频，然后再通过信道传输。类似地，接收端在进一步处理之前，第一步就是将射频信号下变频到基带信号。因此，从通信系统设计的角度来看，有必要建立一个系统的等效基带模型来对基带信号处理的各步骤进行严格的数学描述。下面我们通过无线信号的基带表示来讲述无线通信的基本数学原理。

1.1.1 连续时间基带模型

对于实信号 $s(t)$，其傅里叶变换记作 $S(f)$，它的带宽范围为 $\left[f_c - \dfrac{W}{2}, f_c + \dfrac{W}{2}\right]$ 并且 $W < 2f_c$。定义 $s(t)$ 的等效基带信号 $s_b(t)$ 的傅里叶变换为

$$S_b(f) = \begin{cases} \sqrt{2}\, S(f + f_c), & f + f_c > 0 \\ 0, & f + f_c \leqslant 0 \end{cases} \tag{1.1}$$

由于 $s(t)$ 是实信号，且其傅里叶变换满足 $S(f) = S^*(-f)$（其中符号 $*$ 表示共轭），因此，$s_b(t)$ 包含了与 $s(t)$ 完全相同的信息。式(1.1)中的缩放因子 $\sqrt{2}$ 旨在使 $s_b(t)$ 与 $s(t)$ 具有相同的能量。由于 $s_b(t)$ 的带宽范围为 $\left[\dfrac{-W}{2}, \dfrac{W}{2}\right]$，如果用 $s_b(t)$ 重新表示 $s(t)$，则可以得到

$$\sqrt{2}\, S(f) = S_b(f - f_c) + S_b^*(-f - f_c) \tag{1.2}$$

两边做逆傅里叶变换得

$$s(t) = \frac{1}{\sqrt{2}}\left[s_b(t)\mathrm{e}^{\mathrm{j}2\pi f_c t} + s_b^*(t)\mathrm{e}^{-\mathrm{j}2\pi f_c t}\right] = \sqrt{2}\,\Re\left[s_b(t)\mathrm{e}^{\mathrm{j}2\pi f_c t}\right] \tag{1.3}$$

因此，将基带信号 $s_b(t)$ 的实部 $\Re[s_b(t)]$ 调制到载波 $\sqrt{2}\cos(2\pi f_c t)$ 上，将基带信号 $s_b(t)$ 的虚部 $\Im[s_b(t)]$ 调制到载波 $-\sqrt{2}\sin(2\pi f_c t)$ 上，对两者求和可以得到 $\sqrt{2}\,\Re[s_b(t)\mathrm{e}^{\mathrm{j}2\pi f_c t}]$，即带通信号 $s(t)$，这个过程就是基带信号上变频的数学表示。将 $s(t)$ 与 $\sqrt{2}\cos(2\pi f_c t)$（或 $-\sqrt{2}\sin(2\pi f_c t)$）相乘，通过带宽为 $\left[\dfrac{-W}{2}, \dfrac{W}{2}\right]$ 的理想低通滤波器可以得到基带信号 $s_b(t)$ 的实部 $\Re[s_b(t)]$（或虚部 $\Im[s_b(t)]$），实现了带通信号的下变频。

由于多径效应的无线信道冲激响应可以表示为

$$h(\tau, t) = \sum_i a_i(t)\delta[\tau - \tau_i(t)] \tag{1.4}$$

其中 $a_i(t)$ 和 $\tau_i(t)$ 分别表示在 t 时刻从发送端到接收端的第 i 条路径上的总衰减与传播时延。因此，在时不变模型下，可以忽略式(1.4)中的参数 t，得到仅与传播时延相关的无线信道冲激响应，即

$$h(\tau) = \sum_i a_i\delta(\tau - \tau_i)$$

若令 $y_b(t)$ 表示接收信号 $y(t)$ 的等效基带信号，则类似地可以得到

$$y(t) = \sqrt{2}\,\Re\left[y_b(t)\mathrm{e}^{\mathrm{j}2\pi f_c t}\right] \tag{1.5}$$

因此在多径效应的作用下可以得到

$$\begin{aligned} \Re\left[y_b(t)\mathrm{e}^{\mathrm{j}2\pi f_c t}\right] &= \sum_i a_i(t)\,\Re\left[x_b(t - \tau_i(t))\mathrm{e}^{\mathrm{j}2\pi f_c(t - \tau_i(t))}\right] \\ &= \Re\left\{\left[a_i(t)\sum_i x_b(t - \tau_i(t))\mathrm{e}^{-\mathrm{j}2\pi f_c\tau_i(t)}\right]\mathrm{e}^{\mathrm{j}2\pi f_c t}\right\} \end{aligned} \tag{1.6}$$

类似地，可以得到

$$\Im\big[y_b(t)\mathrm{e}^{\mathrm{j}2\pi f_c t}\big]=\Im\Big\{\Big[a_i(t)\sum_i x_b(t-\tau_i(t))\mathrm{e}^{-\mathrm{j}2\pi f_c\tau_i(t)}\Big]\mathrm{e}^{\mathrm{j}2\pi f_c t}\Big\} \tag{1.7}$$

上面的数学变换过程可以通过图 1.1 所示的框图来描述，从 $x_b(t)$ 到 $y_b(t)$ 的这种带通通信系统的实现方式称为正交幅度调制，其中信号 $\Re[x_b(t)]$ 称为同相分量，信号 $\Im[x_b(t)]$ 称为正交分量。如果只关注基带信号经过无线信道的变化，那么由式(1.6)和式(1.7)可以推导出

$$y_b(t)=\sum_i a_i^b(t)x_b[t-\tau_i(t)] \tag{1.8}$$

其中 $a_i^b(t)=a_i(t)\mathrm{e}^{-\mathrm{j}2\pi f_c\tau_i(t)}$。

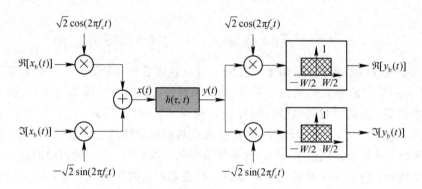

图 1.1　发送端的等效基带信号 $x_b(t)$ 到接收端的等效基带信号 $y_b(t)$ 的数学变换过程框图

1.1.2　离散时间基带模型

信号采样是无线通信系统的接收端开展各类数字信号处理的前置步骤。前面已经讲了连续时间基带模型，在此基础上，本节将讨论信号采样对通信信号处理的影响，并确定离散时间基带模型。假设输入波形的带宽为 W，则等效基带信号 $s_b(t)$ 的带宽为 $W/2$ 且可以表示为

$$x_b(t)=\sum_n x[n]\cdot\mathrm{sinc}(Wt-n) \tag{1.9}$$

其中，$x[n]$ 即为 $x_b\left(\dfrac{n}{W}\right)$；$\mathrm{sinc}(t)=\dfrac{\sin(\pi t)}{\pi t}$。

式(1.9)是根据采样理论得到的，即任何带宽为 $W/2$ 的波形都可以利用正交基 $\{\mathrm{sinc}(Wt-n)\}_n$ 展开，且它的系数取 $1/W$ 整数倍处的数值。根据式(1.9)，接收端的等效基带信号可以表示为

$$y_b(t)=\sum_n x[n]\sum_i a_i^b(t)\cdot\mathrm{sinc}[Wt-W\tau_i(t)-n] \tag{1.10}$$

若接收端的采样输出位于 $\dfrac{1}{W}$ 的整数倍处，即 $y[m]=y_b\left(\dfrac{m}{W}\right)$，则 $y[m]$ 可以表示成

$$y[m]=\sum_n x[n]\sum_i a_i^b\left(\frac{m}{W}\right)\cdot\mathrm{sinc}\left[m-n-\tau_i\left(\frac{m}{W}\right)W\right] \tag{1.11}$$

即采样输出 $y[m]$ 可以看作是波形 $y_b(t)$ 在波形 $\mathrm{sinc}(Wt-m)$ 上的投影。若令 $\ell=m-n$，则

$$y[m] = \sum_{\ell} x[m-\ell] \sum_i a_i^b\left(\frac{m}{W}\right) \mathrm{sinc}\left[\ell - \tau_i\left(\frac{m}{W}\right)W\right] \qquad (1.12)$$

通过定义

$$h_\ell[m] = \sum_i a_i^b\left(\frac{m}{W}\right) \cdot \mathrm{sinc}\left[\ell - \tau_i\left(\frac{m}{W}\right)W\right] \qquad (1.13)$$

式 (1.12)可以简化为

$$y[m] = \sum_{\ell} h_\ell[m] x[m-\ell] \qquad (1.14)$$

在式(1.13)中，$h_\ell[m]$ 表示在 m 时刻第 ℓ 个信道滤波器的抽头，是路径增益 $a_i^b(t)$ 的函数，对应的传播时延接近 $\frac{\ell}{W}$。若路径增益 $a_i^b(t)$ 和传播时延都是时不变的，那么式(1.13)可简化为

$$h_\ell = \sum_i a_i^b \mathrm{sinc}(\ell - \tau_i W) \qquad (1.15)$$

此时信道也是线性时不变模型，第 ℓ 个抽头 h_ℓ 可以看作是具有低通特性的基带信道冲激响应 $h_b(\tau)$ 与 $\mathrm{sinc}(W\tau)$ 的卷积结果在 ℓ/W 时刻的采样值。式(1.14)即为与式(1.8)对应的离散时间基带模型。由离散时间信号(式(1.14))到连续时间信号(式(1.8))，可以认为是先用 sinc 脉冲对复信号 $x[m]$ 进行调制，再在接收端对低通滤波器输出端的输出信号在 m/W 时刻进行采样。从基带发送信号 $x[m]$ 到基带采样的接收信号 $y[m]$ 的离散时间基带系统框图如图 1.2 所示。由于 sinc 脉冲的时间衰减特性很差而且对时间误差更敏感，因此在实际系统中通常利用其他形式发送脉冲(如升余弦脉冲)来代替 sinc 脉冲，相应的脉冲调制过程也称为升余弦成型滤波。

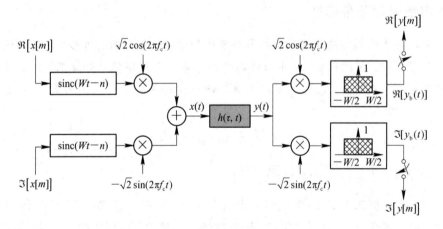

图 1.2　从基带发送信号 $x[m]$ 到基带采样的接收信号 $y[m]$ 的离散时间基带系统框图

1.1.3　加性白噪声

在离散时间基带模型的基础上，我们把加性噪声包含到模型中。假设噪声 $w(t)$ 是功率谱密度为 $N_0/2$ 的加性高斯白噪声(Additive White Gaussian Noise，AWGN)，噪声具有的信号统计特性满足 $E[w(0)w(t)] = \left(\dfrac{N_0}{2}\right)\delta(t)$。考虑噪声后，式(1.8)的模型可修改为

$$y_b(t) = \sum_i a_i^b(t) x_b[t - \tau_i(t)] + w(t) \tag{1.16}$$

离散时间基带模型变为

$$y[m] = \sum_\ell h_\ell[m] x[m - \ell] + w[m] \tag{1.17}$$

其中 $w[m]$ 是低通噪声在 m/W 时刻的采样值。

考虑噪声的完整离散时间基带系统框图如图 1.3 所示。

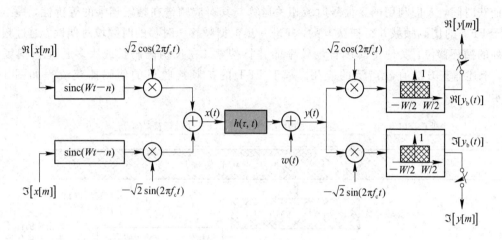

图 1.3　考虑噪声的完整离散时间基带系统框图

与信号分量一样，噪声 $w(t)$ 经过下变频、基带滤波并进行理想采样，因此

$$\Re(w[m]) = \int_{-\infty}^{\infty} w(t) \psi_{m,1}(t) \, dt \tag{1.18a}$$

$$\Im(w[m]) = \int_{-\infty}^{\infty} w(t) \psi_{m,2}(t) \, dt \tag{1.18b}$$

其中

$$\psi_{m,1}(t) = \sqrt{2W} \cos(2\pi f_c t) \operatorname{sinc}(Wt - m)$$

$$\psi_{m,2}(t) = -\sqrt{2W} \sin(2\pi f_c t) \operatorname{sinc}(Wt - m)$$

$\{\psi_{m,1}(t), \psi_{m,2}(t)\}_m$ 构成了波形的标准正交基。加性高斯白噪声（AWGN）的假设意味着我们假定主要噪声源位于接收机处或者噪声源辐射到接收机上的能量独立于信号接收路径。对于大多数通信系统而言，这通常是一个合理的假设。

1.2　FFT 在无线通信系统中的应用

根据上一节介绍的无线通信系统的基本原理，信号同步用于在接收端区分有用信号与噪声，并确定信号的起始位置与频率偏移，这是接收端执行后续信号处理操作的前提和基础。信号调制解调主要是将星座映射后的数据符号调制到一个或一组特定的载波上，以便于在无线信道上收发信号。信道均衡用于克服无线信道的多径效应给通信信号带来的失真，保证传输链路的可靠性。快速傅里叶变换（Fast Fourier Transform，FFT）作为一种基础的信号处理算法，在上述通信信号处理操作中均发挥着重要作用。下面结合典型系统对 FFT 在无线通信系统中的应用进行说明。

1.2.1　FFT 在信号同步中的应用

　　扩频通信系统的伪码捕获是 FFT 在信号同步领域中最典型的应用。扩频通信技术是卫星测控、导航、军事通信等领域的使能技术，具有抗干扰能力强、保密性好等优势。伪码捕获是扩频接收机进行信号同步的关键操作，其目的在于将接收信号的码相位差控制在一个码片之内，并使信号频率与本地载波频率的偏差小于载波频率的跟踪范围。为了缩短信号捕获时间，人们利用两个信号时域相关运算与其对应频谱在频域相乘的等价性，提出了基于 FFT 的伪码频域并行捕获方案，并进一步根据频移—时移的时频域对偶性，通过频域序列的循环移位，实现了对多普勒频率的并行搜索。在长伪码码长或大多普勒频偏场景下，上述捕获方法有着广泛的应用。基于 FFT 的扩频接收机的伪码捕获流程如图 1.4 所示。

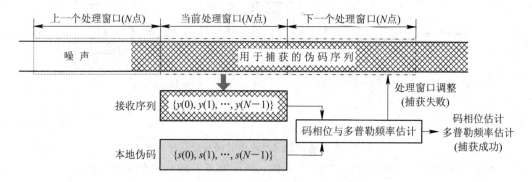

图 1.4　基于 FFT 的扩频接收机的伪码捕获流程

　　设基带过采样倍数 α 为 2 的整数次幂，伪码序列周期为 $N_c = 2^{n_c} - 1$。令 $N = \alpha N_c + \alpha$，则 $\{s(0), s(1), \cdots, s(N-1)\}$ 表示本地伪码经 α 倍过采样并补零的结果，其中 $s(\alpha N_c) = \cdots = s(N-1) = 0$。类似地，当前处理窗口内的基带采样数据补零后得到 $\{y(0), y(1), \cdots, y(N-1)\}$，其中 $y(\alpha N_c) = \cdots = y(N-1) = 0$。为确定接收信号的码相位与多普勒频率 f_d，需要进行如下互相关运算：

$$r(m, f_i) = \sum_{n=0}^{N-1} y[(n-m) \bmod N] \mathrm{e}^{\mathrm{j}2\pi f_i n} \cdot s^*(n) = \sum_{n=0}^{N-1} y[(n-m) \bmod N] \mathrm{e}^{\mathrm{j}2\pi f_i n} \cdot s(n)$$

$$(1.19)$$

其中，$m = 0, 1, \cdots, N-1$；f_i 为特定多普勒搜索频率，$f_i \in [-f_{d,\max}, f_{d,\max}](i = 0, 1, \cdots, I-1)$。由于本地伪码序列为实序列，故其满足 $s^*(n) = s(n)$。通过遍历 m、f_i 的取值范围，当 $r(m, f_i)$ 超过预设门限时，即认为捕获成功，得到接收序列的码相位和多普勒频率估计。由于式(1.19)中的互相关运算为频率补偿的接收序列与本地伪码的循环卷积，因此若设定特定多普勒搜索频率 f_i 为 FFT 频率分辨率 Δf 的整数倍，即 $f_i = \lambda_i \Delta f$，同时定义 $R(k, f_i)$ 为在给定 f_i 下 $r(m, f_i)$ 的离散傅里叶变换(Discrete Fourier Transform，DFT)，则

$$R(k, f_i) = Y[(k+\lambda_i) \bmod N] \cdot S^*(k), k = 0, 1, \cdots, N-1$$

其中，$Y(k)$ 为序列 $y(n)$ 的 N 点 FFT；$S^*(k)$ 为 $s(n)$ 的 N 点 DFT 的共轭。对 $R(k, f_i)$ 进行快速傅里叶逆变换(Inverse Fast Fourier Transform，IFFT)，可得 $r(m, f_i)$ 在给定 f_i 下对所有码相位 m 的互相关结果。具体而言，基于 FFT 的伪码捕获执行流程如下：

（1）对接收的复基带信号进行 N 点 FFT，并设置 p 个不同的循环移位值对计算结果进行循环移位，这里每个循环移位值对应一个多普勒频率，移位后产生的 p 个序列全部缓存在存储器中。

（2）并行读取 p 个序列的数据，每个序列分别与本地扩频码序列的 N 点 FFT 结果共轭相乘，进而进行 N 点 IFFT 并对结果取模，这里的 N 点 IFFT 结果对应于 N 个不同码相位下接收序列与本地伪码的互相关值，且已经覆盖码相位的整个搜索范围。

（3）比较得到 p 路 IFFT 结果的最大模值，并将其与预设门限进行比较，若超过预设门限，则最大模值对应的码相位和多普勒频率即作为伪码捕获装置的最终输出，否则返回（1）重新执行，并通过调整循环移位值来搜索新的多普勒频率范围。

因此，至多需要 1 次 N 点 FFT 和 I 次 N 点 IFFT 即可完成捕获过程。与直接执行时域互相关运算相比，基于 FFT 的伪码捕获方案的计算量更少。

1.2.2　FFT 在调制解调中的应用

利用 FFT 实现信号调制解调是正交频分复用（Orthogonal Frequency Division Multiplexing，OFDM）系统最典型的特征。OFDM 是一种多载波调制技术，它的基本思想是在频域内将给定信道分成许多个正交子信道，在每个子信道上使用一个子载波进行调制，并且各子载波并行传输。虽然无线信道是非平坦的，且具有频率选择性，但是当子信道数目很多时，每个子信道则相对平坦，因此在每个子信道上进行的是窄带传输，信号带宽远小于信道的相干带宽，这大大降低了信号波形之间的干扰。为了说明 OFDM 系统利用 FFT 实现信号调制与解调的原理，我们用信号分析中的正交分解理论进行分析。假设信号集 $\boldsymbol{\psi}(t)=[\psi_0(t),\psi_2(t),\cdots,\psi_{N-1}(t)]$ 是某一信号空间的正交基，它们满足

$$\int_{-\infty}^{\infty}\psi_n(t)\psi_m^*(t)=\begin{cases}0,&m\neq n\\ \dfrac{1}{N},&m=n\end{cases} \tag{1.20}$$

那么该空间的任意信号都可以由这一组基底进行线性表示，即

$$s(t)=\sum_{k=0}^{N-1}A_k\psi_k(t) \tag{1.21}$$

其中 $\boldsymbol{A}_k=[A_0,\cdots,A_{N-1}]$ 表示展开式的复系数。

时长为 T 的 OFDM 信号所选择的基底为

$$\psi_k(t)=\frac{1}{\sqrt{N}}e^{j2\pi(f_0+k\Delta f)t}\cdot u(t) \tag{1.22}$$

其中 $u(t)$ 表示长度为 T 的矩形窗，即

$$u(t)=\begin{cases}1,&0\leqslant t\leqslant T\\ 0,&\text{其他}\end{cases}$$

为了使式（1.20）成立，式（1.22）中的 Δf 应当满足 $\Delta f=\dfrac{1}{T}$。因此单个连续的 OFDM 信号可表示为

$$s_M(t)=\frac{1}{\sqrt{N}}\sum_{k=0}^{N-1}A_k e^{j2\pi\left(f_0+\frac{k}{T}\right)t}\cdot u(t) \tag{1.23}$$

其中 f_0 表示载频。

发射机发送的实信号 $s_T(t)$ 可以表示为

$$s_T(t) = \Re\{s_M(t)\} = \Re\{s_B(t)e^{j2\pi f_0 t}\} \tag{1.24}$$

其中 $s_B(t)$ 称为 OFDM 的基带等效信号，它可以看作式(1.23)在载频 $f_0 = 0$ 时的特例，即

$$s_B(t) = \frac{1}{\sqrt{N}}\sum_{k=0}^{N-1} A_k e^{j2\pi \frac{k}{T}t} \cdot u(t) \tag{1.25}$$

OFDM 系统带宽为 N/T，根据 Nyquist 采样定理知，要将连续的 OFDM 信号离散化，系统至少应该以 $T_s = T/N$ 为间隔对时域信号进行采样。我们对式(1.25)进行离散化处理，令 $t = n\dfrac{T}{N}(n = 0,\ 1,\ \cdots,\ N-1)$，并且忽略矩形函数，可以得到

$$s_B(n) = \sum_{k=0}^{N-1} A_k e^{j\frac{2\pi}{N}kn},\ n = 0,\ 1,\ \cdots,\ N-1 \tag{1.26}$$

这等效为对每个子载波上的数据符号 A_k 进行离散傅里叶逆变换(Inverse DFT，IDFT)。同样，为了在接收端恢复原始的数据符号 A_k，也可以对采样获得的序列进行 DFT，即

$$A_k = \sum_{n=0}^{N-1} s_B(n)e^{-j\frac{2\pi}{N}kn},\ k = 0,\ 1,\ \cdots,\ N-1 \tag{1.27}$$

这意味着 OFDM 系统的调制和解调可以通过 IFFT 和 FFT 来代替实现。

典型的 OFDM 系统收发模型如图 1.5 所示。发送端 OFDM 信号的产生流程是，信源数据经信源编码后去冗余变成比特流，随后进行信道编码并加入纠错信息，同时为防止突发成串的集中数据错误而采用交织处理。交织后的比特数据首先通过星座映射调制成各子载波上要传输的数据符号，待数据符号中插入导频符号后就形成了完整的数据符号，经串并转换变成 N 路信号后进行 IFFT，将运算结果转化为串行数据流就完成了各子载波的正交调制，从而得到 OFDM 基带信号。为了消除相邻 OFDM 信号在信道传输时的相互干扰，会在每个 OFDM 基带信号前插入循环前缀，并对插入循环前缀的信号进行功率谱整形，最后对 OFDM 基带信号进行数模转换，得到的模拟信号经射频调制后发送。

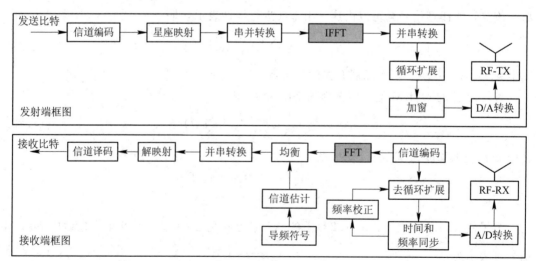

图 1.5　典型的 OFDM 系统收发模型

OFDM 信号接收过程为发送过程的逆过程，但由于受信道传输的影响，因此需要进行同

步与信道估计。接收端 OFDM 信号的接收流程是，首先对接收数据进行载波解调，然后通过采样得到离散的接收数据样点，并送入时间和频率同步模块获取符号定时信息和载波频偏信息，在这个过程中，通过反馈控制环路进行频偏补偿，并对接收数据样点去除循环前缀(CP)。剩下的时域 OFDM 数据完成 FFT 后还需进行信道估计，最后通过均衡即可得到补偿后的正确的 OFDM 符号数据，再经过解映射、信道译码即可还原出原始码流。

以 OFDM 技术为基础，结合多输入多输出(Multiple Input Multiple Output，MIMO)技术可以进一步提高系统的频带利用率，实现高速率数据传输。空间复用结构的 MIMO-OFDM 系统收发模型如图 1.6 所示。从图中可以看出，在发送端，高速数据流首先经过串并转换后变为多路数据流，然后各路数据流独立地生成 OFDM 信号并通过各自的发送天线发送；在接收端，当帧检测与同步操作完成后，各路接收信号首先利用 FFT 单元进行解调，然后检测器对得到的频域数据执行 MIMO 检测算法，逐个地对子载波进行信号检测，并将结果传送至信道译码单元完成数据纠错。在 MIMO-OFDM 系统中，IFFT 单元和 FFT 单元也是实现信号调制解调的重要组件。特别是当 FFT 单元具有足够大的数据吞吐量时，发送端或接收端的多路数据流可以复用 IFFT 单元与 FFT 单元来完成调制解调，从而降低系统的硬件复杂度。

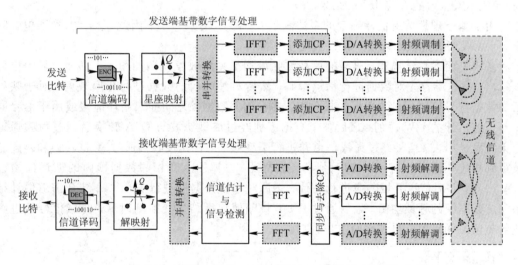

图 1.6　空间复用结构的 MIMO-OFDM 系统收发模型

1.2.3　FFT 在信道均衡中的应用

在无线信道上进行通信信号传输时，由于信道多径效应带来的信号时延扩展会造成码间干扰，因此导致星座图发散和接收误码率升高。信道均衡旨在克服无线信道给信号带来的不良影响，通过信道参数的估计与接收信号的补偿来缓解信号的码间干扰，从而保证链路通信质量。对于单载波频域均衡系统，FFT 是信道均衡的关键操作。单载波频域均衡是 IEEE.802.16a、IEEE.802.15.3 以及 IEEE.802.11ad 等主流通信标准规定的传输体制之一，它融合了单载波调制信号低峰均比的优势和 OFDM 多载波系统低复杂度信道均衡的特点，在行业内得到了广泛的应用。在单载波频域均衡系统中，假设发送端发出的信号为 $s(n)$，其平均功率为 1，信道冲激响应为 $h(l)(l=0,1,\cdots,L-1$，其中 L 为 FFT 窗口的长

度），加性高斯白噪声为 $w(n)$，则经过无线信道的接收信号 $r(n)$ 可以表示为

$$r(n) = \sum_{l=0}^{L-1} h(l)s(n-l) + w(n) \tag{1.28}$$

与 OFDM 系统类似，单载波频域均衡系统会在不同帧的发送数据之前插入具有循环前缀功能的独特字（Unique Word，UW）序列。UW 序列不仅能够消除前一帧数据对本帧数据的干扰，而且还可以用于信道估计和信号同步。UW 序列的存在使得每个发送数据帧与信道的线性卷积可以等效为循环卷积，利用循环卷积的时频域特性，将式(1.28)变换到频域可以得到

$$R_L(k) = H_L(k) \cdot S_L(k) + W_L(k), \ k = 0, 1, \cdots, L-1 \tag{1.29}$$

其中 $R_L(k)$ 表示接收信号的频域，即 $r(n)$ 的 L 点 FFT 结果；$H_L(k)$ 表示信道冲激响应 h 的 L 点 FFT 结果；$W_L(k)$ 表示噪声 w 的 L 点 FFT 结果。当系统完成信道估计并确定均衡系数 $C_L(k)$ 后，可以在频域对接收信号进行均衡处理，均衡后的频域信号表示为

$$Q_L(k) = C_L(k) \cdot R_L(k) = C_L(k) \cdot H_L(k) \cdot S_L(k) + C_L(k) \cdot W_L(k) \tag{1.30}$$

其中 $k=0, 1, \cdots, L-1$。再将上述结果通过 IFFT 变换回时域得

$$q_L(n) = \frac{1}{L} \sum_{k=0}^{L-1} Q_L(k) e^{j2\pi nk/L} \tag{1.31}$$

$q_L(n)$ 表示 $Q_L(k)$ 的 L 点 IFFT 结果。

由于基于理想信道估计确定的系数满足 $C_L(k) \cdot H_L(k) = 1$，因此 $q_L(n)$ 中除了包含噪声项，无线信道造成的乘性干扰已被完全消除。

基于上面的数学描述，典型的单载波频域均衡系统收发模型如图 1.7 所示。从图中可以看出，发送端首先对数据进行信道编码，然后对编码后的数据进行星座映射，对于映射后的数据符号按照预设的数据帧长分组，并在相邻数据帧之间插入循环前缀或用于信号同步与信道估计的 UW 序列，最后整个数据序列经过成型滤波与 D/A 转换后通过射频通道与天线发送出去。信号经过无线信道并进行下变频后，首先接收端通过 A/D 转换和匹配滤波得到相应频带内的信号，在信号同步完成后，去掉插入在相邻数据帧内的循环前缀或 UW 序列，并对信道频域响应进行估计；然后对每个数据帧进行 FFT，并结合信道估计结果完成数据帧的频域均衡；最后通过 IFFT 将频域均衡结果变换到时域，时域信号经过解映射与信道译码即可得到原始发送数据。

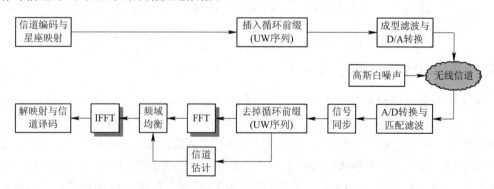

图 1.7　典型的单载波频域均衡系统收发模型

与时域均衡方法相比，利用 FFT 和 IFFT 对接收信号进行变换并开展频域均衡通常会具有更低的复杂度，这是因为其避免了时域均衡中复杂的抽头系数计算与动态更新等问

题。为了保证频域均衡的可靠性，单载波频域均衡系统要求循环前缀或 UW 序列的长度不小于无线信道的时延扩展长度，否则无法消除相邻数据帧之间的串扰。在高速移动等快时变信道场景下，需要适当地缩短数据帧的长度，增加 UW 序列在整个数据流中的插入密度，从而保证信道估计结果能够及时地适配信道的变化。

1.3　无线通信系统典型的信道编译码方法

信道编码是为了保证通信系统的传输可靠性，消除信道中的噪声和干扰而专门设计的一类抗干扰技术和方法。一般而言，物理层以传输信道的方式向上层提供数据传输服务，同时物理层传输自身使用的控制信息以支持物理层操作。对于来自上层的各个传输信道的数据和物理层自身的控制信息，物理层将按照规定的格式进行一系列与信道编码相关的处理。在几十年的发展历程中，研究者们提出了各式各样的信道编译码方法，例如简单易行的汉明码、在 LTE 移动通信系统中采用的 Turbo 码和卷积码、在深空通信中广泛应用的 LDPC 码以及理论证明可以完全达到香农限的极化码。本书将重点对 Turbo 码和卷积码开展研究，并设计高效的译码器 VLSI 实现方案。不同传输信道使用的编码方式和编码速率与不同控制信息使用的编码方式和编码速率分别如表 1.1 和表 1.2 所示。从表 1.1 中可以看出，Turbo 编码和卷积编码这两种信道编码方式承担了 LTE 系统的传输信道和控制信道的主要数据纠错任务，其中 Turbo 编码具有良好的性能，被用作大部分传输信道中数据信息的信道编码方式；卷积编码具有较低的译码复杂度，多被用作广播信道以及物理层上下行控制信息进行信道编码的主要方式。在其他非标无线通信设备中，Turbo 码和卷积码由于具有极高的技术成熟度，也得到了广泛的应用。

表 1.1　不同传输信道使用的编码方式和编码速率

传输信道	编码方式	编码速率
PDSCH(物理下行共享信道)	Turbo 编码	1/3 码率
PUSCH(物理上行共享信道)		
PCH(寻呼信道)		
PMCH(物理多播信道)		
PBCH(物理广播信道)	卷积编码	

表 1.2　不同控制信息使用的编码方式和编码速率

控制信息	编码方式	编码速率
DCI(下行控制信息)	卷积编码	1/3 码率
CFI(控制格式指示)	块编码	1/16 码率
HI(高干扰指示)	重复编码	1/3 码率
UCI(上行控制信息)	块编码	可变码率
	卷积编码	1/3 码率

假设对于一个给定的码块，输入信道编码模块的比特流记作 c_0，c_1，c_2，…，c_{K-1}，其中 K 表示要进行编码的比特数目，编码后的比特表示为 $d_0^{(i)}$，$d_1^{(i)}$，$d_2^{(i)}$，…，$d_{D-1}^{(i)}$，其中 D 表示每个分量码的编码比特数目（即分量码的长度），i 表示分量码的序号。接下来我们将从 c_k 与 $d_k^{(i)}$、K 与 D 的关系入手介绍卷积码以及 Turbo 码的编译码方式与特点。

1.3.1　卷积码的编码与译码

卷积编码是一种经典的信道编码方式。根据编码器中寄存器初始化方式不同，卷积码可以分为非咬尾卷积码和咬尾卷积码两类。这里以 LTE 标准规定的卷积码码型对编码过程进行说明。在 LTE 系统中，控制信道的编码由卷积码来完成。LTE 控制信道的传输块经过循环冗余校验（Cyclic Redundancy Check，CRC）后直接送入卷积码编码器。LTE 采用的卷积码编码器是约束长度为 7、母码码率为 1/3 的咬尾卷积码编码器，分量码采用的编码多项式为 $G_0 = 133$，$G_1 = 171$，$G_2 = 165$。编码速率为 1/3 的卷积码编码器结构如图 1.8 所示。

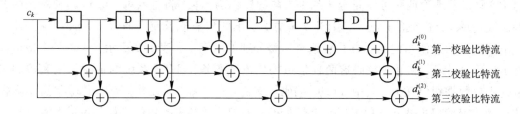

图 1.8　编码速率为 1/3 的卷积码编码器

非咬尾卷积码和咬尾卷积码的区别主要体现在对编码器初始状态的设置上。对于非咬尾卷积码，编码器在初始时刻会将内部寄存器设置为全"0"，因而编码器的初始状态即为全零状态。当最后一个信息比特送入编码器后，编码器的状态由信息序列的后 6 个比特决定，与初始全零状态不同。为了便于接收端译码，需要在发送信息比特之后再补 6 个"0"作为尾比特并送入编码器，使编码器的状态归零。尾比特对应的编码结果也需要传送至接收端进行译码，这使得每个分量码的长度由 D 增加到了 $D+6$，从而影响了有用信息的传输效率。对于咬尾卷积码，在编码之前将 6 个寄存器的初始状态设置为编码数据块最后 6 个比特的数值，这样当最后一个信息比特送入编码器后，卷积码的初始状态和结束状态将是相同的，省去了普通卷积码方案中用于将结束状态归零的尾比特，因此每个分量码的长度均为 $D = K$。

对于非咬尾卷积码，Viterbi 算法是实际系统广泛应用的典型的译码方法。具体而言，Viterbi 算法通过递推式的网格搜索找出网格中的最优路径，并将其对应的信息序列作为译码结果。由于噪声和无线信道的非理想传输效应，有时最优路径对应的信息序列与真正的发送序列不吻合，而表征发送序列的路径只是网络中的次优路径。为了在 Viterbi 算法的基础上进一步提升译码效果，研究者们将 CRC 校验的检错能力与卷积码的纠错能力相结合，提出了列表译码算法。采用卷积码编码与列表译码算法的通信系统收发端原理框图如图 1.9 所示。从图中可以看出，发送端的 CRC 校验单元与卷积码编码单元可以等效为串行级联卷积码编码（Serial Concatenated Convolutional Coding，SCCC）系统。在接收端，首先，SCCC 系统的内码译码器执行列表译码算法进行网格搜索并确定 L 条最优的候选信息序列(这里 L 指列表长度)；然后，外码译码器通过 CRC 校验从候选信息序列中选择一条作为最终输出。特别地，若所有候选信息序列均未通过 CRC 校验，则选择最大似然(Maximum Likelihood，ML)序列作为输出。与 Viterbi 算法相比，列表译码算法实现了对执行纠错的卷积码和执行检错的 CRC 校验码的有效结合，这可以给系统带来更高的编码增益，这一优势也为列表译码算法的应用开辟了广阔前景。对于采用卷积码或咬尾卷积码作为信道编码方式的通信系统，使用列表译码算法是增强数据传输可靠性与提高接收机灵敏度的有效手段。

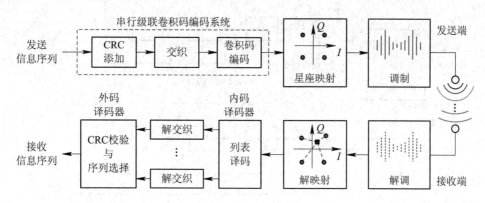

图 1.9　采用卷积码编码与列表译码算法的通信系统收发端原理框图

1.3.2　Turbo 码的编码与译码

Turbo 编码以其优异的纠错性能而被主流通信标准采纳为长码编码方式。采用 Turbo 码编译码方式的通信系统收发端原理框图如图 1.10 所示。从图中可以看出，发送端的 Turbo 码编码器可以看作是由两个相同子编码器构成的并行级联卷积码编码系统。相应地，在接收端，Turbo 码译码器配置有两个软输入软输出(Soft Input Soft Output，SISO)最大后验概率(Maximum A. Posteriori，MAP)分量译码器，并采用迭代方式进行译码。

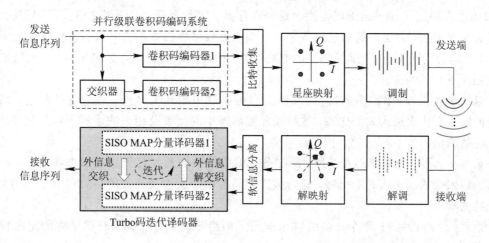

图 1.10　采用 Turbo 码编译码方式的通信系统收发端原理框图

在众多的 Turbo 码码型中，LTE 标准规定的 Turbo 编码方式以其出色的性能及合理的硬件复杂度在实际系统中得到了广泛应用。LTE 标准采用的 Turbo 码子编码器的状态数目为 8，内交织器则选用了二次置换多项式（Quadratic Permutation Polynomial，QPP）交织器，旨在解决分块译码的数据读取过程中可能出现的冲突问题，以便更好地支持并行的译码器结构。LTE 系统的 Turbo 码编码框图，如图 1.11 所示。

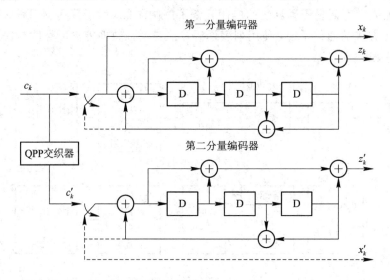

图 1.11　LTE 系统的 Turbo 码编码框图

LTE 标准采用的 8 状态分量编码器的传输函数为

$$G(D) = \left[1, \frac{g_0(D)}{g_1(D)}\right]$$

其中 $g_0(D) = 1 + D + D^3$ 和 $g_1(D) = 1 + D^2 + D^3$ 分别为正向多项式和反馈多项式。在编码开始前，所有的移位继存器的初始状态全部设为"0"，令 K 表示要进行编码的比特数目，则编码器的输出规则如下：

$$d_k^{(0)} = x_k, \; d_k^{(1)} = z_k, \; d_k^{(2)} = z'_k, \; k = 0, 1, \cdots, K-1$$

LTE 标准采用的 Turbo 码编码器要求编码寄存器从零状态开始，编码之后又回到零状态。为了实现这一点，在所有的信息比特输入到编码器后将移位寄存器内的信息重新送入编码器，也就是启动图 1.11 中虚线部分的电路。这一阶段输出的比特称为尾比特，尾比特的生成过程如下：

第一步：第二分量编码器禁用，第一分量编码器中的开关打到底端和虚线相连，在编码器的输入端依次送入 3 个比特，这时按照编码器中的反馈及相关的运算可以依次得到 6 个比特的输出；

第二步：第一分量编码器禁用，第二分量编码器中的开关打到底端和虚线相连，在编码器的输入端依次送入 3 个比特，这时按照编码器中的反馈及相关的运算可以依次得到 6 个比特的输出；

第三步：将得到的 12 个比特的输出按照下面给定的顺序排列，获得最终的尾比特输出，即

$$d_K^{(0)} = x_K, \; d_{K+1}^{(0)} = z_{K+1}, \; d_{K+1}^{(0)} = x'_K, \; d_{K+3}^{(0)} = z'_{K+1}$$

$$d_K^{(1)} = z_K, \ d_{K+1}^{(1)} = x_{K+2}, \ d_{K+2}^{(1)} = z_K', \ d_{K+3}^{(1)} = x_{K+2}'$$
$$d_K^{(2)} = x_{K+1}, \ d_{K+1}^{(2)} = z_{K+2}, \ d_{K+2}^{(2)} = x_{K+1}', \ d_{K+3}^{(2)} = z_{K+2}'$$

从上面的讨论可以看出，Turbo 码的编码速率为 $\frac{1}{3}$，同时受到尾比特的影响，每个分量码的长度为 $D = K + 4$。

LTE 标准采用的 Turbo 码的内交织器为二次置换多项式 QPP 交织器。如果交织器的输入比特为 $c_0, c_1, \cdots, c_{K-1}$，Turbo 码交织器的输出比特表示为 $c_0', c_1', \cdots, c_{K-1}'$，那么输入比特和输出比特满足下面给出的对应关系：

$$c_i' = c_{\Pi(i)}, \ i = 0, 1, \cdots, K-1 \tag{1.32}$$

其中输出序号 i 和输出序号 $\Pi(i)$ 的关系满足如下二次形式，即

$$\Pi(i) = (f_1 \cdot i + f_2 \cdot i^2) \bmod K \tag{1.33}$$

其中 f_1 和 f_2 由要进行编码的比特数目 K 决定。根据 K 的不同，LTE 标准共约定了 188 种配置方式。

在接收端，从典型的 MAP 译码算法出发，研究者们提出了 log-MAP 算法，即将 MAP 算法映射到对数域内，以降低运算复杂度，同时这一变换使译码操作能够在卷积码网格中以逐级递推的方式执行。如果进一步忽略 log-MAP 算法中的非线性修正项，则可以得到复杂度更低的 max-log-MAP 算法。尽管 max-log-MAP 算法的近似带来了一定的纠错性能损失，但却极大地简化了译码过程中的算术运算操作，因而其在 Turbo 码的硬件实现中扮演着重要角色。随着无线通信系统所承载的信息传输速率的不断提升，Turbo 码译码器的吞吐量也从初期的几兆至数十兆比特每秒逐步增加至目前的成百上千兆比特每秒。为了突破迭代译码对 Turbo 码译码器吞吐量的限制，在译码算法层面，基于多进制符号的 Radix-M MAP 算法及其简化算法开始得到广泛应用，与基于二进制比特的传统译码算法相比，该算法可以使吞吐量获得 $lbM(lb = \log_2)$ 倍的提升。在译码器结构层面，子块并行译码算法已成为高吞吐量 Turbo 码译码器设计的主流算法，它将接收的 Turbo 码码块划分为 P 个子块并对每个子块配置独立的运算单元进行译码操作，这样可以使译码器的吞吐量提升 P 倍左右。在保证吞吐量性能的前提下，为了降低 Turbo 码译码器的硬件复杂度，滑动窗 MAP(Sliding-Window MAP，SMAP)算法得到了设计者们的重视，尽管该算法会损失部分纠错性能，但却可以显著降低译码器的数据存储开销。在此基础上，人们从窗口长度以及窗口边界状态初始化策略等方面对 SMAP 算法进行改进，以实现纠错性能与硬件复杂度的合理折中。除 SMAP 算法及其改进算法外，交叉 MAP(Cross MAP，CMAP)算法也被证明在降低存储单元消耗和译码器功耗方面具有突出表现，并被应用于高吞吐量 Turbo 码译码器中。

本 章 小 结

从早期的电报传信到现在的万物互联，无线通信技术的每一次发展都给人类的生产生活带来了深刻的变革。目前，无线通信技术正在向更高速、更快速、更绿色三个维度不断演进。其中更高速是指无线通信系统的传输速率更高，承载信息能力更强；更快速是指无线通信系统的延迟更低，信息交互实时性更强；更绿色是指无线通信设备的功耗更低、能

效更高。在新的通信技术诞生之前，实现上述演进更多地需要依靠底层硬件的不断优化，为各类算法提供高效的 VLSI 解决方案。本章首先介绍了无线通信的基本数学原理，对基于离散时间信号的基带信号处理进行了系统的数学描述；接着结合具体的通信系统，介绍了 FFT、卷积码与 Turbo 码在无线通信系统中的应用。在后续的章节中，我们将详细讨论 FFT 与信道译码的 VLSI 实现方案。

第 2 章　基于并行流水线的 FFT 计算方法及 VLSI 结构

FFT 是离散傅里叶变换(DFT)的低复杂度计算方法。1965 年, Cooley 和 Turkey 两位学者开创性地通过对 DFT 中的乘累加运算进行递归分解而构造出了 Radix-2 FFT 算法。以此为基础, 后续研究者陆续提出了 Radix-r FFT 算法以及混合基(Mixed Radix)算法等更具一般性的 FFT 计算方法, 它们在数字信号处理领域具有广泛应用。当 FFT 应用于宽带通信系统以完成对 OFDM 信号的调制解调时, 硬件结构复杂度成为算法设计过程中需要考虑的另一个重要指标, Radix-2^k FFT 算法也正是在这一背景下被提出的。与 Radix-r FFT 算法相比, Radix-2^k FFT 算法无需构建复杂的蝶形运算单元, 因而具有更简单的硬件结构; 与混合基算法相比, Radix-2^k FFT 算法能够更好地整合信号流图中非平凡旋转因子的加权操作, 有助于降低 FFT 计算单元对复数乘法器的消耗。这些优势奠定了 Radix-2^k FFT 算法在 FFT 硬件实现领域的主导地位。

流水线结构是 FFT 硬件实现所采用的最主要结构之一, 其运算单元在同一时刻执行的蝶形运算会覆盖 FFT 信号流图的各级, 这不但与 FFT 分级计算方式相适应, 而且还可以缩短电路的关键路径。因而对于吞吐量要求较高的场合, 设计者们大多选择流水线结构来实现 FFT 计算。流水线结构主要依靠 Radix-2^k FFT 算法来实现 FFT 计算, 因为这样可以简化流水线结构中每一级的计算复杂度, 同时提升对复数乘法器的使用效率。通常串行流水线结构在每个时钟周期内只能接收一个样点的数据, 因而其吞吐量完全由 FFT 计算单元的工作时钟频率决定。为了应对日益增长的信息传输速率, 近些年来基于并行流水线结构的 FFT 硬件设计开始成为新的研究热点。在这方面, 多路延迟反馈(Multi-Path Delay Feedback, MDF)结构和多路延迟换向(Multi-Path Delay Commutator, MDC)结构在高吞吐量 FFT 计算单元的硬件实现中发挥了重要作用。具有反馈环路的 MDF 结构由多条互连的串行流水线结构构成, 其能够高效利用存储资源以实现数据流的次序调整, 而对复数加法器和复数乘法器等计算资源的使用效率较低。为了解决这一问题, 研究者们接连提出了基于 Radix-2^2 FFT 算法、Radix-2^3 FFT 算法、Radix-2^4 FFT 算法以及 Radix-2^5 FFT 算法的 MDF 结构, 通过选用更大基数的 Radix-2^k 算法来减小 MDF 结构对乘法器的消耗。采用前馈方式的 MDC 结构对计算资源的使用效率相较于 MDF 结构具有显著提升, 然而其 FFT 计算结果不再以倒位序的方式排列, 这增加了输出数据次序变换的复杂度。现有研究工作考虑在 MDC 输入端对并行数据流进行预处理, 以保证 FFT 结果保持倒位序的排列方式, 不过这增加了 FFT 的计算时延并且需要消耗额外的存储资源。

本章主要内容安排如下: 2.1 节阐述 Radix-2^k FFT 算法原理; 2.2 节介绍 FFT 串行流水线结构的设计方案, 具体介绍延迟反馈 VLSI 结构与延迟换向 VLSI 结构, 并针对倒位序数据重排、旋转因子存储等 FFT 计算单元涉及的共性通用模块给出低存储开销的优化设计方案；2.3 节通过对 DFT 矩阵进行等价变换来推导 FFT 并行流水线计算方法；以此为基础，2.4 节利用折叠变换理论设计 M^2DF 并行流水线结构，以弥补现有电路结构中存在的不足，改善 FFT 并行计算性能；2.5 节从理论分析和 FPGA 硬件测试两方面入手将 M^2DF 结构与现有硬件实现结构进行比较，验证本章设计方案的有效性；最后对本章内容进行总结。

2.1　面向硬件实现的 Radix-2^k FFT 算法原理

对于输入序列 x_n，其 N 点 FFT 计算可表示为

$$A_k = \sum_{n=0}^{N-1} x_n \cdot W_N^{nk}, \ k = 0, 1, \cdots, N-1 \tag{2.1}$$

其中，n 和 k 分别表示时间与频率次序；系数 W_N^{nk} 称为旋转因子，其表达式为

$$W_N^{nk} = \cos\left(\frac{2\pi \cdot nk}{N}\right) - j\sin\left(\frac{2\pi \cdot nk}{N}\right) \tag{2.2}$$

传统的 Cooley-Turkey 按频率抽取的 Radix-2 FFT 算法将式（2.1）按照奇偶频率划分为两部分，即

$$A_{2k} = \sum_{n=0}^{\frac{N}{2}-1} (x_n + x_{n+\frac{N}{2}}) \cdot W_{N/2}^{nk} \tag{2.3a}$$

$$A_{2k+1} = \sum_{n=0}^{\frac{N}{2}-1} (x_n - x_{n+\frac{N}{2}}) W_N^n \cdot W_{N/2}^{nk} \tag{2.3b}$$

利用混合基算法可以将 A_{2k+1} 进一步分解为

$$A_{4k+1} = \sum_{n=0}^{\frac{N}{4}-1} (x_n - j \cdot x_{n+\frac{N}{4}} - x_{n+\frac{N}{2}} + j \cdot x_{n+3\frac{N}{4}}) \cdot W_N^n \cdot W_{N/4}^{nk} \tag{2.4a}$$

$$A_{4k+3} = \sum_{n=0}^{\frac{N}{4}-1} (x_n + j \cdot x_{n+\frac{N}{4}} - x_{n+\frac{N}{2}} - j \cdot x_{n+3\frac{N}{4}}) W_N^{3n} \cdot W_{N/4}^{nk} \tag{2.4b}$$

利用 A_{2k}、A_{4k+1} 及 A_{4k+3} 能够将 N 点 FFT 运算分解为 4 个 $\frac{N}{4}$ 点 FFT 计算。按照这一模式进行迭代分解即可得到利用 Radix-2^2 FFT 算法进行 N 点 FFT 计算的全部过程。作为对比，如果采用 Radix-4 FFT 算法，则需要将 A_{2k} 和 A_{2k+1} 进一步分解为 A_{4k}、A_{4k+1}、A_{4k+2} 和 A_{4k+3}，由此看来，递归分解方式与 Radix-2^2 FFT 算法有着显著区别。如果将 A_{4k+1} 进一步分解为 A_{8k+1} 和 A_{8k+5}，将 A_{4k+3} 进一步分解为 A_{8k+3} 和 A_{8k+7}，那么基于 A_{2k}、A_{8k+1}、A_{8k+3}、A_{8k+5} 与 A_{8k+7} 对 N 点 FFT 计算进行迭代分解，即可得到 Radix-2^3 FFT 算法。一般地，Radix-2^k FFT 算法是以混合基算法为基础，对 FFT 计算进行特定迭代分解的计算方式，其中每一轮分解产生一个偶数项分量和 2^{k-1} 个奇数项分量。

与传统的 FFT 计算采用的算法相比，Radix-2^k FFT 算法的特点有三个：一是使蝶形运算数据与非平凡旋转因子（即非 1 或 ±j 的旋转因子）的相乘运算在信号流图中的分布更集中；二是减少信号流图中非平凡旋转因子的数量；三是不论 Radix-2^k FFT 算法的阶数 k 如何设置，其计算结果均以标准的倒位序方式排列。图 2.1 以 16 点 FFT 计算为例，分别给出了基于

Radix-2^2 FFT 算法和 Radix-2 FFT 算法的信号流图，其中非平凡旋转因子的数量与分布很好地印证了上述结论。

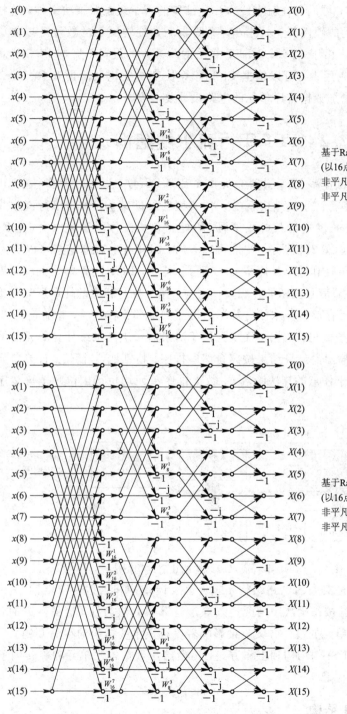

基于 Radix-2^2 FFT 算法的信号流图
(以16点FFT计算为例)
非平凡旋转因子个数：8
非平凡旋转因子所在级的个数：1

基于 Radix-2 FFT 算法的信号流图
(以16点FFT计算为例)
非平凡旋转因子个数：10
非平凡旋转因子所在级的个数：2

图 2.1　基于 Radix-2^2 FFT 算法及 Radix-2 FFT 算法的信号流图对比

Radix-2^k FFT 算法的上述特点是其在硬件实现领域广泛应用的重要基础。具体而言，在 FFT 流水线硬件结构中，非平凡旋转因子与数据相乘大多依靠复数乘法器或 CORDIC 运算单元来实现，这些组件硬件复杂度高，电路面积开销大。通过使非平凡旋转因子在 FFT 信号流图中集中分布，可以只在流水线 VLSI 结构的若干级配置乘法组件，这样能显著降低整个 FFT 计算单元的硬件开销。此外，降低非平凡旋转因子的数量可以使旋转因子存储占用更少的存储器。由于 Radix-2^k FFT 算法的阶数 k 的设置不影响 FFT 计算结果的次序重排，因而在实际应用中，可以根据 FFT 计算长度的变化灵活设置 Radix-2^k FFT 算法的阶数 k，并且不会增加数据排序单元的电路设计复杂度。

2.2　FFT 串行流水线结构

　　串行流水线结构是中低速率 FFT 计算单元的常用 VLSI 实现方式。例如，在 Xilinx 公司提供的 FFT IP 核中，串行流水线结构就是一种典型的硬件结构。利用串行流水线结构易于根据不同的 FFT 计算长度进行裁剪或扩展，吞吐量仅由工作时钟频率决定。FFT 串行流水结构的顶层结构如图 2.2 所示。由图可以看出，FFT 串行流水结构可以分为 FFT 计算单元、旋转因子存储单元和数据排序单元三部分。其中，FFT 计算单元由多级流水线计算单元级联而成，与 FFT 信号流图的各级一一对应，用于执行相应的蝶形运算和旋转因子加权；旋转因子存储单元存储各流水线计算单元所需的全部旋转因子，并随着 FFT 计算的执行选择合适的旋转因子输出；数据排序单元用于对最后一级流水线计算单元的输出结果进行次序调整，使最终输出的计算结果按照自然序排序。特别地，当 FFT 计算单元执行 Radix-2^k FFT 算法时，对于任意的算法阶数 k，数据排序单元均执行倒位序至自然序的次序变换。

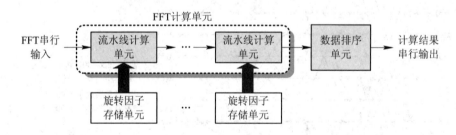

图 2.2　FFT 串行流水线结构的顶层结构图

　　流水线计算单元有两种典型的电路结构，即延迟反馈结构和延迟换向结构。一方面，利用这些结构，可以将数据按正确次序两两送入蝶形运算单元进行计算。另一方面，旋转因子存储单元及数据排序单元的设计方案直接影响着串行流水线结构的存储开销。下面首先说明流水线计算单元 VLSI 的结构和工作方式，然后给出数据排序单元和旋转因子存储单元的优化设计方案。

2.2.1　延迟反馈 VLSI 结构

　　1984 年，Wold 首次提出了延迟反馈(Single-Path Delay Feedback，SDF)的 FFT 串行流水线结构。SDF 结构中的反馈连接使得每一级蝶形运算单元的输入和输出数据能够共用同一存储器，这保证了整个 FFT 计算单元对存储资源的最小开销。延迟反馈 VLSI 结构示意图如图 2.3 所示。一般地，对于 N 点 FFT 计算，延迟反馈结构的典型电路特征如下：

（1）从信号输入端开始，在第 n 级 $(n=1, 2, \cdots, \mathrm{lb}_2 N)$ 蝶形运算单元配置长度为 $N/2^n$ 的移位寄存器，因此延迟反馈结构的移位寄存器开销总计为 $N-1$。

（2）移位寄存器与蝶形运算单元之间存在数据反馈，即移位寄存器的输出数据作为蝶形运算单元的输入数据，而蝶形运算单元的输出数据作为移位寄存器的输入数据。

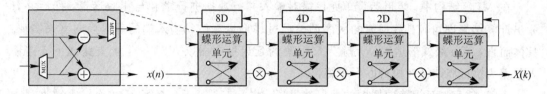

图 2.3　延迟反馈 VLSI 结构示意图（以 16 点 FFT 计算为例）

在 SDF 结构中，通过控制数据选择器调整数据流向，使第 n 级蝶形运算单元以 $N/2^{n-1}$ 个输入数据为执行周期循环执行以下步骤：

步骤 1：当第 1 至第 $N/2^n$ 个数据输入时，将其依次送入移位寄存器，同时移位寄存器中缓存的数据依次移出，乘相应的旋转因子后送至下一级蝶形运算单元。

步骤 2：当第 $(N/2^n)+1$ 至第 $N/2^{n-1}$ 个数据输入时，与移位寄存器移出的数据共同进行 Radix-2 蝶形运算，其中相加结果乘相应的旋转因子后送至下一级蝶形运算单元，相减结果反馈至移位寄存器缓存。

从上述操作过程中不难发现，基于延迟反馈结构开展 FFT 计算时，移位寄存器的利用率可达 100%，而蝶形运算单元中加法器等算术运算资源的利用率仅为 50%，即只在后半个执行周期参与 FFT 计算。

2.2.2　延迟换向 VLSI 结构

将 SDF 流水线结构的反馈环打开，并把运算单元的输入和输出数据缓存在不同存储器中，这样就得到了延迟换向（Multi-Path Delay Commutator，MDC）的 FFT 流水线结构。延迟换向 VLSI 结构及数据次序变换示意图如图 2.4 所示。

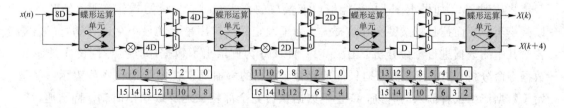

图 2.4　延迟换向 VLSI 结构及数据次序变换示意图（以 16 点 FFT 计算为例）

对于 N 点 FFT 计算，其典型电路特征如下：

（1）在第 1 级蝶形运算单元的输入端，用长度为 $N/2$ 的移位寄存器缓存第 1 个至第 $N/2$ 个输入数据，缓存数据与第 $(N/2)+1$ 个至第 N 个输入数据组成两路并行数据流并送入第 1 级蝶形运算单元；在第 2 级至第 lbN 级蝶形运算单元的输入端配置双路延迟换向器，用于对前一级蝶形运算单元的并行输出数据进行次序调整，其中第 n 级$(n=2,3,\cdots,$ lbN)蝶形运算单元的输入端采用的延迟换向器集成了两组长度为 $N/2^n$ 的移位寄存器，因此延迟换向 VLSI 结构的移位寄存器开销为 $(3N/2)-2$。

（2）从第 1 级蝶形运算单元的输入端开始，数据流以两路并行的方式在流水线结构内单向流动，不存在反馈环路。

在 MDC 结构中，蝶形运算单元仅需对输入并行数据进行求和与相减运算，然后并行输出计算结果即可，对数据流的次序调整通过蝶形运算单元输入端的延迟换向器来实现。具体而言，第 n 级蝶形运算单元输入端配置的延迟换向器以 $N/2^{n-1}$ 个上支路或下支路输入数据为执行周期循环执行以下步骤：

步骤 1：配置延迟换向器中的数据选择器：将上支路第 1 个至第 $N/2^n$ 个输入数据写入上支路移位寄存器，将下支路第 1 个至第 $N/2^n$ 个输入数据写入下支路移位寄存器。与此同时，将两个移位寄存器移出的数据送至下一级蝶形运算单元。

步骤 2：调整数据选择器：将上支路第 $(N/2^n)+1$ 个至第 $N/2^{n-1}$ 个输入数据通过下支路输出端口送至下一级蝶形运算单元；将下支路第 $(N/2^n)+1$ 个至第 $N/2^{n-1}$ 个输入数据写入下支路移位寄存器，同时将其移出的数据作为上支路移位寄存器的输入数据，将上支路移位寄存器移出的数据送至下一级蝶形运算单元。

从上述操作过程中不难发现，基于 MDC 结构开展 FFT 计算时，当第 1 级蝶形运算单元启动后，电路中的移位寄存器和各类算术运算资源都可以达到 100% 的利用率。然而，该结构消耗的移位寄存器数量比延迟反馈 VLSI 结构消耗的移位寄存器数量多 50% 左右。

2.2.3　数据排序单元优化设计方案

在 FFT 串行流水线结构内，数据排序单元用于实现数据在自然序和倒位序之间的转换。为了对长度为 M 的数据序列进行次序调整，传统方案首先利用存储深度为 M 的 RAM 单元对全部数据进行缓存，然后再生成读地址，将数据以新次序从 RAM 单元中读出。为了能够处理连续数据流，用于数据缓存的 RAM 单元需要构建成乒乓操作结构，此时的存储开销将达到 $2M$。如果 RAM 单元能够以双端口的方式同时支持读写操作，则存储开销可以减小至 M，而控制复杂度会相应提升。为了确定数据排序单元的最小存储开销，首先需要对其中的数据进行寿命分析。图 2.5 以 $M=16$ 为例给出了数据序列执行倒位序排序的数据寿命分析。其中图左侧是时钟周期标号，数据的寿命周期在图中用粗实线表示，它起始于数据产生或者输入的时刻，终止于数据执行完全部相关运算或输出时刻。特别地，当数据产生和终止于同一时刻时，数据的寿命周期为 0，在图中标记为"×"。图右侧统计了在同一时刻的有效数据个数，需要注意的是，每个数据在其产生时刻被看作无效数据，有效数据个数在全部时刻的最大值即为最小存储开销。从分析结果不难发现，$M=16$ 的数据序列执行倒位序排序对应的最小存储开销为 9，这低于传统方案中 16 或 32 个数据的缓存需求。

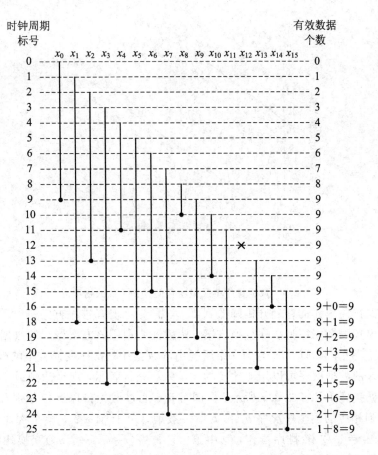

图 2.5　$M=16$ 的数据序列执行倒位序排序的数据寿命分析

　　为了得到数据排序单元最小存储开销的闭合表达式，令 $m \in \{0, \cdots, M-1\}$ 表示时间标号，用 $f(m)$ 和 $g(m)$ 分别描述数据的输入和输出次序。不论是将自然序排列的数据转换为倒位序方式排列，还是将倒位序排列的数据恢复为自然序方式排列，都可以令 $f(m)=m$，$g(m)$ 表示 m 的倒位序。假设数据排序单元在输出数据前已经缓存了 l 个数据，为了保证输出数据流的连续性，l 应满足

$$\sum_{i=1}^{\mathrm{lb}M} \left\lfloor \frac{m}{2^i} \right\rceil \cdot 2^{\mathrm{lb}M-i} = g(m) \leqslant f(m)+l = m+l \tag{2.5}$$

其中 $\lfloor \cdot \rceil$ 表示四舍五入运算。

　　数据排序单元最小存储开销 $L_{\min}$ 的物理意义如图 2.6 所示，该图以 $M=16$ 为例对式（2.5）的物理意义进行说明。从图中可以看出，使式（2.5）成立的参数 l 存在最小值 $L_{\min}$，它对应于数据排序单元的最小存储开销。基于式（2.5）可以计算得到 $L_{\min}$ 为

$$L_{\min} = \min\{l\} = \max_{m \in [0, M) \cap N} |m - g(m)|$$
$$= \begin{cases} M - 2\sqrt{M} + 1, & \mathrm{lb}M \bmod 2 = 0 \\ M - 3\sqrt{\dfrac{M}{2}} + 1, & \text{其他} \end{cases} \tag{2.6}$$

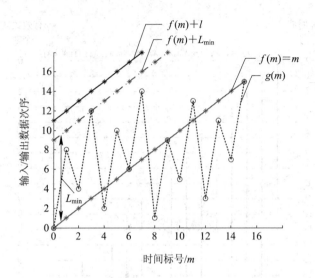

图 2.6　数据排序单元最小存储开销 L_{min} 的物理意义

要使数据排序单元的存储开销降低到 L_{min}，需要对现有排序方案进行重新设计。下面我们首先提出新的数据序列次序变换方案，然后证明利用该方案得到的数据排序单元的存储开销为 L_{min}。这里以 $M=16$ 为例介绍所提出的数据序列次序变换方案的操作过程。如果以自然序输入的数据次序可以用 4 比特的 $b_3 b_2 b_1 b_0$ 完全表示，那么达到最小存储开销的流水线结构数据排序单元如图 2.7 所示。由图可知，通过两轮排序操作分别互换 b_3 与 b_0、b_2 与 b_1 即可得到相应的倒位序次序 $b_0 b_1 b_2 b_3$。一般地，对于 $M=2^q$，整个次序变换过程包含 $n_R = \lfloor (\text{lb}M)/2 \rfloor = \lfloor q/2 \rfloor$ 轮排序操作，其中第 i 轮排序（$i=1,\cdots,n_R$）互换比特 b_{i-1} 和 b_{q-i}，该过程可以通过矩阵运算表示为

$$Q_M = \prod_{i=1}^{n_R} (I_{M/2^i} \otimes P_{2^i}^{(2)}) P_M^{(M/2)} (I_2 \otimes P_{M/2}^{(2)})(I_{M/2^i} \otimes P_{2^{i-1}}^{(2)})$$

定义 $J_M = P_M^{(M/2)} (I_2 \otimes P_{M/2}^{(2)})$，它将 M 维向量的前 $M/2$ 个元素中序号为偶数的元素和后 $M/2$ 个元素中序号为奇数的元素进行互换。由于 $M/2^{i-1} > 2^{i-1}$ 对于 $i=1,\cdots,n_R$ 均成立，因此

$$Q_M = \prod_{i=1}^{n_R} (I_{M/2^i} \otimes P_{2^i}^{(2)}) J_M (I_{M/2^i} \otimes P_{2^{i-1}}^{(2)}) = \prod_{i=1}^{n_R} \left[J_{M/2^{i-1}} \otimes I_{2^{i-1}} \right] \qquad (2.7)$$

即 Q_M 能够分解为 n_R 个 M 阶置换矩阵连乘的形式，这说明第 i 轮排序操作对数据次序的改变与置换矩阵 $J_{M/2^{i-1}} \otimes I_{2^{i-1}}$ 相对应。

为了确定上述次序变换方案的存储开销，令 $m_{in}^{(i)}$ 和 $m_{out}^{(i)}$ 分别表示第 i 轮排序操作执行前后的数据次序，则

$$m_{out}^{(i)} = m_{in}^{(i)} + (b_{i-1} - b_{q-i}) \cdot (2^{q-i} - 2^{i-1}) \qquad (2.8)$$

其中 $m_{in}^{(i)}, m_{out}^{(i)} \in \{0, 1, \cdots, M-1\}$

与式（2.6）类似，执行第 i 轮排序操作需要缓存的数据个数的最小值为

$$L_{min}^{(i)} = \max_{m_{in}^{(i)} \in [0, M) \cap N} | m_{out}^{(i)} - m_{in}^{(i)} | = 2^{q-i} - 2^{i-1} \qquad (2.9)$$

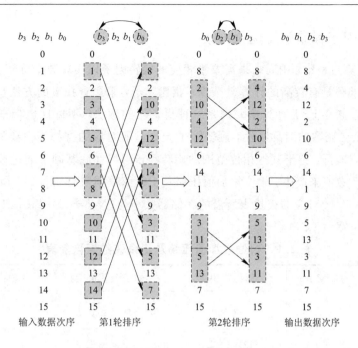

图 2.7　达到最小存储开销的流水线结构数据排序单元

因此整个数据次序变换过程的存储开销可以表示为

$$L = \sum_{i=1}^{n_R} (2^{q-i} - 2^{i-1}) = 2^q - 2^{q-n_R} - 2^{n_R} + 1$$

$$= \begin{cases} 2^q - 2 \cdot 2^{n_R+1}, & n_R = q/2 \\ 2^q - 3 \cdot 2^{n_R} + 1, & n_R = q/2 - 1 \end{cases} \tag{2.10}$$

将 $M = 2^q$ 代入式 (2.6) 不难验证 $L = L_{\min}$，这保证了所提出的数据序列次序变换方案能够最高效地利用存储资源。在硬件结构方面，整个数据排序单元可以用一个 n_R 级流水线来实现，其中流水线的第 i 级执行第 i 轮排序操作。倒位序次序变换方案的硬件实现结构如图 2.8 所示。从图中可以看出，流水线的第 i 级由一个长度为 $L_{\min}^{(i)}$ 的移位寄存器和共用同一信号 c_i 的两个数据选择器构成。当 $c_i = 1$ 时，第 i 级的当前输入数据被直接送至第 $i+1$ 级；当 $c_i = 0$ 时，当前输入数据被送至移位寄存器进行缓存，同时移位寄存器的输出数据被送至下一级。为了产生流水线每一级数据选择器的控制信号，需要在流水线输入端设置一个与输入数据同步的 q 比特的计数器 $b_{q-1}, \cdots, b_1 b_0$，因此，c_i 可以按照如下方式产生：

$$c_i = \begin{cases} 0, & b_{i-1} < b_{q-i} \\ 1, & \text{其他} \end{cases} \tag{2.11}$$

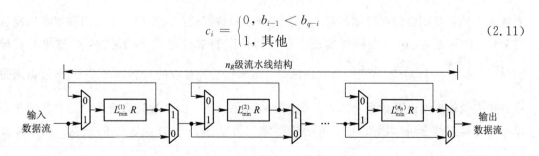

图 2.8　倒位序次序变换方案的硬件实现结构

2.2.4　旋转因子存储单元优化方案

在 FFT 计算过程中，中间结果需要乘相应的旋转因子以实现数据旋转。旋转因子的非线性使其实时求解具有较高的计算复杂度，相比之下，采用查找表的方法预先将离线计算出的旋转因子存储在 FFT 计算单元内是一种更常用的做法，不过这也带来了额外的存储开销。利用正余弦函数的对称特性，旋转因子 $e^{-j2\pi n/N}$ 所对应的查找表只要涵盖$[0,\pi/4]$相位范围内的取值即可，位于其他相位范围的旋转因子可以在此基础上通过改变实虚部符号以及交换实虚部数值来产生。相位累加值压缩及正余弦数据恢复如表 2.1 所示。这样一来，构建旋转因子 $e^{-j2\pi n/N}$ 对应的查找表所需的存储器大小为$(N/8+1)\cdot 2w$，其中 w 表示实部和虚部的量化位宽。

表 2.1　相位累加值压缩及正余弦数据恢复表

旋转因子 $e^{-j2\pi n/N}$ 对应索引 n	压缩索引 n'	输出余弦值变换	输出正弦值变换
$0\leqslant n<N/8$	$n'=n$	$\cos\left(\dfrac{2\pi n'}{N}\right)$	$-\sin\left(\dfrac{2\pi n'}{N}\right)$
$N/8\leqslant n<N/4$	$n'=\dfrac{N}{4}-n$	$\sin\left(\dfrac{2\pi n'}{N}\right)$	$-\cos\left(\dfrac{2\pi n'}{N}\right)$
$N/4\leqslant n<3N/8$	$n'=n-\dfrac{N}{4}$	$-\sin\left(\dfrac{2\pi n'}{N}\right)$	$-\cos\left(\dfrac{2\pi n'}{N}\right)$
$3N/8\leqslant n<N/2$	$n'=\dfrac{N}{2}-n$	$-\cos\left(\dfrac{2\pi n'}{N}\right)$	$-\sin\left(\dfrac{2\pi n'}{N}\right)$
$N/2\leqslant n<5N/8$	$n'=n-\dfrac{N}{2}$	$-\cos\left(\dfrac{2\pi n'}{N}\right)$	$\sin\left(\dfrac{2\pi n'}{N}\right)$
$5N/8\leqslant n<3N/4$	$n'=\dfrac{3N}{4}-n$	$-\sin\left(\dfrac{2\pi n'}{N}\right)$	$\cos\left(\dfrac{2\pi n'}{N}\right)$
$3N/4\leqslant n<7N/8$	$n'=n-\dfrac{3N}{4}$	$\sin\left(\dfrac{2\pi n'}{N}\right)$	$\cos\left(\dfrac{2\pi n'}{N}\right)$
$7N/8\leqslant n<N$	$n'=N-n$	$\cos\left(\dfrac{2\pi n'}{N}\right)$	$\sin\left(\dfrac{2\pi n'}{N}\right)$

采用合适的压缩存储策略可以进一步减小查找表内旋转因子的冗余度，从而降低旋转因子的存储开销。一方面，对于 $n\in\{0,\cdots,N/8\}$ 有 $\cos\left(\dfrac{2\pi n}{N}\right)\geqslant 1/2$ 且 $\sin\left(\dfrac{2\pi n}{N}\right)\geqslant 0$，因此查找表中的余弦函数值在存储时可以省去符号位和数据位的最高位，正弦函数值可以略去符号位。另一方面，由于在硬件实现中存储器长度通常设定为 2 的幂次，故这里只存储 $n\in\{0,\cdots,\dfrac{N}{8}-1\}$ 对应的 $N/8$ 个旋转因子，而 $n=N/8$ 对应的旋转因子 $\dfrac{1}{\sqrt{2}}+\dfrac{j}{\sqrt{2}}$ 可以通过在查找表的输出端设置数据选择器来提供正确结果。进一步注意到查找表中的旋转因子在单位圆上呈连续分布，因此可以用增量存储的方法来压缩查找表中的数据。具体操作如下。

（1）将 $N/8=2^{\lambda_1+\lambda_2}$ 个旋转因子分为 2^{λ_1} 组，每组包含 2^{λ_2} 个旋转因子。

（2）在第 i 组（$i=1，\cdots，2^{\lambda_1}$）内，第 1 个旋转因子作为基准值被送至基准值存储单元进行存储；设第 j 个旋转因子（$j=2，\cdots，2^{\lambda_2}$）的数值接近于基准值，且只在低 $\overline{w}_{i,j}$ 位上区别于基准值。令 $\overline{w}=\max\overline{w}_{i,j}$，将每组内非基准旋转因子的低 $\overline{w}$ 位依次拼接为长度为 $(2^{\lambda_2}-1)\overline{w}$ 的比特序列并送至增量存储单元进行存储。

以旋转因子实部的压缩存储为例，图 2.9 对上面介绍的数据压缩过程进行了描述。

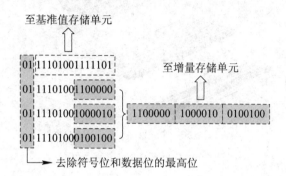

图 2.9　旋转因子的压缩存储（以旋转因子的实部压缩为例）

在上述方案中，通过最小化查找的存储开销可以得到参数 λ_1 的最优值 λ_1^*，即

$$\lambda_1^* = \arg\min_{0\leqslant\lambda_1\leqslant\mathrm{lb}(N/8)}\{2^{\lambda_1}\kappa+2^{\lambda_1}[N/(8\cdot2^{\lambda_1})-1]\cdot\overline{w}\}$$

$$= \arg\min_{0\leqslant\lambda_1\leqslant\mathrm{lb}(N/8)}\{2^{\lambda_1}\kappa+N/8\cdot\overline{w}-2^{\lambda_1}\overline{w}\} \qquad (2.12)$$

其中参数 κ 对旋转因子实部和虚部分别取 $w-2$ 和 $w-1$。

需要注意的是，旋转因子基准值个数 2^{λ_1} 会对参数 $\overline{w}$ 产生影响，即增加基准值个数会使 $\overline{w}$ 减小，反之亦然。对于给定的参数 N 和旋转因子量化位宽 w，最优分组数目 $2^{\lambda_1^*}$ 或最优分组长度 $N/(2^{\lambda_1^*+3})$ 可以依据式（2.12）确定。图 2.10 提供了在 $N=2^r$，$r=5，\cdots，12$ 以及数据位宽 $w=8，\cdots，16$ 的情况下旋转因子实部和虚部的最优分组长度，这涵盖了 FFT 计算单元对旋转因子的主要配置方式。

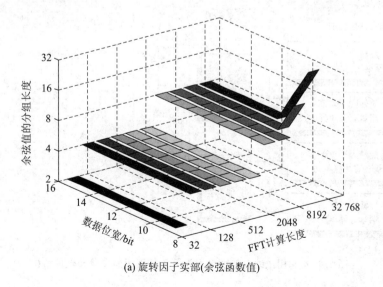

(a) 旋转因子实部(余弦函数值)

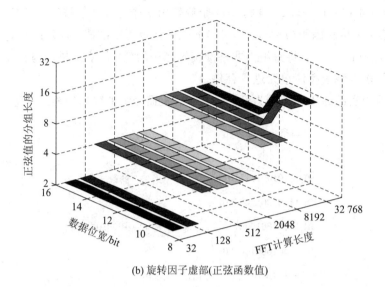

(b) 旋转因子虚部(正弦函数值)

图 2.10　不同参数配置下旋转因子压缩存储的最优分组长度

　　利用压缩存储的数据恢复旋转因子的步骤和硬件结构如图 2.11 所示。由图可知，利用压缩存储的数据恢复旋转因子时，首先利用对称特性将旋转因子 $\mathrm{e}^{-\mathrm{j}2\pi n/N}$ 压缩到 $[0,\pi/4]$ 相位范围内，这一过程将索引 n 转化为 $n'\in\{0,\cdots,N/8\}$。若 $n'=N/8$，则不必进行查表等操作，直接输出旋转因子 $\dfrac{1}{\sqrt{2}}+\dfrac{\mathrm{j}}{\sqrt{2}}$；若 $n'\neq N/8$，则先将 n' 的高 λ_1^* 位作为地址来访问旋转因子基准值和增量对应的查找表，再根据查找表的输出结果，利用基准值和增量恢复出实际的旋转因子，旋转因子的恢复即为旋转因子压缩的逆过程。最后根据对称性，对索引 n' 对应的旋转因子进行变换得到 $\mathrm{e}^{-\mathrm{j}2\pi n/N}$。

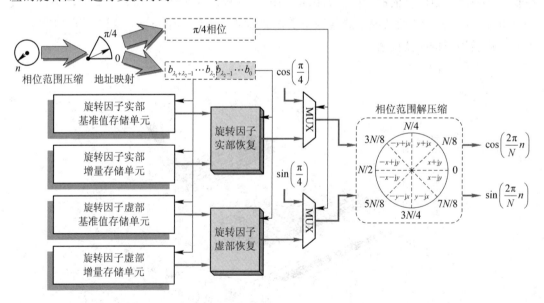

图 2.11　利用压缩存储的数据恢复旋转因子的步骤和硬件结构

2.3　FFT 并行流水线计算方法

前面对 Radix-2^k FFT 计算方法以及串行流水线结构 VLSI 设计方案进行了介绍。随着通信带宽和数据速率的不断提升，基带处理单元对高吞吐量 FFT 计算也提出了更迫切的需求。本节将在算法层面，从 FFT 基础表达式入手推导其并行流水线计算方法，为 VLSI 硬件结构设计提供指导。

一般地，$N = 2^u$ 点 FFT 和 IFFT 计算可以分别定义为下面的形式：

$$y_k = \sum_{n=0}^{N-1} x_n \cdot \mathrm{e}^{-\mathrm{j}\frac{2\pi}{N}kn} \tag{2.13}$$

$$x_n = \frac{1}{N} \sum_{k=0}^{N-1} y_k \cdot \mathrm{e}^{\mathrm{j}\frac{2\pi}{N}kn} = \frac{1}{N} \Big[\sum_{k=0}^{N-1} (y_k)^* \cdot \mathrm{e}^{-\mathrm{j}\frac{2\pi}{N}kn} \Big]^* \tag{2.14}$$

从式(2.13)和式(2.14)可以看出，如果将初始数据取共轭后送入 FFT 计算单元，那么对计算结果再次取共轭并除以 $\frac{1}{N}$ 后可以得到原数据的 IFFT 计算结果。基于这一性质，下文的讨论将针对 FFT 计算展开，而所得到的硬件设计方案经过简单修改便可用于 IFFT 计算。若定义 $\boldsymbol{x} = [x_0, x_1, \cdots, x_{N-1}]^\mathrm{T}$ 为 FFT 输入，那么计算结果 $\boldsymbol{y} = [y_0, y_1, \cdots, y_{N-1}]^\mathrm{T}$ 可以写作

$$\boldsymbol{y} = \boldsymbol{T}_N \cdot \boldsymbol{x} \tag{2.15}$$

这里的 N 阶方阵 $\boldsymbol{T}_N$ 表示 N 阶 DFT 变换矩阵，它由一系列旋转因子构成，其中第 $m+1$ 行 $n+1$ 列的元素为

$$(\boldsymbol{T}_N)_{m,n} = \mathrm{e}^{-\mathrm{j}\frac{2\pi}{N}mn}$$

利用 Cooley-Tukey 算法对乘累加运算递归分解的思想可以将 $\boldsymbol{T}_N$ 重写为

$$\boldsymbol{T}_N = \boldsymbol{P}_N^{(P)} \cdot [\boldsymbol{I}_S \otimes \boldsymbol{T}_P] \cdot \boldsymbol{D}_N^{(S)} \cdot [\boldsymbol{T}_S \otimes \boldsymbol{I}_P] \tag{2.16}$$

其中，$S = \dfrac{N}{P}$，参数 S 和 P 是 2 的幂次；符号 $\otimes$ 表示两个矩阵的 Kronecker 积，对于 $m \times n$ 的矩阵 $\boldsymbol{A}$ 和 $p \times q$ 的矩阵 $\boldsymbol{B}$，$\boldsymbol{A} \otimes \boldsymbol{B}$ 返回一个 $mp \times nq$ 的矩阵，即

$$\boldsymbol{A} \otimes \boldsymbol{B} = \begin{bmatrix} a_{0,0}\boldsymbol{B} & \cdots & a_{0,n-1}\boldsymbol{B} \\ \vdots & & \vdots \\ a_{m-1,0}\boldsymbol{B} & \cdots & a_{m-1,n-1}\boldsymbol{B} \end{bmatrix}$$

式(2.16)中 $\boldsymbol{I}_S$ 表示 S 阶单位矩阵，$\boldsymbol{D}_N^{(S)}$ 是一个对角矩阵，它的形式为

$$\boldsymbol{D}_N^{(S)} = \mathrm{quasidiag}\{[\boldsymbol{I}_P, \boldsymbol{d}_P, (\boldsymbol{d}_P)^2, \cdots, (\boldsymbol{d}_P)^{S-1}]\} \tag{2.17}$$

其中 $\boldsymbol{d}_P$ 定义为如下的对角矩阵：

$$\boldsymbol{d}_P = \mathrm{diag}\{[1, \mathrm{e}^{-\mathrm{j}2\pi/N}, \cdots, \mathrm{e}^{-\mathrm{j}(P-1)\cdot 2\pi/N}]\}$$

$\boldsymbol{P}_N^{(P)}$ 表示步幅为 P 的跨步置换矩阵，它作用于 N 维向量 $\boldsymbol{z} = [z_0, z_1, \cdots, z_{N-1}]^\mathrm{T}$ 后可以得到

$$\boldsymbol{P}_N^{(P)}\boldsymbol{z} = \mathrm{vec}_{N/P,P}\{[\mathrm{unvec}_{P,N/P}(\boldsymbol{z})]^\mathrm{T}\} \tag{2.18}$$

式(2.18)中运算符 $\mathrm{unvec}_{P,N/P}(\boldsymbol{z})$ 表示将向量 $\boldsymbol{z}$ 转化成 $P \times \dfrac{N}{P}$ 的矩阵 $\boldsymbol{Z}$，其中 $(\boldsymbol{Z})_{m,n} =$

$z_{m+n \cdot P}$，$m \in \{0, 1, \cdots P-1\}$，$n \in \left\{0, 1, \cdots, \dfrac{N}{P}-1\right\}$。$\text{unvec}_{P, N/P}(\boldsymbol{z})$ 对应的逆运算符为 $\text{vec}_{N/P, P}(\cdot)$，它将矩阵中的元素重排为向量的形式。将式(2.16)代入式(2.15)，并对等式两边执行变换 $\text{unvec}_{P, S}(\cdot)$ 可以得到

$$\boldsymbol{Y} = \boldsymbol{T}_P \cdot \boldsymbol{D} \odot \boldsymbol{X} \cdot \boldsymbol{T}_S \tag{2.19}$$

其中

$$\boldsymbol{X} = \text{unvec}_{P, S}(\boldsymbol{x}) = \begin{bmatrix} \boldsymbol{x}_0 \\ \boldsymbol{x}_1 \\ \vdots \\ \boldsymbol{x}_{P-1} \end{bmatrix} = \begin{bmatrix} x_0 & x_P & \cdots & x_{(S-1)P} \\ x_1 & x_{P+1} & \cdots & x_{(S-1)P+1} \\ \vdots & \vdots & & \vdots \\ x_{P-1} & x_{2P-1} & \cdots & x_{SP-1} \end{bmatrix}$$

$$\boldsymbol{Y} = \text{unvec}_{P, S}(\boldsymbol{P}_N^{(P)-1} \boldsymbol{y}) = \begin{bmatrix} \boldsymbol{y}_0 \\ \boldsymbol{y}_1 \\ \vdots \\ \boldsymbol{y}_{P-1} \end{bmatrix} = \begin{bmatrix} y_0 & y_1 & \cdots & y_{S-1} \\ y_S & y_{S+1} & \cdots & y_{2S-1} \\ \vdots & \vdots & & \vdots \\ y_{(P-1)S} & y_{(P-1)S+1} & \cdots & y_{PS-1} \end{bmatrix}$$

式(2.19)中矩阵 $\boldsymbol{D}$ 是由旋转因子构成的 $S \times P$ 的矩阵，其中第 $m+1$ 行 $n+1$ 列的元素表示为 $(\boldsymbol{D})_{m, n} = e^{-j2\pi mn/N}$（$m \in \{0, 1, \cdots, P-1\}$，$n \in \{0, 1, \cdots, S-1\}$）。符号 $\odot$ 表示两个矩阵的 Hadamard 积，对于同维矩阵 $\boldsymbol{A}$ 和 $\boldsymbol{B}$，$\boldsymbol{A} \odot \boldsymbol{B}$ 得到一个与两者维度相同的矩阵，即

$$(\boldsymbol{A} \odot \boldsymbol{B})_{u, v} = (\boldsymbol{A})_{u, v} = (\boldsymbol{A})_{u, v} \cdot (\boldsymbol{B})_{u, v}$$

事实上，式(2.19)提供了一种 P 路并行的 FFT 计算方法，其中向量 $\boldsymbol{x}_0$，$\boldsymbol{x}_1$，$\cdots$，$\boldsymbol{x}_{P-1}$ 和 $\boldsymbol{y}_0$，$\boldsymbol{y}_1$，$\cdots$，$\boldsymbol{y}_{P-1}$ 分别作为并行输入和输出。由于 $\boldsymbol{T}_S$ 仍然是一个 S 阶 DFT 变换矩阵，设 $S = 2^{n_s} = 2^{kn_k + l}$，将 $\boldsymbol{T}_S$ 进一步分解为更小阶数的 DFT 变换矩阵可以简化并行流水线中蝶形运算单元的结构，即

$$\boldsymbol{T}_S = \boldsymbol{Q}_S \cdot \boldsymbol{H}(l, kn_k) \prod_{m=0}^{n_k-1} \boldsymbol{H}(k, km) \tag{2.20}$$

其中 $\boldsymbol{H}(u, v)$ 表示 Radix-2^u FFT 计算。

为了更清楚地说明这一点，首先定义

$$\boldsymbol{B}_F(v) = \boldsymbol{I}_{2^v} \otimes \left[\boldsymbol{P}_{S/2^v}^{(2)} \cdot (\boldsymbol{I}_{S/2^{v+1}} \otimes \boldsymbol{T}_2) \cdot (\boldsymbol{P}_{S/2^v}^{(2)})^{-1}\right] \tag{2.21}$$

为 Radix-2 蝶形运算矩阵。当蝶形运算矩阵 $\boldsymbol{B}_F(v)$ 作用于一个 S 维向量 $\boldsymbol{x}_F$ 时，$\boldsymbol{x}_F$ 中的第 $\dfrac{mS}{2^v} + n$ 个和第 $\left(m + \dfrac{1}{2}\right)\dfrac{S}{2^v} + n$ 个元素会被组合起来，用于联合执行 2 点 DFT 计算 $\boldsymbol{T}_2$，其中 $m = 0, \cdots, 2^v - 1$；$n = 0, \cdots, \dfrac{S}{2^{v+1}} - 1$，此处 $\boldsymbol{T}_2$ 所描述的即为 Radix-2 蝶形运算。其次定义 S 阶对角矩阵 $\boldsymbol{M}(u, v)$ 为旋转因子加权矩阵，它将蝶形运算结果用合适的旋转因子进行加权。利用蝶形运算矩阵和旋转因子加权矩阵，$\boldsymbol{H}(u, v)$ 可以重写为

$$\boldsymbol{H}(u, v) = \begin{cases} \displaystyle\prod_{m=v}^{v+u-1} \boldsymbol{M}(u, m) \boldsymbol{B}_F(m), & u \neq 0 \\ \boldsymbol{I}_S, & u = 0 \end{cases} \tag{2.22}$$

由式(2.22)可以看出，$\boldsymbol{H}(u, v)$ 可以分解为 u 个蝶形运算矩阵和旋转因子加权矩阵交替连乘的形式。对于以串行方式输入的数据流，$\boldsymbol{B}_F(v)$ 和 $\boldsymbol{M}(u, v)$ 对应的操作能够用

SDF 结构中包含反馈环路的蝶形运算单元和复数乘法器来实现，这样式（2.20）中的 $\boldsymbol{H}(l, kn_k) \cdot \prod_{m=0}^{n_k-1} \boldsymbol{H}(k, km)$ 就可以映射为一个 SDF 流水线来处理串行数据流。对于式（2.20）中的矩阵 $\boldsymbol{Q}_S$，它表示对 S 维向量中的元素进行倒位序排序，即

$$\boldsymbol{Q}_S = \prod_{m=0}^{n_S-1} \left[\boldsymbol{I}_{2^m} \bigotimes \boldsymbol{P}_{S/2^m}^{(2)} \right] \tag{2.23}$$

从式（2.23）中不难发现，数据流排序与参数 k、l 无关，也就是说 $\boldsymbol{Q}_S$ 对应的硬件结构对于 Radix-2^k FFT 算法是通用的。

FFT 并行计算的顶层结构框图如图 2.12 所示。根据式（2.19）与式（2.20）并结合上面的讨论，我们可以将 N 点 FFT 计算通过图 2.12 所示的并行方式来完成，并行计算过程具体可以划分为如下三个阶段：

（1）横向 DFT 计算。矩阵 $\boldsymbol{T}_S$ 分别作用于 P 路并行数据流 $\boldsymbol{x}_0, \cdots, \boldsymbol{x}_{P-1}$ 来得到 $\boldsymbol{X} \cdot \boldsymbol{T}_S$。根据式（2.20），将基于 Radix-$2^k$ 的 SDF（简记为 R2^{k}SDF）串行流水线与倒位序排序单元级联可以作为 $\boldsymbol{T}_S$ 的硬件实现方案。

（2）数据旋转。将（1）中输出的第 v 路数据流的第 u 个数据乘旋转因子 $\mathrm{e}^{-\mathrm{j}2\pi uv/N}$（$u=0$，$\cdots, S-1; v=0, \cdots, P-1$），计算完毕后可以得到 $\boldsymbol{D} \odot \boldsymbol{X} \cdot \boldsymbol{T}_S$。

（3）纵向 DFT 计算。数据旋转单元在同一时刻输出的 P 个数据被用于执行 P 点 DFT 计算，计算结果构成输出数据流 $\boldsymbol{y}_0, \boldsymbol{y}_1, \cdots, \boldsymbol{y}_{P-1}$。与对 $\boldsymbol{T}_S$ 的串行流水线实现方式不同，这里要将 $\boldsymbol{T}_P$ 映射为并行流水线结构以保证其同时处理 P 个数据。

以上三个阶段的数据处理以流水线的方式工作，同时每个阶段内的运算也映射为串行或并行流水线结构。因此利用图 2.12 所示的顶层结构设计的 FFT 计算单元能够保证高吞吐量的应用需求。

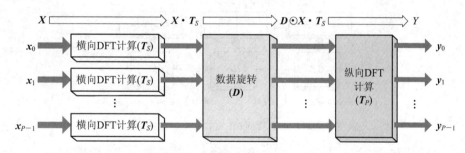

图 2.12　FFT 并行计算的顶层结构框图

2.4　FFT 混合抽取多路延迟反馈 VLSI 结构

本节首先根据电路折叠变换的理论来推导按时间抽取（Decimation In Time，DIT）和按频率抽取（Decimation In Frequency，DIF）SDF 流水线结构所对应的折叠矩阵；然后基于这一理论成果，我们对 DIF SDF 流水线结构和 DIT SDF 流水线结构中的计算单元进行重新组合并采用新的调度方式来安排算术运算操作，以此提升硬件资源的使用效率；最后将这一优化设计方法扩展到并行流水线的情形，并结合上一节提出的顶层设计方案来得到 M^{2}DF 结构。

2.4.1　基于折叠变换的延迟反馈结构分析

将折叠变换用于设计电路中算术运算操作的调度方案，可以最大化地实现线性系统对计算资源的使用效率。利用折叠变换将 DIF FFT 数据流图转化为 SDF 流水线结构如图 2.13所示。该图考虑了 $N=8$ 的 Radix-2^k DIF FFT 计算，我们可用图 2.13(a)所示的数据流图对计算过程进行描述，图中的节点和有向边分别用于表示数学运算和数据的流向。可以看出，整个数据流图由 3 级组成且每一级需要执行 4 次算术运算。当输入数据 $x_i(i=0$，$\cdots$，7)以串行方式到达计算单元时，每一级的算术运算可以通过时分复用的方式无冲突地在同一计算单元上完成，而完成这一任务的控制电路可以基于折叠变换来进行设计。这样一来，图 2.13(a)中的数据流图可以转换为图 2.13(b)所示的流水线形式，其中算术运算 A_0，$\cdots$，A_3、B_0，$\cdots$，B_3 和 C_0，$\cdots$，C_3 分别被分配到计算单元 U_A、U_B 和 U_C 上。

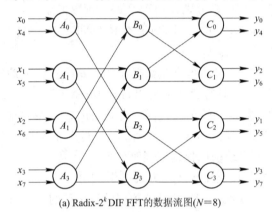

(a) Radix-2^k DIF FFT的数据流图($N=8$)

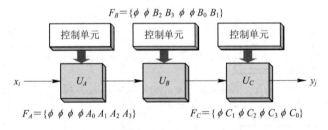

(b) 利用折叠变换得到的DIF FFT串行流水线原理图

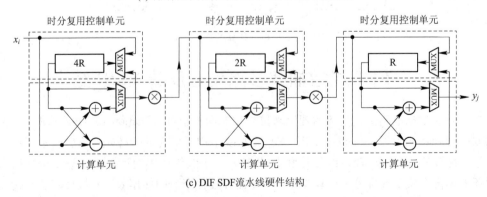

(c) DIF SDF流水线硬件结构

图 2.13　利用折叠变换将 DIF FFT 数据流图转化为 SDF 流水线结构

　　待执行的多个算术运算占用计算单元的先后次序可用折叠集进行描述。折叠集是一个有序集，它是由算术运算操作和空操作组成的一个有序排列，其中空操作代表计算单元处于空闲状态，用符号 ϕ 表示。包含非空操作在内，折叠集中操作的个数称为折叠因子，用符号 R 表示。因此计算单元以 R 个时隙为周期循环对折叠集内的各操作进行处理，其中第 $r+1$ 个操作在第 $r+1$ 个时隙占用计算单元（$r=0$，$\cdots$，$R-1$）。以 $R=8$ 的折叠集 $F=\{\phi A_0\phi A_1\phi A_2\phi A_3\}$ 为例，计算单元将在偶数时隙分别执行运算 A_0、A_1、A_2 以及 A_3，在奇数时隙处于空闲状态。

　　利用折叠变换将数据流图转化为电路结构时，合理确定折叠集是需要完成的首要工作。具体而言，折叠集的大小（即折叠因子）由计算单元执行运算的周期性决定，而折叠集内各操作的排列次序则与电路结构相关联。对于利用 Radix-2^k FFT 算法计算 N 点 FFT 计算的 SDF 结构而言，流水线结构中包含有 lb$N$ 个计算单元，其中第 $l+1$ 个计算单元（$l=0$，1，$\cdots$，lb$N-1$）每 $N/2^{l+1}$ 个时隙在空闲状态与非空闲状态之间进行切换。基于这一特性，图2.13(b)中的计算单元 U_A、U_B 和 U_C 的折叠集可以初步写为

$$\check{F}_A = \{\phi\ \phi\ \phi\ \phi\ A_0\ A_1\ A_2\ A_3\} \tag{2.24a}$$

$$\check{F}_B = \{\phi\ \phi\ B_0\ B_1\ \phi\ \phi\ B_2\ B_3\} \tag{2.24b}$$

$$\check{F}_C = \{\phi\ C_0\ \phi\ C_1\ \phi\ C_2\ \phi\ C_3\} \tag{2.24c}$$

这些折叠集对应的折叠因子为 $R=8$。折叠集确定后，可以对每个计算单元设计相应的时分复用控制电路并利用移位寄存器最小化技术对电路结构进行进一步优化。最终得到的 DIF SDF 流水线硬件结构如图 2.13(c)所示，其中"4R"表示可以缓存 4 个复数的移位寄存器。"2R"表示可以缓存 2 个复数的移位寄存器，以此类推。

　　尽管式(2.24a)～(2.24c)定义的折叠集能够准确描述 SDF 流水线中各级计算单元被不同计算的复用过程，但是它们不能体现计算过程中不同计算单元之间的约束关系。在图2.13(b)中，当输入数据流以串行方式到达 U_A 后，还需分别经过 4 个时隙和 6 个时隙的延迟才能得到 U_B 与 U_C 的输入，在这之后两个计算单元才能按照折叠集 $\check{F}_B$ 与 $\check{F}_C$ 规定的次序开始执行计算。如果将这一因果性约束考虑在内，$\check{F}_B$ 中的第 $m+1$ 个元素（$m=0$，$\cdots$，$R-1$）应当与 $\check{F}_A$ 中的第 $[m+4]_R+1$ 个元素对齐，这里运算符 $[x]_y = x \bmod y$。类似地，$\check{F}_C$ 中的第 $n+1$ 个元素（$n=0$，$\cdots$，$R-1$）应当与 $\check{F}_A$ 中的第 $[n+6]_R+1$ 个元素对齐。所以式 (2.24a)～(2.24c)应当重新改写为

$$F_A = \{\phi\ \phi\ \phi\ \phi\ A_0\ A_1\ A_2\ A_3\} \tag{2.25a}$$

$$F_B = \{\phi\ \phi\ B_2\ B_3\ \phi\ \phi\ B_0\ B_1\} \tag{2.25b}$$

$$F_C = \{\phi\ C_1\ \phi\ C_2\ \phi\ C_3\ \phi\ C_0\} \tag{2.25c}$$

　　可以看到 F_A 与 $\check{F}_A$ 具有相同的形式，而 F_B 和 F_C 要将原折叠集 $\check{F}_B$、$\check{F}_C$ 中的元素分别循环右移 4 个单位和 6 个单位得到。由于折叠集在描述整个电路结构的计算操作时具有一定的局限性，因此我们提出折叠矩阵这一概念来作为对传统折叠集的扩展。定义

$$\boldsymbol{F}_{\mathrm{DIF}} = \begin{bmatrix} \phi & \phi & \phi & \phi & A_0 & A_1 & A_2 & A_3 \\ \phi & \phi & B_2 & B_3 & \phi & \phi & B_0 & B_1 \\ \phi & C_1 & \phi & C_2 & \phi & C_3 & \phi & C_0 \end{bmatrix} \tag{2.26}$$

为与式(2.25a)～(2.25c)对应的 $n_f \times R$ 的折叠矩阵，这里 n_f 表示折叠后的数据流图所包含

的计算级数，$\boldsymbol{F}_{\mathrm{DIF}}$ 的各行对应于不同的折叠集，元素 $(\boldsymbol{F}_{\mathrm{DIF}})_{m,n}$ $(m=0,\cdots,n_f-1,n=0,$ $\cdots,R-1)$ 表示第 $m+1$ 个计算单元在第 $lR+n+1$ 个时隙 $(l=1,2,\cdots)$ 所执行的计算，其中时隙编号以初始输入数据作为基准。

　　用折叠变换来分析 DIF FFT 数据流图的过程可以进一步扩展到 DIT FFT 的情形。仿照图 2.13 描述的推导过程，利用折叠变换将 DIF FFT 数据流图转化为 SDF 流水线结构如图 2.14 所示，该图对 $N=8$ 的 Radix-2^k DIT FFT 计算进行了分析说明。首先，对图 2.13(a) 中的数据流图进行转置可以得到相应的 DIT FFT 数据流图，如图 2.14(a) 所示。假设初始数据以倒位序的次序输入，那么根据 SDF 流水线中计算单元 $U_{\tilde{A}}$、$U_{\tilde{B}}$ 与 $U_{\tilde{C}}$ 的工作特点，可以将各计算单元所对应的折叠集写为

$$\breve{G}_{\tilde{A}} = \{\phi\,\tilde{A}_0\ \phi\,\tilde{A}_1\ \phi\,\tilde{A}_2\ \phi\,\tilde{A}_3\} \tag{2.27a}$$

$$\breve{G}_{\tilde{B}} = \{\phi\,\phi\ \tilde{B}_0\tilde{B}_1\phi\,\phi\ \tilde{B}_2\tilde{B}_3\} \tag{2.27b}$$

$$\breve{G}_{\tilde{C}} = \{\phi\,\phi\ \phi\,\phi\ \tilde{C}_0\tilde{C}_1\tilde{C}_2\tilde{C}_3\} \tag{2.27c}$$

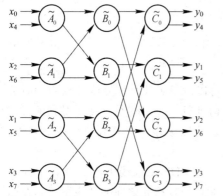

(a) Radix-2^k DIT FFT 的数据流图($N=8$)

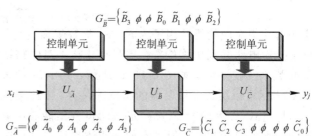

(b) 利用折叠变换得到的 DIT FFT 串行流水线原理图

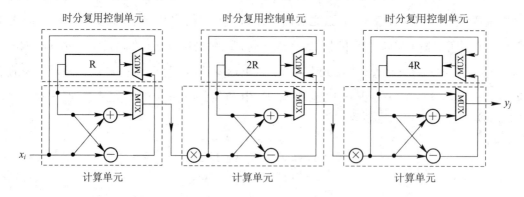

(c) DIT SDF 流水线硬件结构

图 2.14　利用折叠变换将 DIT FFT 数据流图转化为 SDF 流水线结构

　　这些折叠集对应的折叠因子 $R=8$。基于上述的折叠集形式并利用移位寄存器最小化技术对电路结构进行优化，可以得到如图 2.14(c) 所示的 DIT SDF 流水线硬件结构。由于与到达 $U_{\tilde{A}}$ 的初始输入相比，到达 $U_{\tilde{B}}$ 和 $U_{\tilde{C}}$ 的数据分别存在 1 个时隙和 3 个时隙的延迟，因此 $\breve{G}_{\tilde{A}}$ 的形式保持不变，将 $\breve{G}_{\tilde{B}}$ 和 $\breve{G}_{\tilde{C}}$ 中的元素分别循环右移 1 个单位和 3 个单位可得

$$\breve{G}_{\widetilde{A}} = \{\phi \widetilde{A}_0 \phi \widetilde{A}_1 \phi \widetilde{A}_2 \phi \widetilde{A}_3\} \tag{2.28a}$$

$$\breve{G}_{\widetilde{B}} = \{\widetilde{B}_3 \phi \phi \widetilde{B}_0 \widetilde{B}_1 \phi \phi \widetilde{B}_2\} \tag{2.28b}$$

$$\breve{G}_{\widetilde{C}} = \{\widetilde{C}_1 \widetilde{C}_2 \widetilde{C}_3 \phi \phi \phi \phi \widetilde{C}_0\} \tag{2.28c}$$

所以 DIT 数据流图对应的 $n_f \times R$ 折叠矩阵表示为

$$\boldsymbol{G}_{\mathrm{DIT}} = \begin{bmatrix} \phi & \widetilde{A}_0 & \phi & \widetilde{A}_1 & \phi & \widetilde{A}_2 & \phi & \widetilde{A}_3 \\ \widetilde{B}_3 & \phi & \phi & \widetilde{B}_0 & \widetilde{B}_1 & \phi & \phi & \widetilde{B}_2 \\ \widetilde{C}_1 & \widetilde{C}_2 & \widetilde{C}_3 & \phi & \phi & \phi & \phi & \widetilde{C}_0 \end{bmatrix} \tag{2.29}$$

元素 $(\boldsymbol{G}_{\mathrm{DIT}})_{m,n}(m=0,\cdots,n_f-1,n=0,\cdots,R-1)$ 表示第 $m+1$ 个计算单元在第 $lR+n+1$ 个时隙($l=1,2,\cdots$)所执行的计算，其中时隙编号以初始输入数据作为基准。

2.4.2　延迟反馈结构计算调度优化

式(2.26)和式(2.29)表明，无论是采用 DIF 算法还是采用 DIT 算法构建 SDF 流水线，折叠矩阵中包含的空操作都将使得计算单元在某些时隙处于空闲状态，这导致了整个 FFT 计算单元对计算资源的利用率只能达到 50%。为解决这一问题，需要用有效运算将折叠矩阵中的空操作进行填充，这就涉及了对折叠矩阵进行变换。从本质上讲，折叠矩阵的变换过程实际上是对相应数据流图中的计算操作进行重新调度的过程。又因为折叠矩阵与具体电路结构相对应，其在变换过程中能够实现对电路结构的相应调整以使之适应新的运算操作调度方式。具体而言，我们通过按如下方式对 SDF 流水线的折叠矩阵进行变换以提升计算资源的使用效率。

(1) 将 $\boldsymbol{G}_{\mathrm{DIT}}$ 循环右移 $S_R=1$ 个单位可以得到

$$(\boldsymbol{G}_{\mathrm{DIT}})_1 = \begin{bmatrix} \widetilde{A}_3 & \phi & \widetilde{A}_0 & \phi & \widetilde{A}_1 & \phi & \widetilde{A}_2 & \phi \\ \widetilde{B}_2 & \widetilde{B}_3 & \phi & \phi & \widetilde{B}_0 & \widetilde{B}_1 & \phi & \phi \\ \widetilde{C}_0 & \widetilde{C}_1 & \widetilde{C}_2 & \widetilde{C}_3 & \phi & \phi & \phi & \phi \end{bmatrix} \tag{2.30}$$

式(2.30)中等式左边括号外的下标表示 1 个单位的循环右移。该变换给折叠集 $G_{\widetilde{A}}$、$G_{\widetilde{B}}$ 和 $G_{\widetilde{C}}$ 同时引入了 S_R 个时隙的时延，因此 $(\boldsymbol{G}_{\mathrm{DIT}})_1$ 中第 $m+1$ 行 $n+1$ 列的元素将表示第 $m+1$ 个计算单元在第 $lR+n$ 个时隙($l=1,2,\cdots$)所执行的计算，这区别于变换前的折叠矩阵 $\boldsymbol{G}_{\mathrm{DIT}}$。在电路结构中，由式(2.29)至式(2.30)的变换可以通过在 $\boldsymbol{G}_{\mathrm{DIT}}$ 对应的 SDF 流水线结构的输入端添加一个长度为 S_R 的延迟单元来得到。需要注意的是，折叠集的循环性使得 S_R 的取值并不唯一，除 $S_R=1$ 外，以下取值

$$S_R = nR + 1, \quad n \in \mathbb{N} \tag{2.31}$$

都能实现上述变换。这里的折叠因子 R 等于 FFT 计算长度 N，每个时隙表示电路运行过程中的一个时钟周期。

(2) 对 $(\boldsymbol{G}_{\mathrm{DIT}})_1$ 进行横向翻转可得

$$(\boldsymbol{G}_{\mathrm{DIT}})_1^{\mathrm{F}} = \begin{bmatrix} \widetilde{C}_0 & \widetilde{C}_1 & \widetilde{C}_2 & \widetilde{C}_3 & \phi & \phi & \phi & \phi \\ \widetilde{B}_2 & \widetilde{B}_3 & \phi & \phi & \widetilde{B}_0 & \widetilde{B}_1 & \phi & \phi \\ \widetilde{A}_3 & \phi & \widetilde{A}_0 & \phi & \widetilde{A}_1 & \phi & \widetilde{A}_2 & \phi \end{bmatrix} \tag{2.32}$$

式(2.32)中等式左边括号外的上标表示横向翻转操作。由于折叠矩阵的各行与电路中具体的计算单元相对应，因此这里对折叠矩阵行次序的调整改变了 $\boldsymbol{G}_{\mathrm{DIT}}$ 中原有的对应关系，即 $(\boldsymbol{G}_{\mathrm{DIT}})_1^{\mathrm{F}}$ 中第 m 行的折叠集用于描述 SDF 流水线中第 n_f-m+1 个计算单元的时分复用方案。

（3）将 $\pmb{F}_{\mathrm{DIF}}$ 与 $(\pmb{G}_{\mathrm{DIT}})_1^{\mathrm{F}}$ 叠加可以得到

$$\pmb{F} = \pmb{F}_{\mathrm{DIF}} + (\pmb{G}_{\mathrm{DIT}})_1^{\mathrm{F}} = \begin{bmatrix} \tilde{C}_0 & \tilde{C}_1 & \tilde{C}_2 & \tilde{C}_3 & A_0 & A_1 & A_2 & A_3 \\ \tilde{B}_2 & \tilde{B}_3 & B_2 & B_3 & \tilde{B}_0 & \tilde{B}_1 & B_0 & B_1 \\ \tilde{A}_3 & C_1 & \tilde{A}_0 & C_2 & \tilde{A}_1 & C_3 & \tilde{A}_2 & C_0 \end{bmatrix} \quad (2.33)$$

这说明在对运算操作进行重新调度后，DIT SDF 流水线结构中的计算单元能够被用于完成 DIF SDF 流水线结构中的运算操作并以此实现了对计算资源的充分利用。在硬件结构方面，能同时执行 DIT FFT 和 DIF FFT 的 SDF 流水线结构如图 2.15 所示。DIF SDF 流水线结构的第 m 级（$m=1,\cdots,n_f$）应当与 DIT SDF 流水线结构的第 n_f-m+1 级相结合来实现式（2.33）中折叠矩阵的叠加操作。

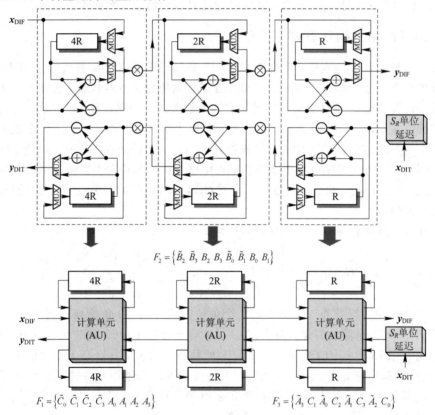

图 2.15　能同时执行 DIT FFT 和 DIF FFT 的 SDF 流水线结构

图 2.15 中 DIF SDF 流水线结构与 DIT SDF 流水线结构的结合将改变计算单元的底层结构。根据原计算单元对复数乘法器利用率的不同，新计算单元将具有两种硬件实现结构，即同时结合 DIT FFT 和 DIF FFT 的 SDF 计算单元，如图 2.16 所示。如果结合之前的两个计算单元中至少有一个对复数乘法器的利用率超过 50%，那么新计算单元只对复数加法器进行复用，这样便得到了图 2.16(a) 中的 I 型结构，此时以 DIT 方式和 DIF 方式处理的数据流将利用两个独立的复数乘法器来完成旋转因子加权。而如果结合之前的两个计算单元对复数乘法器的利用率均未达到 50%，那么可以在 I 型结构的基础上进一步考虑用一个复数乘法器来完成对两路数据流的处理，所产生的 II 型结构如图 2.16(b) 所示。两种硬件结构中包含的数据选择器可以分为 A、B 两类，每类数据选择器在电路工作过程中共用

同一控制信号。在图 2.16 中，A 类和 B 类数据选择器分别采用白色和灰色加以区分。当计算单元中移位寄存器的缓存深度为 M 时，数据选择器的控制从以 DIF 方式运算的数据流到达计算单元开始，以 $2M$ 个时钟周期作为控制周期来循环执行如下操作：在前 M 个时钟周期内，A 类数据选择器的控制信号设置为高电平"1"，B 类数据选择器的控制信号设置为低电平"0"；在后 M 个时钟周期内反转两组数据选择器的控制信号。

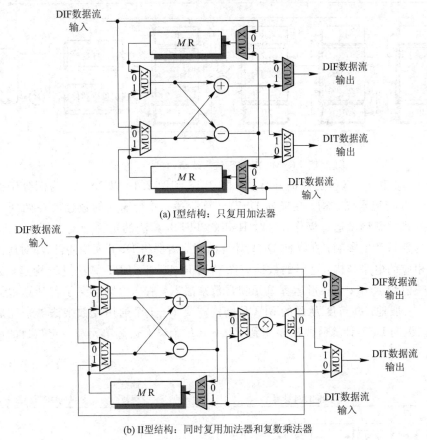

(a) I 型结构：只复用加法器

(b) II 型结构：同时复用加法器和复数乘法器

图 2.16　用于同时执行 DIT FFT 和 DIF FFT 的 SDF 计算单元结构

2.4.3　混合抽取多路延迟反馈 VLSI 结构设计

对于图 2.12 给出的 FFT 并行计算的顶层结构，用于执行横向 DFT 计算的 P 条 SDF 流水线可以利用前面描述的调度运算操作的方法进行优化设计，这便引出了 M^2DF 并行流水线结构。我们首先以 $N=32$ 的 Radix-2 M^2DF 结构（简记为 R2M^2DF 结构）为例来对硬件设计方案进行说明。R2M^2DF 并行流水线结构如图 2.17 所示，在横向 DFT 计算阶段，x_0 与 x_1 分别按照 DIF 与 DIT 方式计算 $x_0 T_S$ 和 $x_1 T_S$，这样在对运算操作进行重新调度后，原本独立的两条 SDF 流水线可以转化为图 2.15 所示的硬件结构。x_1 在被送入计算单元之前需要首先经历 S_R 个时钟周期的延迟，而由式（2.31）可知，$N/P+1=S+1$ 是 S_R 的一个有效值，利用这段延迟可以将 x_1 的数据次序由自然序调整为倒位序。与 x_1 不同，由于 x_0 以 DIF 方式执行 FFT 计算，且可在 FFT 计算完毕后再将倒位序排列的计算结构调整为自然序，因此 x_0 和 x_1 在横向 DFT 计算阶段具有相同的时延。利用复数乘法器完成数据旋转后，两路数据流需要进一步执行 $N=2$ 的纵向 DFT 计算来得到最终结果，而该计算可以通过在电路中部署一个 Radix-2 蝶形运算单元来实现。

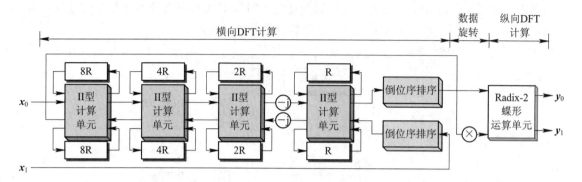

图 2.17　R2M²DF 并行流水线结构（$N=32$，$P=2$）

对于 $P=4$ 和 $P=8$ 等更高的并行度，图 2.18 和图 2.19 以 $N=64$ 为例分别给出了相应的 M²DF 并行流水线结构。在横向 DFT 计算阶段，并行输入的数据流在两两组合后按照前面的方式重新调度运算操作，这时 Radix-2^k FFT 算法的选择会对所需的 I 型和 II 型计算单元的数目产生影响；在纵向 DFT 计算阶段，需要将 DFT 变换矩阵 T_P 对应的数据流图映射为相应的电路结构。这里的数据流图利用 Radix-2^{lbP} FFT 算法进行构建，数据流图的节点被映射为 Radix-2 蝶形运算单元和常数乘法器，有向边则定义了各计算单元之间的互联方式。一般地，并行度为 P 的 M²DF 结构需要 $P-1$ 个通用复数乘法器来完成数据旋转，同时在纵向 DFT 计算阶段需要用到 $P/2 \cdot lbP$ 个蝶形运算单元和一定数目的固定因子乘法器。

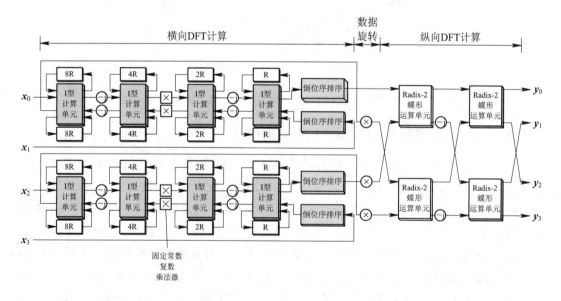

图 2.18　R2⁴M²DF 并行流水线结构（$N=64$，$P=4$）

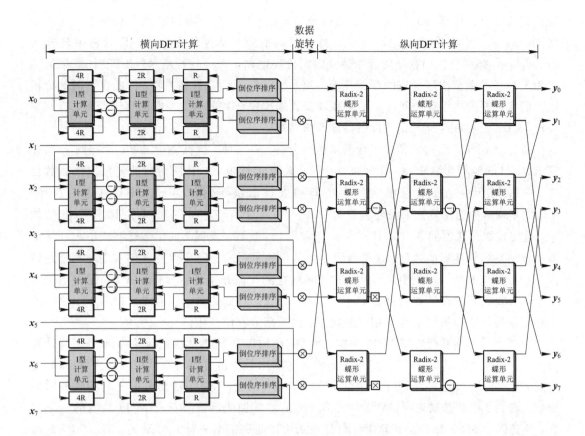

图 2.19　R2^3M^{2}DF 并行流水线结构($N=64$，$P=8$)

2.5　理论分析与硬件测试

本节首先在理论上对 M^{2}DF 结构的计算资源和存储资源需求进行估计，并将结果与现有的 MDF 和 MDC 并行流水线结构进行比较；然后在 FPGA 上对不同 FFT 流水线结构进行测试并统计各 FFT 流水线结构的硬件资源开销、计算时延、吞吐量等性能指标。

2.5.1　FFT 并行流水线结构的资源开销估计与比较

在 FFT 流水线结构中，蝶形运算单元的构建需要用到复数加法器，而数据旋转则依靠复数乘法器来完成。复数乘法器可以进一步分为通用复数乘法器和常数复数乘法器，其中通用复数乘法器可以基于任意旋转因子来旋转数据，而常数复数乘法器只适用于某些特定的旋转因子，如实部与虚部模值相同的旋转因子 e$^{-\mathrm{j}\pi n/8}$ 或其他给定的旋转因子。显然通用复数乘法器相较于常数复数乘法器具有更广的应用范围，而它的复杂度也更高。流水线结构的 FFT 计算单元还需要利用存储器来缓存中间计算结果、存储旋转因子以及调整数据次序。用于缓存中间计算结果的存储器通常以移位寄存器的形式分布在流水线的每一级，它们在数据选择器的控制下将数据按正确次序送至计算单元以完成计算。存储旋转因子的存储器以查找表的形式集成在 FFT 计算单元内，它保证了计算过程中旋转因子的实时获取。用于调整数据次序的存储器旨在以 unvec$_{P,S}(\boldsymbol{y})$ 的形式输出并行计算结果，为此要首先根据式(2.19)计算出 Y，然后通过构造跨步置换矩阵 $P_N^{(P)}$ 对应的 P 路并行电路结构来得到 $\text{unvec}_{P,s}(y)$。将并行流水线 FFT 计算结果调整为 Y 描述的数据次序以及将 Y 转换为 $\text{unvec}_{P,s}(y)$ 都需要占用存储资源来建立数据排序电路，而将并行流水线 FFT 计算结果调整为 Y 描述的数据次序对应的存储开销与流水线结构设计方案相关联。因此在下面的分析中我们将主要关注缓存中间计算结果和调整数据次序至 Y 的形式所需的存储资源，以此来评价 M^2DF 结构在存储开销方面的性能改善情况。

首先对 M^2DF 结构的硬件资源需求进行分析。一方面，执行 N 点 DFT 计算的 P 路并行 $\text{R}2^k\text{M}^2\text{DF}$ 结构包括 $P/2 \cdot \text{lb}N$ 个 Radix-2 蝶形运算单元，其所对应的复数加法器数目为 $P \cdot \text{lb}N$。另一方面，通用复数乘法器的数目取决于对 Radix-2^k FFT 算法的选择：$\text{R}2\text{M}^2\text{DF}$ 结构中通用复数乘法器数目为 $P/2 \cdot \text{lb}(N/P)-1$；而在 $k>1$ 的 $\text{R}2^k\text{M}^2\text{DF}$ 结构中，通用复数乘法器的数目为 $P \cdot \lceil \log_{2^k}(N/P) \rceil - 1$。不难发现 k 的增加能够减小 M^2DF 结构中通用复数乘法器的数目，这是因为更大基数的 Radix-2^k FFT 算法能够实现非平凡旋转因子加权操作的进一步集中。然后对 M^2DF 结构的存储开销进行分析。M^2DF 结构用于缓存中间计算结果的存储器数目为 $P(S-1)=N-P$，除此之外，还需要 $P(S+1)=N+P$ 个存储器将计算结果调整为 Y 定义的次序，这两部分存储开销的总和为 $2N$。

表 2.2 对不同并行度下 MDF 结构、M^2DF 结构以及 MDC 结构的硬件资源开销与计算时延进行了估计，其中 FFT 计算单元的输入和输出数据流分别具有式(2.19)中 X 和 Y 的形式，计算时延被定义为 FFT 计算单元的首组输入数据和首组输出数据之间的时钟周期个数。表 2.2 中的数据表明，M^2DF 结构所需的复数加法器数目只有 MDF 结构的一半左右，这是因为 MDF 结构的计算单元对复数加法器的利用率只有大约 50%，而在 M^2DF 结构的计算单元中，复数加法器得到了充分利用。和 MDC 结构相比，M^2DF 结构消耗的存储资源更少且具有更低的计算时延，这是因为 MDC 结构的数据排序操作与其他两种设计方案中的数据排序操作相比更为复杂，这造成了存储开销和计算时延的增加。由于图 2.16 中 II 型计算单元结构对复数乘法器的复用，与 MDF 结构相比，M^2DF 结构能在一定程度上降低电路对复数乘法器的需求，这一优势在 Radix-2^k FFT 算法的基数较小时表现得尤为明显。在某些场景下，MDC 结构对复数乘法器的使用效率将优于其他两种结构。

表 2.2 不同 FFT 流水线结构的硬件资源开销与计算时延估计

流水线结构	计算资源开销			存储开销	计算时延
	通用复数乘法器	常数复数乘法器	复数加法器		
2 路并行结构($P=2$)					
R2MDC[8]	$\text{lb}N-2$	0	$2\text{lb}N$	$\dfrac{17N}{8}-5$	$\dfrac{11N}{8}-4$
R2^{2}MDC[9]	$2\lceil \log_4 N \rceil - 2$	0	$2\text{lb}N$	$3N-2$	$3N/2-1$
R2^{2}MDF[10]	$2\lceil \log_4 (N/2) \rceil - 1$	0	$4\text{lb}N$	$2N-2$	$N-1$
R2^{4}MDF[11]	$2\lceil \log_{16} N \rceil - 2$	$2\lceil \log_{16} N \rceil$	$4\text{lb}N$	$2N-2$	$N-1$
R2M^2DF	$\text{lb}N-2$	0	$2\text{lb}N$	$2N$	N

续表

流水线结构	计算资源开销			存储开销	计算时延
	通用复数乘法器	常数复数乘法器	复数加法器		
2 路并行结构($P=2$)					
R2^{2}M^{2}DF	$2\lceil \log_4(N/2)\rceil-1$	0	$2\mathrm{lb}N$	$2N$	N
R2^{3}M^{2}DF	$2\lceil \log_8(N/2)\rceil-1$	$\lceil \log_8(N/2)\rceil$	$2\mathrm{lb}N$	$2N$	N
R2^{4}M^{2}DF	$2\lceil \log_{16}(N/2)\rceil-1$	$2\lceil \log_{16}(N/2)\rceil$	$2\mathrm{lb}N$	$2N$	N
4 路并行结构($P=4$)					
R2^{2}MDC[9]	$3\lceil \log_4 N\rceil-3$	0	$4\mathrm{lb}N$	$3N-4$	$\frac{3N}{4}-1$
R4MDC[12]	$3\lceil \log_4 N\rceil-3$	0	$4\mathrm{lb}N$	$11N-4$	$\frac{7N}{12}-1$
R2^{4}MDF[13]	$4\lceil \log_{16} N\rceil-4$	$4\lceil \log_{16}(N)\rceil$	$8\mathrm{lb}N$	$2N-4$	$\frac{N}{2}-1$
R2^{4}MDF[14]	$4\lceil \log_{16} N\rceil-4$	$4\lceil \log_{16}(N)\rceil$	$8\mathrm{lb}N$	$2N-4$	$\frac{N}{2}-1$
R2M^{2}DF	$2\mathrm{lb}N-5$	0	$4\mathrm{lb}N$	$2N$	$N/2$
R2^{2}M^{2}DF	$4\lceil \log_4(N/4)\rceil-1$	0	$4\mathrm{lb}N$	$2N$	$N/2$
R2^{3}M^{2}DF	$4\lceil \log_8(N/4)\rceil-1$	$2\lceil \log_8(N/4)\rceil$	$4\mathrm{lb}N$	$2N$	$N/2$
R2^{4}M^{2}DF	$4\lceil \log_{16}(N/4)\rceil-1$	$4\lceil \log_{16}(N/4)\rceil$	$4\mathrm{lb}N$	$2N$	$N/2$
8 路并行结构($P=8$)					
R2^{4}MDC[9]	$8\lceil \log_{16} N\rceil-8$	$6\lceil \log_{16}(N)\rceil$	$8\mathrm{lb}N$	$3N-8$	$\frac{3N}{8}-1$
R2^{4}MDF[15]	$8\lceil \log_{16} N\rceil-8$	$8\lceil \log_{16}(N)\rceil$	$16\mathrm{lb}N$	$2N-8$	$\frac{N}{4}-1$
R2^{4}MDF[16]	$8\lceil \log_{16}(N/8)\rceil-1$	$8\lceil \log_{16}(N/8)\rceil+2$	$16\mathrm{lb}N$	$2N-8$	$\frac{N}{4}-1$
R2^{5}MDF[17]	$8\lceil \log_{32} N\rceil-8$	$16\lceil \log_{32}(N)\rceil$	$16\mathrm{lb}N$	$2N-8$	$\frac{N}{4}-1$
R2M^{2}DF	$4\mathrm{lb}N-13$	2	$8\mathrm{lb}N$	$2N$	$N/4$
R2^{2}M^{2}DF	$8\lceil \log_4(N/8)\rceil-1$	2	$8\mathrm{lb}N$	$2N$	$N/4$
R2^{3}M^{2}DF	$8\lceil \log_8(N/8)\rceil-1$	$4\lceil \log_8(N/8)\rceil+2$	$8\mathrm{lb}N$	$2N$	$N/4$
R2^{4}M^{2}DF	$8\lceil \log_{16}(N/8)\rceil-1$	$8\lceil \log_{16}(N/8)\rceil+2$	$8\mathrm{lb}N$	$2N$	$N/4$

2.5.2　M^{2}DF 结构的硬件实现与测试

我们在 Xilinx Virtex 6 FPGA 上对本章设计的 M^{2}DF 结构和其他 FFT 流水线结构进行了硬件实现，其中 FPGA 的型号为 XC6VLX240T-3FF784，所用的编译器版本为 ISE2.4。文献[18]和文献[19]中设计的 MDF 结构以及文献[8]和文献[9]中设计的 MDC 结构作为比较方案同样在 FPGA 上进行了测试。对于每种流水线结构，我们考虑了三种不同的 Radix-2^k($k=1,2,3$)FFT 算法和 $P=2/N=512$，$P=4/N=1024$ 以及 $P=8$，$N=2048$ 等参数配置方式。FFT 计算单元的输入输出数据以及旋转因子实部和虚部的量化位宽均设定为 16 bit。在不同配置方式下，各流水线 FFT 计算单元的硬件资源开销、计算时延、吞吐量等性能指标如表 2.3 所示。这里对硬件资源占用情况的统计在编译器执行完布局布线操作结束后进行且时钟约束由编译器自行添加；计算时延通过对 ModelSim 中的仿真模型进行测量得到。

表 2.3　不同配置方式下 FFT 计算单元对 FPGA 硬件资源的消耗与测试性能

参数配置	硬件结构	Slice 资源开销[①]			RAM 消耗[②]	系统性能[③]	
		Slice LUTs	Slice Registers	DSP48E 单元		计算时延	吞吐量
Radix-2，N=512，P=2	M²DF	1683	1998	21	5	530	610
	MDF[19]	2256	2164	39	5	526	630
	MDC[8]	1907	2085	21	6	718	624
Radix-2，N=1024，P=4	M²DF	3968	4710	45	10	534	1220
	MDF[19]	5226	5140	81	10	528	1276
	MDC[8]	4450	4852	48	12	722	1248
Radix-2，N=2048，P=8	M²DF	8844	9601	99	19	538	2440
	MDF[19]	12 035	10 834	171	19	530	2520
	MDC[8]	9813	9972	108	23	726	2496
Radix-2²，N=512，P=2	M²DF	1572	1843	21	5	526	610
	MDF[18]	2118	2026	21	5	520	638
	MDC[9]	1836	1985	21	7	776	624
Radix-2²，N=1024，P=4	M²DF	3671	4359	45	10	530	1220
	MDF[18]	4854	4785	45	10	522	1276
	MDC[9]	4169	4412	39	14	780	1248
Radix-2²，N=2048，P=8	M²DF	8197	9008	99	19	534	2440
	MDF[18]	11135	9892	99	19	524	2552
	MDC[9]	9353	9586	84	27	784	2496
Radix-2³，N=512，P=2	M²DF	1640	1888	21	5	534	584
	MDF[18]	2270	2143	27	5	526	590
	MDC[9]	1956	2079	21	7	780	580
Radix-2³，N=1024，P=4	M²DF	3796	4432	45	10	538	1168
	MDF[18]	5151	5028	57	10	528	1180
	MDC[9]	4479	4683	48	14	784	1160
Radix-2³，N=2048，P=8	M²DF	8589	9243	99	19	542	2336
	MDF[18]	11 705	10 325	123	19	530	2360
	MDC[9]	9816	9980	87	27	788	2320

注：① Slice 资源开销情况在布局布线操作结束后进行统计。

② RAM 指 FPGA 中 18 k×1 bit 的块 RAM，表中数据表示 FFT 计算单元占用的块 RAM 数目。

③ 系统性能中计算时延的单位是时钟周期数，吞吐量的单位是 Msamples/s，表中的吞吐量数值表示 FFT 计算结构的最大吞吐量。

在 FPGA 上实现 FFT 计算时，构建 1 个通用复数乘法器或常数复数乘法器要占用 3 个 DSP48E 单元。因此将表 2.3 中各设计方案消耗的 DSP48E 单元除以 3 后得到的数值能够与表 2.2 中的复数乘法器在相同 N、P 下计算出的理论值相吻合。从这些数值中还能发现，当 Radix-2^kFFT 算法的指数 k 为奇数时，与 MDF 结构相比，M^2DF 结构能够更显著地减小对 DSP48E 单元的需求，特别是在 $k=1$ 的情况下，M^2DF 结构所需的 DSP48E 单元的数目只有 MDF 结构的一半左右。与 MDC 结构相比，M^2DF 结构在并行度 P 或算法阶数 k 较小时消耗的 DSP48E 单元更少，而在其他情况下 MDC 结构在乘法器的利用方面更具优势。

以 Radix-2^2 和 Radix-2^3FFT 算法对应的应用场景为例，图 2.20 统计了不同流水线结构的 FFT 计算单元的算术运算与逻辑操作对 Slice LUTs 的消耗情况。整体来看，构建 M^2DF 结构所需的 Slice LUTs 最少，MDC 结构次之，而 MDF 结构消耗的 Slice LUTs 最多。此外可以发现三种流水线结构均在蝶形运算单元的实现上消耗了大量的 Slice LUTs，由于 MDF 结构和其他两种结构相比需要更多的加法器来完成运算，因而其在蝶形运算单元的实现上对 Slice LUTs 的需求量也更大。M^2DF 结构的计算单元需要同时对并行 DIT 数据流和 DIF 数据流次序进行控制，这使其在数据流次序控制方面消耗的 Slice LUTs 略高于 MDC 结构和 MDF 结构。MDC 结构的输入/输出数据排序比其他两种结构更复杂，因此其在这一操作上消耗的 Slice LUTs 最多。

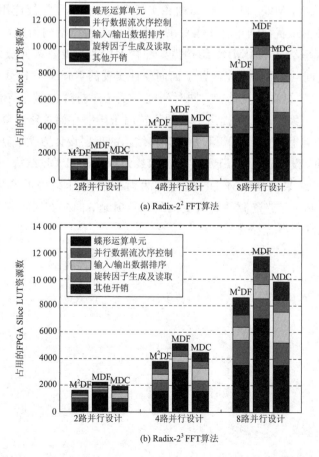

图 2.20　FFT 计算单元内的不同操作对 Slice LUTs 消耗情况统计

不同流水线结构的 FFT 计算单元的存储开销在表 2.3 中通过所占用的块 RAM 个数来体现，需要指出的是在实现过程中所有方案都采用相同的旋转因子存储方法，因此块 RAM 个数的区别主要来自设计的流水线结构。对表 2.2 中的数据进行分析时指出，MDF 结构和 M^2DF 结构能够比 MDC 结构更有效地利用存储资源，这一结论在表 2.3 的实验结果中也得到了很好的印证。块 RAM 包含的存储器总数大于每种 FFT 计算单元的理论需求，这是因为在硬件实现中块 RAM 的利用率不能达到 100％。

最后对表 2.3 中 FFT 计算单元的计算时延和吞吐量性能进行讨论。由于 FPGA 内的复数乘法器在进行数据旋转时存在若干个时钟周期的计算延迟，且流水线结构在实现过程中要用移位寄存器隔离不同操作以缩短电路的关键路径，这些因素使得 FFT 计算单元实测的计算时延略高于在相同 N、P 下利用表 2.2 计算出的理论计算延迟。并行流水线结构的可达吞吐量可以用并行度与最大时钟频率的乘积来确定，三种结构在这一指标上具有相近的表现。

本 章 小 结

并行流水线结构是实现高吞吐量 FFT 计算单元的主要硬件结构。作为具有代表性的 FFT 并行流水线结构，MDF 和 MDC 结构在实际系统中得到了广泛应用，然而这些结构并未实现对硬件资源的最优化利用。具体来讲，由串行流水线结构衍生而来的 MDF 结构对计算资源的使用效率不高，而 MDC 结构需要配置大量的存储器来完成复杂的数据排序工作。为了解决这些问题，本章首先回顾了面向硬件实现的 Radix-2^k FFT 算法，以及基于串行流水线结构的 FFT 硬件实现结构，同时研究了倒位序排序的最小存储资源需求并给出了相应的硬件设计方案，此外还提出了新的旋转因子压缩存储策略以降低其存储开销；然后在这些工作的基础上，推导了 FFT 并行计算结构的顶层设计方案，遵循该方案并利用折叠变换的基本原理，设计了新的 FFT 并行流水线结构，即 M^2DF 结构；最后理论分析和基于 FPGA 硬件测试结果表明，M^2DF 结构作为对现有设计结构的有效补充，它能够比 MDC 结构消耗更少的存储资源并具有更短的计算时延，同时在对计算资源的使用效率方面也比 MDF 结构有了显著提升。

第 3 章　基于单端口 RAM 的 FFT 处理器及 VLSI 结构

　　流水线结构和基于储存器(RAM)的结构是 FFT 硬件实现的典型硬件结构。与流水线结构相比,基于储存器的 FFT 处理器在芯片面积受限的情况下,能够实现硬件开销与计算吞吐量的有效折中,其在吞吐量要求不高的场合中得到了广泛应用。而在不断增长的吞吐量需求驱动下,基于储存器的 FFT 处理器正在进行 VLSI 结构变革,即在保持低芯片面积开销的前提下满足高吞吐量数据处理要求,这使其有望成为流水线结构的替代结构,在更多应用场合发挥更大作用。

　　基于储存器的 FFT 处理器通常会用储存器构建 FFT 输入/输出缓冲区,以及中间计算结果的暂存区。FFT 的蝶形运算在处理单元中执行,处理单元与储存器之间的数据交互通过专门的数据访问单元来控制。提升 FFT 处理器吞吐量的关键是保证处理单元在整个计算过程中始终以高并行度运行,此时需要对并行计算方法与电路结构进行改进,从而避免数据并行存取过程中的访问冲突问题。当 FFT 处理器使用双端口 RAM 时,根据 FFT 原位存储的特点,只需要保证处理单元每次并行读取的输入数据均来自不同的 RAM 即可,处理单元输出结果可以原位存回输入数据对应的存储空间。换言之,数据次序与 RAM 地址空间的映射关系是固定不变的。基于这一思路,许多研究人员提出了可行的解决方案。其中,早期的研究为 Radix-2/4 FFT处理器,该处理器引入了一种无冲突的数据访问方法,以此为基础,研究人员进一步将其推广到 Radix-2^k FFT 计算的情况,其中处理单元由多组多路延迟反馈流水线并联而成。当 FFT 计算基数不限于 2 的幂次时,面向这类混合基算法的无冲突数据访问方案也得到了研究者们的关注,他们也提出了一系列的可行解决方案。

　　在近期的研究工作中,基于存储器的 FFT 处理器更多地采用单端口 RAM 来代替双端口 RAM,因为这能够显著降低电路面积。例如,测试表明,在 0.35 μm 集成电路工艺下,单端口 RAM 占用的电路面积比双端口 RAM 占用的电路面积小约 40%;在 0.18 μm 集成电路工艺下,通过使用单端口 RAM 可使电路面积缩减到 56%;在 20 nm 集成电路工艺下,将一个 32 KB 单端口 RAM 与两个 16 KB 双端口 RAM 进行比较,后者占用的电路面积相比前者占用的电路面积小 60%。然而,与采用双端口 RAM 的情形相比,利用单端口 RAM 设计 FFT 处理器时,需要使 RAM 在同一时刻只处于数据读取或数据写入两种状态中的一种,不能同时进行读操作和写操作,这将给数据访问单元的设计带来挑战。有些研究者针对这一问题进行了研究,并取得了一定的技术突破。

　　本章将对基于单端口 RAM 的 FFT 并行计算方法及 VLSI 结构进行介绍:其中 3.1 节提供 Radix-2^k 蝶形运算和基于 RAM 的 FFT 处理器的顶层设计数学模型;3.2 节系统性地介绍针对单端口 RAM 的数据访问方案;以此为基础,3.3 节对 FFT 处理器的VLSI硬件结构展开研究;3.4 节进行理论分析和硬件实现性能评估;最后对本章内容进行总结。

3.1　FFT 处理器顶层架构设计

一般地，Radix-2^k FFT 算法通过 $M=\lceil n/k \rceil$ 个 Radix-2^k 蝶形运算来完成 $N=2^n$ 点 FFT 计算，其中 $\lceil \cdot \rceil$ 表示向上取整运算符。各级 FFT 计算对应的蝶形运算阶数 $k_m(m=1, \cdots, M)$ 分别为

$$k_1 = n - k(M-1) \leqslant k, \quad k_2 = \cdots = k_M = k \tag{3.1}$$

为便于讨论，这里还定义 $k_0 = 0$。令 $d \in \{0, 1, \cdots, N-1\}$ 表示数据索引，相应地在 Radix-2^k 信号流图中，FFT 输入数据、计算结果以及每一级 FFT 计算的操作数均按从上至下的方式利用数据索引依次编号。第 m 级 FFT 计算的操作数据参与了 $\dfrac{N}{2^{k_m}}$ 个 Radix-2^{k_m} 蝶形运算，第 $t+1\left(t=0, 1, \cdots, \dfrac{N}{2^{k_m}}-1\right)$ 个蝶形运算包含的数据索引构成向量

$$\boldsymbol{b}_{m, t} = [\mathcal{I}_m(t), \mathcal{I}_m(t) + \varepsilon_m, \cdots, \mathcal{I}_m(t) + (2^{k_m}-1)\varepsilon_m]^{\mathrm{T}} \tag{3.2}$$

其中，$t=0, 1, \cdots, N/2^{k_m}-1$；$\varepsilon_m$ 表示为

$$\varepsilon_m = \frac{N}{2^{\sum\limits_{u=0}^{m} k_u}} = 2^{\sum\limits_{u=m+1}^{M} k_u}$$

同时，式(3.2)中的数组 $\mathcal{I}_m$ 定义为

$$\mathcal{I}_m = \bigcup_{v=0}^{2^{\sum\limits_{u=0}^{m} k_u}-1} \{v\varepsilon_{m-1}:1:v\varepsilon_{m-1} + \varepsilon_m\} \tag{3.3}$$

其中 $\{u:\Delta:v\}$ 表示在 $[u, v]$ 范围内以 Δ 为增量的整数序列。

例如，对于 $N=128$ 的 Radix-2^3 FFT 算法，三级 FFT 计算对应的蝶形运算阶数分别为 $k_1=1$ 和 $k_2=k_3=3$。对于第 2 级 FFT 计算，在第 2 个蝶形运算中，$\varepsilon_2=8$ 和 $\mathcal{I}_2=\{0, 1, 2, 3, 4, 5, 6, 7\}\bigcup\{64, 65, 66, 67, 68, 69, 70, 71\}$。因此对于第 2 级 FFT 计算，参与第 3 个 Radix-2^3 蝶形运算的操作数对应的数据索引向量可以表示为 $\boldsymbol{b}_{2,2}=[2, 10, 18, 26, 34, 42, 50, 58]^{\mathrm{T}}$。

Radix-2^k 蝶形运算的实现方式有多种，除了直接根据信号流图布设加法器、乘法器进行电路互联，还可以基于多路延迟换向（MDC）结构来实现，此时每个 MDC 结构独立执行 Radix-2^k 蝶形运算。MDC 结构输入与输出数据的方式均为 2 路并行方式，当计算与 $\boldsymbol{b}_{m, t}$ 相关的蝶形运算时，MDC 结构输入数据对应的数据索引为

$$\boldsymbol{B}_{m, t}^I = [\mathrm{unvec}_{2^{k_m-1}, 2}(\boldsymbol{b}_{m, t})]^{\mathrm{T}} \tag{3.4}$$

其中 $\mathrm{unvec}_{u, v}(\boldsymbol{x})$ 利用向量 $\boldsymbol{x}$ 的元素依次填充 $u\times v$ 阶矩阵的每一列，产生一个 $u\times v$ 阶矩阵。$\boldsymbol{B}_{m, t}^I$ 的第一行和第二行分别描述了 MDC 结构上支路和下支路的输入数据次序。MDC 结构输出数据对应的数据索引为

$$\boldsymbol{B}_{m, t}^O = \mathrm{unvec}_{2, 2^{k_m-1}}(\boldsymbol{b}_{m, t}) \tag{3.5}$$

类似地，$\boldsymbol{B}_{m, t}^O$ 的第一行和第二行表示上支路和下支路的输出数据次序。

基于 RAM 的 Radix-2^k FFT 处理器顶层架构如图 3.1 所示。由图可知，基于 RAM 的 Radix-2^k FFT 处理器顶层架构主要由处理单元、数据访问单元、数据缓存单元、数据次序变换单元以及输入输出转换单元五部分构成。其中数据访问单元和数据次序变换单元控制数据的读写，并连通 FFT 处理器的处理单元与数据缓存单元。处理单元集成了 $P_c/2$（P_c

为处理单元的计算并行度)个 MDC 计算结构,用于对外提供计算并行度为 P_c 的计算,每个 MDC 计算结构中包含了 k 个 Radix-2 蝶形运算单元,各蝶形运算单元之间通过延迟换向器相连接。基于 MDC 计算电路的处理单元结构如图 3.2 所示,该图以 $P_c=8$ 为例给出了处理单元的底层详细硬件结构,除了执行蝶形运算的 MDC 结构,在处理单元数据输出侧还排列了一组复数乘法器,用于对蝶形运算结果进行旋转因子并行加权。特别地,当数据流只通过 MDC 结构中的后 k_1 个 Radix-2 蝶形运算单元时,处理单元将实行并行度为 P_c 的 Radix-2^{k_1} 蝶形运算。当处理单元执行 Radix-2^{k_m} 蝶形运算时,通过调整处理单元的流水线级数,或者在电路内插入一定数量的寄存器,可以使其计算延迟保持在 2^{k_m} 个时钟周期。

当处理单元按照图 3.2 所示的结构设计时,FFT 处理器的最小计算长度为 $N_{\min}=\dfrac{P_c}{2}\cdot 2^k=2^{2k-1}$,这是因为输入数据至少需要构成 $P_c/2$ 个 Radix-2^k 蝶形运算,以保证处理单元内 $P_c/2$ 个 MDC 结构能够正常地并行工作。

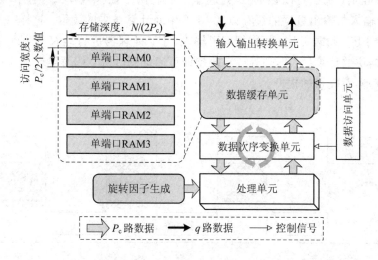

图 3.1　基于 RAM 的 Radix-2^k FFT 处理器顶层架构

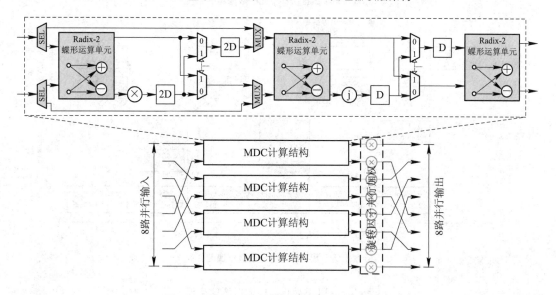

图 3.2　基于 MDC 计算电路的处理单元结构

数据缓存单元由四个单端口 RAM 组成，主要用于缓存输入输出数据和 FFT 中间计算结果，每个单端口 RAM 的存储深度和数据访问宽度分别为 $\frac{N}{2}P_c$ 和 $\frac{P_c}{2}$，总共可以缓存的数据个数为 N，数据读取和数据写入的最大并行度为 P_c。由于单端口 RAM 只支持分时读操作和写操作，因此，在同一时刻由两个单端口 RAM 负责实现并行度为 P_c 的数据读取，同时另外两个单端口 RAM 负责实现并行度为 P_c 的数据写入。输入输出转换单元主要控制速率，一方面使 FFT 自然序输入和输出数据可以按照 q 路 $(q \leqslant P_c)$ 并行的形式排列，另一方面保证数据缓存单元的数据访问并行度保持在 P_c 不变。遵循图 3.1 所示的基于 RAM 的 Radix-2^k FFT 处理器顶层架构，FFT 处理器的数据调度流程如图 3.3 所示。当 FFT 处理器中可以部署一个数据缓存单元时，电路面积开销低，并且通过合理设计数据缓存方案可以保证 FFT 处理结果输出与新数据输入在时间上重叠而不带来数据访问冲突。如果需要进一步提升吞吐量，那么可以在 FFT 处理器中部署两个在乒乓模式下工作的数据缓存单元，分别负责输入与输出数据的缓存以及 FFT 中间计算结果的读取。这样一来，当处理单元处理上一个 FFT 数据块时，新数据即可输入 FFT 处理器进行缓存，使得处理单元完成一个 FFT 数据块的计算后，不必等待新数据即可启动新计算，从而实现计算资源的高效利用和 FFT 处理器吞吐量的提升。

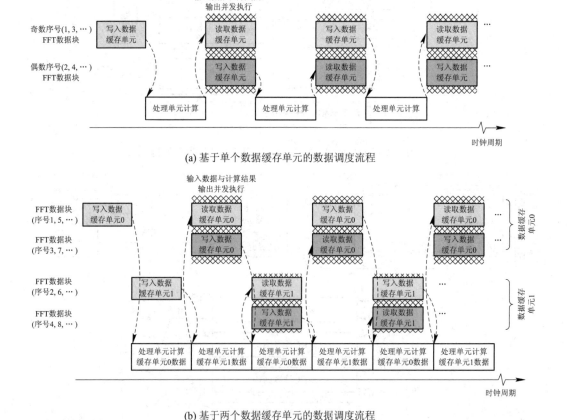

(a) 基于单个数据缓存单元的数据调度流程

(b) 基于两个数据缓存单元的数据调度流程

图 3.3 FFT 处理器的数据调度流程

3.2　FFT 处理器数据访问方案设计

与 CPU 中算术逻辑单元和数据缓存的关系类似,在基于存储器的 FFT 处理器中,对处理单元与数据缓存单元之间的数据存取操作进行冲突消解是保证 FFT 处理器高吞吐量运行的关键。图 3.4 以并行度为 4 的 32 点 Radix-2^2 FFT 计算为例,展示了不同数据访问方案下的计算流程,其中灰色格点表示数据访问存在冲突。

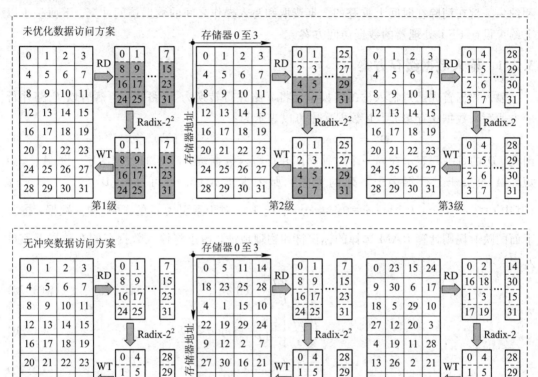

注:图中 RD 表示读取,WT 表示写入。

图 3.4　并行度为 4 的 32 点 Radix-2^2 FFT 计算在不同数据访问方案下的计算流程

从图 3.4 可以看出,如果使用未优化的数据访问方案进行数据访问,那么执行前两级 FFT 计算时无法以 4 路并行的方式存取数据,整个计算延迟为 88 个时钟周期,FFT 处理器的计算吞吐量为时钟频率的 32/88＝0.36 倍。如果采用无冲突的数据访问方案进行数据访问,那么整个计算过程中数据的存取均能以 4 路并行的方式进行,此时计算延迟可以缩短为 56 个时钟周期,计算吞吐量提高到时钟频率的 32/56＝0.57 倍。

FFT 处理器中的数据在数据缓存单元中的排列方式决定了数据读取与写入的方式。我们将数据缓存单元中数据的排列形式称为数据映射规则。具体而言,数据映射规则将数据索引 $d \in \{0, 1, \cdots, N-1\}$ 转换为用于进行 RAM 选择的标识符 $[i, j]$ $(i, j \in \{0, 1\})$ 以及用于对选定 RAM 访问的物理地址 $a \in \left\{0, 1, \cdots, \dfrac{N}{2P_c}-1\right\}$。数据映射规则的设计应满足各阶段数据访问的约束条件。也就是说数据映射规则应当保证输入数据缓存、输出数据读取、中间计算结果存取过程中都不发生数据访问冲突，这可以进一步抽象为如下约束：

约束 1：在数据读取或写入过程中，P_c 个并行数据涉及的标识符应为 2 个，使用的物理地址不能超过 2 个；

约束 2：在时间上重叠的数据读取和写入操作须使用不同的 RAM 标识符；

约束 3：在每一级计算中，数据写入的物理地址不能超前于数据读取的物理地址。

约束 1 使得每次数据并行存储或访问均只限制于 4 个单端口 RAM 中的 2 个，约束 2 和约束 3 旨在消除在时间上重叠的数据读取和写入操作之间的数据访问冲突。下面基于以上约束设计 FFT 处理器的数据访问方案。

3.2.1 输入数据缓存方案

输入数据首先通过输入输出转换单元将 q 路并行转换为 P_c 路并行，然后以 P_c 路并行的方式写入数据缓存单元，其数据次序可以表示为

$$D_0^I = \mathrm{unvec}_{P_c, N/P_c}([0, 1, \cdots, N-1]^T) \tag{3.6}$$

因此，D_0^I 的每一列表示在同一个时钟周期并行写入数据缓存单元的数据次序。设 $[A]_{u, v}$ 为矩阵 A 第 $u+1$ 行第 $v+1$ 列的元素，那么根据式（3.6）可知，$[D_0^I]_{u, v} = vP_c + u$ $\left(\text{其中} u = 0, 1, \cdots, P_c - 1; v = 0, 1, \cdots, \dfrac{N}{P_c} - 1\right)$。对于索引为 d 的 FFT 输入数据，按照下面的映射规则计算 RAM 选择的标识符和物理地址，用于将输入数据存储在数据缓存单元中，即

$$i = \left\lfloor \frac{2d}{P_c} \right\rfloor \bmod 2 \tag{3.7a}$$

$$j = \left(\left\lfloor \frac{2d}{N} \right\rfloor + \left\lfloor \frac{d}{P_c} \right\rfloor \right) \bmod 2 \tag{3.7b}$$

$$a = \left\lfloor \frac{d}{P_c} \right\rfloor \bmod \frac{N}{2P_c} \tag{3.7c}$$

将 $d = [D_0^I]_{u, v}$ 代入式（3.7），可以得到

$$i = \left\lfloor \frac{2u}{P_c} \right\rfloor \bmod 2 \tag{3.8a}$$

$$j = \left(\left\lfloor \frac{v}{N/2P_c} \right\rfloor + v \right) \bmod 2 \tag{3.8b}$$

$$a = v \bmod \frac{N}{2P_c} \tag{3.8c}$$

一方面，式（3.8a）至式（3.8c）表明，D_0^I 每一列的并行写入数据都具有相同的 j 和 a，满足约束 1。另一方面，仅当长度为 N 的 FFT 输入数据全部送入数据缓存单元后，处理单元才读取数据进行计算，此时对于输入数据而言，数据读取和数据写入在时间上是正交的，因而不必再验证约束 2 和约束 3。

3.2.2 中间计算结果存取方案

对于第 m 级（$1 \leqslant m \leqslant M-1$）FFT 计算，处理单元每次会从数据缓存单元中读取 P_c 个

数据，这些数据分属于 $\frac{P_c}{2}$ 个 Radix-2^{k_m} 蝶形运算，并依托处理单元内的 $\frac{P_c}{2}$ 个 MDC 计算结构分别进行处理。用 $b_{m,t}$，$b_{m,t+1}$，$\cdots$，$b_{m,t+P_c/2-1}$ 分别表示同时处理的 $\frac{P_c}{2}$ 个 Radix-2^{k_m} 蝶形运算对应的数据索引向量，其中 t 属于数组

$$T_m = \bigcup_{v=0}^{2^{\sum_{u=0}^{m}k_u}-1} \mathrm{strd}_2\left(\left\langle v\varepsilon_m:\frac{P_c}{2}:(v+1)\varepsilon_m\right\rangle\right) \tag{3.9}$$

其中 $\mathrm{strd}_2(\cdot)$ 表示对元素进行跨 2 步排列。因此，T_m 中的元素数量为 $\lambda_m = \frac{N}{(2^{k_m-1}P_c)}$。假设将 $b_{m,t+w}\left(w=0,1,\cdots,\frac{P_c}{2}-1\right)$ 分配给第 $w+1$ 个 MDC 计算结构进行计算，则根据式(3.4)、式(3.5)以及式(3.9)可知，第 1 个 MDC 计算结构的输入及输出数据次序可以表示为

$$D_{m,0}^I = \left[B_{m,T_m(0)}^I,\ B_{m,T_m(1)}^I,\ \cdots,\ B_{m,T_m(\lambda_m-1)}^I\right] \tag{3.10}$$

$$D_{m,0}^O = \left[B_{m,T_m(0)}^O,\ B_{m,T_m(1)}^O,\ \cdots,\ B_{m,T_m(\lambda_m-1)}^O\right] \tag{3.11}$$

对以上结论进行推广，第 $w+1$ 个 MDC 计算结构的输入与输出数据次序可以表示为

$$D_{m,w}^I = D_{m,0}^I + [w]_{2\times\frac{N}{P_c}},\ D_{m,w}^O = D_{m,0}^O + [w]_{2\times\frac{N}{P_c}} \tag{3.12}$$

其中 $[w]_{u,v}$ 表示 $u\times v$ 阶的全 w 矩阵。根据以上结果，处理单元在执行第 m 级运算时，P_c 路并行输入和并行输出数据的次序可以表示为

$$D_m^I = \Lambda\left[(D_{m,0}^I)^T,\ (D_{m,1}^I)^T,\ \cdots,\ (D_{m,P_c/2-1}^I)^T\right]^T \tag{3.13}$$

$$D_m^O = \Lambda\left[(D_{m,0}^O)^T,\ (D_{m,1}^O)^T,\ \cdots,\ (D_{m,P_c/2-1}^O)^T\right]^T \tag{3.14}$$

其中 Λ 是一个置换矩阵，其作用是分别收集每个 $D_{m,w}^I$（或 $D_{m,w}^O$）的第 1 行和第 2 行，并将其组合为矩阵 D_m^I（或 D_m^O）的前 $\frac{P_c}{2}$ 行以及后 $\frac{P_c}{2}$ 行。

公式(3.7a)至式(3.7c)既对输入数据在数据存储单元中的存储方式作了规定，也对第 1 级 FFT 计算操作数的缓存方式作了规定。对于第 m 级($2\leqslant m\leqslant M-1$)的 FFT 计算，其操作数的缓存方式为

$$i = \left\lfloor\frac{2d}{P_c}\right\rfloor \bmod 2 \tag{3.15a}$$

$$j = \left(\left\lfloor\frac{2d}{\varepsilon_{m-1}}\right\rfloor + \left\lfloor\frac{d}{\varepsilon_{m-1}}\right\rfloor\right)\bmod 2 \tag{3.15b}$$

$$a = \left\lfloor\frac{d}{P_c}\right\rfloor \bmod \frac{\varepsilon_{m-1}}{2P_c} + \left\lfloor\frac{d}{\varepsilon_{m-1}}\right\rfloor \cdot \frac{\varepsilon_{m-1}}{2P_c} \tag{3.15c}$$

值得注意的是，这里第 2 级至第 $M-1$ 级 FFT 计算操作数的缓存方式实际也是第 1 级至第 $M-2$ 级 FFT 计算结果的缓存方式。因此，基于式(3.15a)、式(3.15b)、式(3.15c)的数据存储方式可以满足第 1 级至第 $M-2$ 级 FFT 计算过程中的数据无冲突访问，具体总结如下。

定理 3.1 若第 m 级($1\leqslant m\leqslant M-2$)FFT 计算的数据读取和数据写入次序分别为 D_m^I 和 D_m^O，则

(1) 第 1 级 FFT 计算的无冲突数据访问要求数据读取基于式(3.7a)、式(3.7b)、式(3.7c)执行，蝶形运算结果写入基于 $m=2$ 情况下的式(3.15a)、式(3.15b)、式(3.15c)执行；

（2）第 u 级（$2 \leqslant u \leqslant M-2$）FFT 计算的无冲突数据访问要求数据读取基于 $m=u$ 情况下的式（3.15a）、式（3.15b）、式（3.15c）执行，FFT 计算结果写入基于 $m=u+1$ 情况下的式（3.15a）、式（3.15b）、式（3.15c）执行，并且数据写入与数据读取操作之间的延迟为 2^{k_u} 个时钟周期。

证明　为证明上述定理，首先需要确定 $\boldsymbol{D}_m^I$ 和 $\boldsymbol{D}_m^O$ 在 $1 \leqslant m \leqslant M-2$ 时的具体表达式。由式（3.2）可以得到

$$\boldsymbol{b}_{m, T_m(x)} = [\mathcal{I}_m[T_m(x)], \ \mathcal{I}_m[T_m(x)] + \varepsilon_m, \ \cdots, \ \mathcal{I}_m[T_m(x)] + (2^{k_m} - 1)\varepsilon_m]^{\mathrm{T}}$$

其中 $\mathcal{I}_m[T_m]$ 表示以 T_m 为选择索引，从数组 $\mathcal{I}_m$ 中选取 $\dfrac{2N}{2^{k_m}P_c}$ 个元素，并对所选的每 $\dfrac{2\varepsilon_m}{P_c}$ 个元素进行跨 2 步排列。令 $\Omega(x) = \mathcal{I}_m[T_m(x)]$ 表示 $\mathcal{I}_m[T_m]$ 的第 x 个元素，那么

$$\Omega_m(x) = \left\lfloor \frac{xP_c}{2\varepsilon_m} \right\rfloor \varepsilon_{m-1} + (x \bmod 2) \frac{\varepsilon_m}{2} + \left(\left\lfloor \frac{x}{2} \right\rfloor \bmod \frac{\varepsilon_m}{P_c} \right) \frac{P_c}{2}$$

因而根据式（3.4）及式（3.5）可得

$$\left[\boldsymbol{B}_{m, T_m(x)}^I \right]_{u, v} = \Omega_m(x) + v\varepsilon_m + \frac{u\varepsilon_{m-1}}{2}$$

$$\left[\boldsymbol{B}_{m, T_m(x)}^O \right]_{u, v} = \Omega_m(x) + (2v + u)\varepsilon_m$$

其中，参数 $u = 0, 1$；参数 $v = 0, 1, \cdots, 2^{k_m-1} - 1$。进一步根据式（3.10）及式（3.11）可得 $\boldsymbol{D}_{m,0}^I$ 和 $\boldsymbol{D}_{m,0}^O$ 中元素可以表示为

$$\left[\boldsymbol{D}_{m,0}^I \right]_{u, v} = \left[\boldsymbol{B}_{m, T_m(\lfloor v/2^{k_m-1} \rfloor)}^I \right]_{u, \, v \bmod 2^{k_m-1}}$$

$$\left[\boldsymbol{D}_{m,0}^O \right]_{u, v} = \left[\boldsymbol{B}_{m, T_m(\lfloor v/2^{k_m-1} \rfloor)}^O \right]_{u, \, v \bmod 2^{k_m-1}}$$

其中，参数 $u = 0, 1$；参数 $v = 0, 1, \cdots, \dfrac{N}{P_c} - 1$。进一步利用式（3.12）和式（3.13）可得 $\boldsymbol{D}_m^I$ 中元素的数学表达式为

$$\left[\boldsymbol{D}_m^I \right]_{u, v} = \left[\boldsymbol{D}_{m,0}^I \right]_{\lfloor \frac{2u}{P_c} \rfloor, \, v} + u \bmod \frac{P_c}{2}$$

$$= \Omega_m \left(\left\lfloor \frac{v}{2^{k_m-1}} \right\rfloor \right) + (v \bmod 2^{k_m-1})\varepsilon_m + \left\lfloor \frac{2u}{P_c} \right\rfloor \frac{\varepsilon_{m-1}}{2} + u \bmod \frac{P_c}{2}$$

其中，参数 $u = 0, 1, \cdots, P_c - 1$，参数 $v = 0, 1, \cdots, \dfrac{N}{P_c} - 1$。

类似地，$\boldsymbol{D}_m^O$ 中元素的数学表达式为

$$\left[\boldsymbol{D}_m^O \right]_{u, v} = \left[\boldsymbol{D}_{m,0}^O \right]_{\lfloor \frac{2u}{P_c} \rfloor, \, v} + u \bmod \frac{P_c}{2}$$

$$= \Omega_m \left(\left\lfloor \frac{v}{2^{k_m-1}} \right\rfloor \right) + \left(2v \bmod 2^{k_m} + \left\lfloor \frac{2u}{P_c} \right\rfloor \right)\varepsilon_m + u \bmod \frac{P_c}{2}$$

其中，$u = 0, 1, \cdots, P_c - 1$；$v = 0, 1, \cdots, \dfrac{N}{P_c} - 1$。

根据式（3.7a）、式（3.7b）、式（3.7c）和式（3.15a）、式（3.15b）、式（3.15c），$\boldsymbol{D}_m^I$（$m = 1, 2, \cdots, M-2$）对应的数据缓存单元读取参数可以表示为

$$i = \left\lfloor \frac{v}{2^{k_m}} \right\rfloor \bmod 2$$

$$j = \begin{cases} \left(\left\lfloor \dfrac{2u}{P_c} \right\rfloor + \left\lfloor \dfrac{v}{2^{k_m+1}} \right\rfloor \right) \bmod 2, m=1 \\[3mm] \left(\left\lfloor \dfrac{2u}{P_c} \right\rfloor + \left\lfloor \dfrac{vP_c}{\varepsilon_{m-1}} \right\rfloor \right) \bmod 2, \text{其他} \end{cases}$$

$$a = \left\lfloor \frac{v}{2^{k_m+1}} \right\rfloor \bmod \frac{\varepsilon_m}{2P_c} + \left\lfloor \frac{vP_c}{\varepsilon_{m-1}} \right\rfloor \frac{\varepsilon_{m-1}}{2P_c} + \left(\left\lfloor \frac{v}{2^{k_m-1}} \right\rfloor \bmod 2 + 2v \bmod 2^{k_m} \right) \frac{\varepsilon_m}{2P_c}$$

根据式(3.15a)、式(3.15b)、式(3.15c)可知，$\boldsymbol{D}_m^O(m=1,2,\cdots,M-2)$ 对应的数据缓存单元写入参数可表示为

$$i' = \left\lfloor \frac{v}{2^{k_m}} \right\rfloor \bmod 2$$

$$j' = \left(\left\lfloor \frac{v}{2^{k_m-1}} \right\rfloor + \left\lfloor \frac{2u}{P_c} \right\rfloor \right) \bmod 2$$

$$a' = \left\lfloor \frac{v}{2^{k_m+1}} \right\rfloor \bmod \frac{\varepsilon_m}{2P_c} + \left\lfloor \frac{vP_c}{\varepsilon_{m-1}} \right\rfloor \frac{\varepsilon_{m-1}}{2P_c} + \left(\left\lfloor \frac{2u}{P_c} \right\rfloor + 2v \bmod 2^{k_m} \right) \frac{\varepsilon_m}{2P_c}$$

一方面，对比 i、j、a 和 i'、j'、a' 的表达式不难发现，这些参数满足数据无冲突访问约束 1。这是因为 $\boldsymbol{D}_m^I$ 每一列对应的并行读取数据具有相同的 i 和 a；$\boldsymbol{D}_m^O$ 每一列对应的并行写入数据具有相同的 i，并且只用到两个不同的物理地址 a'。另一方面，前 $M-2$ 级 FFT 计算对数据缓存单元的读取和写入存在时间交叠，需要进一步验证数据无冲突访问约束 2 和约束 3。令 $i'|_{v=v_0}$ 表示 $\boldsymbol{D}_m^O$ 第 v_0 列数据对应的参数 i'，可以发现

$$i'\big|_{v=v_0} = (i\big|_{v=v_0+2^{k_m}} + 1) \bmod 2$$

这说明 $\boldsymbol{D}_m^I$ 的第 $v_0+2^{k_m}$ 列对应的参数 i 和 $\boldsymbol{D}_m^O$ 的第 v_0 列数据对应的参数 i' 总是具有相反的取值，也就是说当数据写入与数据读取之间的延迟为 2^{k_m} 个时钟周期时，可以保证进行数据读取的单端口 RAM 与进行数据写入的单端口 RAM 不相同，这样满足数据无冲突访问约束 2 的要求。由于

$$a'\big|_{v=v_0} = \{a\big|_{v=v_0+t} \mid t=0,1,\cdots,2^{k_m}-1\}$$

因此当数据写入与数据读取之间的延迟为 2^{k_m} 个时钟周期时，用于数据写入的物理地址总是延迟于用于数据读取的物理地址，满足约束 3 的要求。

综上，定理 3.1 证毕。

与前 $M-1$ 级 FFT 计算不同，第 $M-1$ 级 FFT 计算结果按照如下方式存储在数据缓存单元中，即

$$i = \left\lfloor \frac{d}{P_c} \right\rfloor \bmod 2 \tag{3.16a}$$

$$j = \left\lfloor \frac{2d}{P_c} \right\rfloor \bmod 2 \tag{3.16b}$$

$$a = \left\lfloor \frac{d}{2P_c} \right\rfloor \tag{3.16c}$$

与此同时，处理单元在执行第 $M-1$ 级 FFT 计算时，输出结果在写入数据缓存单元之前需重新排序。用 $\boldsymbol{D}_{M-1}^O$ 和 $\widetilde{\boldsymbol{D}}_{M-1}^O$ 分别表示处理单元在执行第 $M-1$ 级 FFT 计算时并行输出的数据次序以及经过调整后的数据次序，则它们满足

$$\left[\widetilde{\boldsymbol{D}}^{O}_{M-1}\right]_{u,\,v} = \left[\boldsymbol{D}^{O}_{M-1}\right]_{u-\frac{P_c}{2}\delta,\,v+2^{k_{M-1}-1}\delta} \tag{3.17}$$

其中 $\delta = \left\lfloor 2u/P_c\right\rfloor - \left\lfloor v/2^{k_{M-1}-1}\right\rfloor \bmod 2$。下面定理总结了处理单元在执行第 $M-1$ 级 FFT 计算时无冲突数据访问需要满足的条件。

定理 3.2　若第 $M-1$ 级 FFT 计算的数据读取和数据写入的次序分别为 $\boldsymbol{D}^{I}_{M-1}$ 和 $\widetilde{\boldsymbol{D}}^{O}_{M-1}$，则其无冲突数据访问要求数据读取基于 $m=M-1$ 情况下的式(3.15a)、式(3.15b)、式(3.15c)执行，数据写入基于式(3.16a)、式(3.16b)、式(3.16c)执行，并且数据写入与数据读取操作之间的延迟为 $3 \cdot 2^{k_{M-1}-1}$ 个时钟周期。

证明　对于第 $M-1$ 级 FFT 计算，处理单元从数据缓存单元读取数据的方式与前 $M-2$ 级 FFT 计算类似，都遵循式(3.15a)、式(3.15b)、式(3.15c)。基于定理 3.1 证明过程的推导结果，令 $m=M-1$ 以及 $\varepsilon_{M-1}=2^k=P_c$，可以得到

$$\left[\boldsymbol{D}^{I}_{M-1}\right]_{u,\,v} = \left\lfloor\frac{v}{2^{k_{M-1}}}\right\rfloor\varepsilon_{M-2} + u\bmod\frac{P_c}{2} + (v\bmod 2^{k_{M-1}-1})P_c + \left\lfloor\frac{2u}{P_c}\right\rfloor\frac{\varepsilon_{M-2}}{2} + \left(\left\lfloor\frac{v}{2^{k_{M-1}-1}}\right\rfloor\bmod 2\right)\frac{P_c}{2}$$

相应地，$\boldsymbol{D}^{O}_{M-1}$ 中的数据索引可以表示为

$$\left[\boldsymbol{D}^{O}_{M-1}\right]_{u,\,v} = \left\lfloor\frac{v}{2^{k_{M-1}}}\right\rfloor\varepsilon_{M-2} + u\bmod\frac{P_c}{2} + \left(2v\bmod 2^{k_{M-1}} + \left\lfloor\frac{2u}{P_c}\right\rfloor\right)P_c + \left(\left\lfloor\frac{v}{2^{k_{M-1}-1}}\right\rfloor\bmod 2\right)\frac{P_c}{2}$$

第 $M-1$ 级 FFT 计算写入数据缓存单元的数据需要预先调整数据次序，即将 $\boldsymbol{D}^{O}_{M-1}$ 转换为 $\widetilde{\boldsymbol{D}}^{O}_{M-1}$。根据式(3.17)，$\widetilde{\boldsymbol{D}}^{O}_{M-1}$ 中的数据索引可以表示为

$$\begin{aligned}\left[\widetilde{\boldsymbol{D}}^{O}_{M-1}\right]_{u,\,v} &= \left[\boldsymbol{D}^{O}_{M-1}\right]_{u-\frac{P_c}{2}\delta,\,v+2^{k_{M-1}}\delta} \\ &= \left\lfloor\frac{v}{2^{k_{M-1}}}\right\rfloor\varepsilon_{M-2} + \left\lfloor\frac{2u}{P_c}\right\rfloor\frac{P_c}{2} + u\bmod\frac{P_c}{2} + \left(\left\lfloor\frac{v}{2^{k_{M-1}-1}}\right\rfloor\bmod 2 + 2v\bmod 2^{k_{M-1}}\right)P_c\end{aligned}$$

根据式(3.15a)、式(3.15b)、式(3.15c)，$\boldsymbol{D}^{I}_{M-1}$ 对应的数据缓存单元读取参数为

$$i = \left\lfloor\frac{2v}{2^{k_{M-1}}}\right\rfloor\bmod 2$$

$$j = \left(\left\lfloor\frac{v}{2^{k_{M-1}}}\right\rfloor + \left\lfloor\frac{2u}{P_c}\right\rfloor\right)\bmod 2$$

$$a = v\bmod 2^{k_{M-1}-1} + \left\lfloor\frac{v}{2^{k_{M-1}}}\right\rfloor\cdot 2^{k_{M-1}-1}$$

根据式(3.16a)、式(3.16b)、式(3.16c)，$\widetilde{\boldsymbol{D}}^{O}_{M-1}$ 对应的数据缓存单元写入参数为

$$i' = \left\lfloor\frac{2v}{2^{k_{M-1}}}\right\rfloor\bmod 2$$

$$j' = \left\lfloor\frac{2u}{P_c}\right\rfloor$$

$$a' = v\bmod 2^{k_{M-1}-1} + \left\lfloor\frac{v}{2^{k_{M-1}}}\right\rfloor\cdot 2^{k_{M-1}-1}$$

对比 i、j、a 和 i'、j'、a' 的表达式不难发现，并行读取和写入的 P_c 个数据具有相同的 i 和 a，满足数据无冲突访问约束 1 的要求。此外

$$i'\,|_{v=v_0} = (i\,|_{v=v_0+3\cdot 2^{k_{M-1}-1}} + 1)\bmod 2$$

这说明当数据写入与数据读取之间的延迟为 $3\cdot 2^{k_{M-1}-1}$ 个时钟周期时，可以保证进行数据读取的单端口 RAM 与进行数据写入的单端口 RAM 不相同，满足数据无冲突访问约束 2 的要求。对于物理地址 a，可以看出 $a'\,|_{v=v_0} = a\,|_{v=v_0}$，即

$$a'\,|_{v=v_0} \in \{a\,|_{v=v_0+t}\,|\,t=0,1,\cdots,3\cdot 2^{k_{M-1}}-1\}$$

这说明用作数据写入的物理地址不会先于用作数据读取的物理地址产生，满足约束 3 的要求。

综上，定理 3.2 证毕。

用 $\mathrm{rev}_w(u)$ 表示数据 u 在 w 比特表示下的倒位序结果，例如 $\mathrm{rev}_3(4)=1$。与上述讨论不同，处理单元在执行第 M 级 FFT 计算时，每次并行处理的 $P_c/2$ 个蝶形运算单元对应的数据索引向量为 $\boldsymbol{b}_{M,t}$，$\boldsymbol{b}_{M,t+\mathrm{rev}_{n-k}(1)}$，$\cdots$，$\boldsymbol{b}_{M,t+\mathrm{rev}_{n-k}(P_c/2-1)}$，其中参数 t 遍历数组

$$T_M = \mathrm{strd}_2(R_0 \bigcup R_{2^{n-2k}+1}) \bigcup \mathrm{strd}_2(R_{2^{n-2k}} \bigcup R_1) \tag{3.18}$$

其中集合 $R_x = \{\mathrm{rev}_{n-2k}(u)+x\,|\,u=0,1,\cdots,2^{n-2k-1}-1\}$。

上述定义隐含着 $N/2^{2k}\geqslant 2$ 的要求，对于 $N=2^{2k}$，令 $T_M=\{0,1\}$，而对于最小 FFT 计算长度 $N=2^{2k-1}$ 有 $T_M=\{0\}$。因此，数组 T_M 中包含的元素个数为 $\lambda = \dfrac{N}{2^{k-1}P_c}$。

在第 M 级 FFT 计算中，数据以次序 $\boldsymbol{D}_M^I$ 被送至处理单元，处理单元的计算结果以次序 $\boldsymbol{D}_M^O$ 输出。尽管式 (3.13) 和式 (3.14) 对 $\boldsymbol{D}_M^I$ 和 $\boldsymbol{D}_M^O$ 仍然适用，但由于 Radix-2^{k_M} 蝶形运算的计算次序与前 $M-1$ 级 FFT 计算不同，因此 $\boldsymbol{D}_M^I$ 和 $\boldsymbol{D}_M^O$ 包含的子矩阵与式 (3.12) 有区别。具体而言，

$$\boldsymbol{D}_{M,w}^I = \boldsymbol{D}_{M,0}^I + [\mathrm{rev}_n(w)]_{2\times\frac{N}{P_c}} \tag{3.19a}$$

$$\boldsymbol{D}_{M,w}^O = \boldsymbol{D}_{M,0}^O + [\mathrm{rev}_n(w)]_{2\times\frac{N}{P_c}} \tag{3.19b}$$

其中

$$\boldsymbol{D}_{M,0}^I = [\boldsymbol{B}_{M,T_M(0)}^I,\ \boldsymbol{B}_{M,T_M(1)}^I,\ \cdots,\ \boldsymbol{B}_{M,T_M(\lambda-1)}^I] \tag{3.20}$$

$$\boldsymbol{D}_{M,0}^O = [\boldsymbol{B}_{M,T_M(0)}^O,\ \boldsymbol{B}_{M,T_M(1)}^O,\ \cdots,\ \boldsymbol{B}_{M,T_M(\lambda-1)}^O] \tag{3.21}$$

当处理单元从数据缓存单元读取操作数时，数据读取次序区别于 $\boldsymbol{D}_M^I$，而基于

$$[\widetilde{\boldsymbol{D}}_M^I]_{u,v} = [\boldsymbol{D}_M^I]_{\lfloor\frac{2u}{P_c}\rfloor\frac{P_c}{2}+v\bmod\frac{P_c}{2},\lfloor\frac{2v}{P_c}\rfloor\frac{P_c}{2}+u\bmod\frac{P_c}{2}} \tag{3.22}$$

我们定义如下映射规则来存储处理单元在第 M 级 FFT 计算的结果，即

$$i = \left\lfloor\frac{2\mathrm{rev}_n(d)}{P_c}\right\rfloor\bmod 2 \tag{3.23a}$$

$$j = \left(\left\lfloor\frac{2\mathrm{rev}_n(d)}{N}\right\rfloor + \left\lfloor\frac{\mathrm{rev}_n(d)}{P_c}\right\rfloor\right)\bmod 2 \tag{3.23b}$$

$$a = \begin{cases} \left(\left\lfloor\dfrac{2\mathrm{rev}_n(d)}{N/P_c}\right\rfloor\bmod P_c\right)\dfrac{N}{2P_c^2}+\mathrm{rev}_{n-2k-1}\left(\left\lfloor\dfrac{\mathrm{rev}_n(d)}{P_c}\right\rfloor\bmod\dfrac{N}{2P_c^2}\right), & N>2^{2k} \\ \left\lfloor\dfrac{\mathrm{rev}_n(d)}{P_c}\right\rfloor\bmod\dfrac{N}{2P_c}, & N\in\{2^{2k},2^{2k-1}\} \end{cases} \tag{3.23c}$$

下面定理总结了处理单元在执行第 M 级 FFT 运算时无冲突数据访问需要满足的条件。

定理 3.3　若第 M 级 FFT 计算的数据读取和数据写入次序分别为 $\widetilde{D}_M^I$ 和 D_M^O，则其无冲突数据访问要求数据读取基于式(3.16a)、式(3.16b)、式(3.16c)执行，数据写入基于式(3.23a)、式(3.16b)、式(3.16c)执行，并且对于前 $N/2$ 个数据，数据写入与数据读取操作之间的延迟为 $3 \cdot 2^{k-1}$ 个时钟周期，对于后 $N/2$ 个数据，数据写入与数据读取操作之间的延迟为 2^{k+1} 个时钟周期。

证明　与定理 3.1 的证明过程类似，首先需要确定 $\widetilde{D}_M^I$ 和 D_M^O 中数据索引的表达式。根据式(3.18)，数组 T_M 中的元素可以表示为

$$T_M(x) \begin{cases} \left(x + \left\lfloor \dfrac{x}{N/P_c^2} \right\rfloor\right) \bmod 2 \cdot \dfrac{N}{2P_c^2} + \mathrm{rev}_{n-2k}\left(\left\lfloor \dfrac{x}{2} \right\rfloor \bmod \dfrac{N}{2P_c^2}\right) + x \bmod 2, & N \geqslant 2^{2k+1} \\ x, & N \in \{2^{2k}, 2^{2k-1}\} \end{cases}$$

其中 $x = 0, 1, \cdots, 2^{n-2k+1}-1$。注意到第 M 级 FFT 计算中有 $\varepsilon_M = 1$，这使得 $\mathcal{I}_M = \{0 : 2^k : N-1\}$。因此 $\mathcal{I}_M[T_M(x)] = T_M(x) \cdot 2^k$。基于式(3.4)和式(3.5)，处理单元中的 MDC 计算结构在执行第 $T_M(x)+1$ 个 Radix-2^k 蝶形运算时，输入和输出数据的次序分别为

$$\left[\boldsymbol{B}_{M, T_M(x)}^I\right]_{u, v} = T_M(x) \cdot 2^k + v + 2^{k-1}u$$
$$\left[\boldsymbol{B}_{M, T_M(x)}^O\right]_{u, v} = T_M(x) \cdot 2^k + 2v + u$$

其中，参数 $u=0, 1$；参数 $v=0, 1, \cdots, 2^{k-1}-1$。进一步根据式(3.20)可以得到

$$\left[\boldsymbol{D}_{M, 0}^I\right]_{u, v} = \left[\boldsymbol{B}_{M, T_M\langle\lfloor v/2^{k-1}\rfloor\rangle}^I\right]_{u, v \bmod 2^{k-1}}$$

其中，参数 $u=0, 1$；参数 $v=0, 1, \cdots, \dfrac{N}{P_c}-1$。进一步根据式(3.13)、式(3.19a)以及式(3.22)，处理单元从数据缓存单元并行读取的数据次序表示为

$$\left[\widetilde{\boldsymbol{D}}_M^I\right]_{u, v} = \begin{cases} u + \left[\mathrm{rev}_{n-2k}\left(\left\lfloor \dfrac{v}{P_c} \right\rfloor \bmod \dfrac{N}{2P_c^2}\right) + \left\lfloor \dfrac{2v}{P_c} \right\rfloor \bmod 2\right]P_c + \\ \qquad \left(\left\lfloor \dfrac{2v}{P_c} \right\rfloor + \left\lfloor \dfrac{v}{N/(2P_c)} \right\rfloor\right) \bmod 2 \cdot \dfrac{N}{P_c} + \mathrm{rev}_n(v \bmod 2^{k-1}), & N \geqslant 2^{2k+1} \\ u + \left\lfloor \dfrac{2v}{P_c} \right\rfloor 2^k + \mathrm{rev}_n(v \bmod 2^{k-1}), & N \in \{2^{2k}, 2^{2k-1}\} \end{cases}$$

其中，参数 $u=0, 1, \cdots, P_c-1$；参数 $v=0, 1, \cdots, \dfrac{N}{P_c}-1$。基于式(3.16a)、式(3.16b)、式(3.16c)定义的映射规则，$\widetilde{D}_M^I$ 对应的处理单元数据读取参数为

$$i = \left\lfloor \dfrac{2v}{P_c} \right\rfloor \bmod 2$$

$$j = \left\lfloor \dfrac{2u}{P_c} \right\rfloor \bmod 2$$

$$a = \begin{cases} \mathrm{rev}_{n-2k-1}\left[\left\lfloor \dfrac{v}{P_c} \right\rfloor \bmod \left(\dfrac{N}{2P_c^2}\right)\right] + \mathrm{rev}_{n-k-1}(v \bmod 2^{k-1}) + \\ \qquad \left(\left\lfloor \dfrac{2v}{P_c} \right\rfloor + \left\lfloor \dfrac{2v}{(N/P_c)} \right\rfloor\right) \bmod 2 \cdot \left(\dfrac{N}{2P_c^2}\right), & N \geqslant 2^{2k+1} \\ \mathrm{rev}_{k-1}(v \bmod 2^{k-1}), & N = 2^{2k} \\ \lfloor \mathrm{rev}_{k-1}(v \bmod 2^{k-1})/2 \rfloor, & N = 2^{2k-1} \end{cases}$$

对于以 $\boldsymbol{D}_M^O$ 为次序排列的处理单元的输出结果，其满足

$$\left[\boldsymbol{D}_{M,\,0}^O\right]_{u,\,v} = \left[\boldsymbol{B}_{M,\,T_M\left(\lfloor v/2^{k-1}\rfloor\right)}^O\right]_{u,\,v\bmod 2^{k-1}}$$

进一步基于 $m=M$ 情况下的式(3.14)和式(3.19b)，可得到 $\boldsymbol{D}_M^O$ 中数据索引的表达式为

$$\left[\boldsymbol{D}_M^O\right]_{u,\,v} = \begin{cases} \mathrm{rev}_n(u\bmod 2^{k-1}) + \left(\left\lfloor\dfrac{2v}{P_c}\right\rfloor + \left\lfloor\dfrac{v}{N/(2P_c)}\right\rfloor\right)\bmod 2\cdot\dfrac{N}{P_c} + \\ \left[\mathrm{rev}_{n-2k}\left(\left\lfloor\dfrac{v}{P_c}\right\rfloor\bmod\dfrac{N}{2P_c^2}\right) + \left\lfloor\dfrac{2v}{P_c}\right\rfloor\bmod 2\right]P_c + \left\lfloor\dfrac{2u}{P_c}\right\rfloor,\ N\geqslant 2^{2k+1} \\ \mathrm{rev}_n(u\bmod 2^{k-1}) + \left\lfloor\dfrac{2v}{P_c}\right\rfloor 2^k + 2v\bmod 2^k + \left\lfloor\dfrac{2u}{P_c}\right\rfloor,\ N\in\{2^{2k},\,2^{2k-1}\} \end{cases}$$

其中参数 $u=0,1,\cdots,P_c-1$。处理单元输出数据基于式(3.23a)、式(3.23b)、式(3.23c)定义的映射规则进行存储，为此需要首先确定数据索引 $[\boldsymbol{D}_M^O]$ 的倒位序结果，其满足

$$\mathrm{rev}_n\left\{\left[\boldsymbol{D}_M^O\right]_{u,\,v}\right\} = \sum\mathrm{rev}_n\left\{\left[\boldsymbol{D}_M^O\right]_{u,\,v}\text{ 的每个分项}\right\}$$

具体表达式为

$$\mathrm{rev}_n\left\{\left[\boldsymbol{D}_M^O\right]_{u,\,v}\right\} = \begin{cases} u\bmod 2^{k-1} + \left(\left\lfloor\dfrac{2v}{P_c}\right\rfloor + \left\lfloor\dfrac{v}{N/(2P_c)}\right\rfloor\right)\bmod 2\cdot\dfrac{P_c}{2} + \left\lfloor\dfrac{v}{P_c}\right\rfloor\bmod\dfrac{N}{2P_c^2}\cdot P_c + \\ \left\lfloor\dfrac{2v}{P_c}\right\rfloor\bmod 2\cdot\dfrac{N}{2P_c} + \mathrm{rev}_n(2v\bmod 2^k) + \left\lfloor\dfrac{2u}{P_c}\right\rfloor\cdot 2^{n-1},\qquad N\geqslant 2^{2k+1} \\ u\bmod 2^{k-1} + \left\lfloor\dfrac{2v}{P_c}\right\rfloor\cdot\dfrac{N}{2P_c} + \mathrm{rev}_n(2v\bmod 2^k) + \left\lfloor\dfrac{2u}{P_c}\right\rfloor\cdot 2^{n-1},\ N\in\{2^{2k},\,2^{2k-1}\} \end{cases}$$

进而基于式(3.23a)、式(3.23b)、式(3.23c)，可以确定数据缓存单元写入参数的表达式为

$$i' = \begin{cases} \left(\left\lfloor\dfrac{2v}{P_c}\right\rfloor + \left\lfloor\dfrac{2v}{N/P_c}\right\rfloor\right)\bmod 2,\ N\geqslant 2^{2k+1} \\ \left\lfloor\dfrac{2v}{P_c}\right\rfloor\bmod 2,\qquad\qquad N=2^{2k} \\ \left\lfloor\dfrac{\mathrm{rev}_n(2v\bmod 2^k)}{P_c}\right\rfloor\bmod 2,\qquad N=2^{2k-1} \end{cases}$$

$$j' = \begin{cases} \left(\left\lfloor\dfrac{2u}{P_c}\right\rfloor + \left\lfloor\dfrac{v}{P_c}\right\rfloor\right)\bmod 2,\qquad N>2^{2k+1} \\ \left(\left\lfloor\dfrac{2u}{P_c}\right\rfloor + \left\lfloor\dfrac{v}{2P_c}\right\rfloor\right)\bmod 2,\qquad N=2^{2k+1} \\ \left(\left\lfloor\dfrac{2u}{P_c}\right\rfloor + \left\lfloor\dfrac{\mathrm{rev}_n(2v\bmod 2^k)}{P_c}\right\rfloor\right)\bmod 2,\ N\in\{2^{2k},\,2^{2k-1}\} \end{cases}$$

$$a' = \begin{cases} \mathrm{rev}_{n-2k-1}\left[\left\lfloor\dfrac{v}{P_c}\right\rfloor\bmod\left(\dfrac{N}{2P_c^2}\right)\right] + \mathrm{rev}_{n-k-1}(v\bmod 2^{k-1}) + \\ \left\lfloor\dfrac{2v}{P_c}\right\rfloor\bmod 2\cdot\left(\dfrac{N}{2P_c^2}\right),\ N\geqslant 2^{2k+1} \\ \mathrm{rev}_{k-1}(v\bmod 2^{k-1}),\ N=2^{2k} \\ \lfloor\mathrm{rev}_{k-1}(v\bmod 2^{k-1})/2\rfloor,\ N=2^{2k-1} \end{cases}$$

从 i、j、a 和 i'、j'、a' 的表达式可以看出，同一时刻读取(或写入)的并行数据都具有相同 i(或 i')以及物理地址 a(或 a')，满足数据无冲突访问约束 1。注意到处理单元执行第

M 级 FFT 计算的处理延迟为 2^k 个时钟周期，当 $N=2^{2k-1}$ 或 $N=2^{2k}$ 时，数据缓存单元在写入计算结果之前已将所有缓存数据输出完毕，此时无需再验证数据无冲突访问约束 2 和约束 3。当 $N>2^{2k}$ 时，i 和 i' 满足

$$i'\mid_{v=v_0}=\begin{cases}(i\mid_{v=v_0+3\cdot2^{k-1}}+1)\bmod 2, & v_0<\dfrac{N}{2P_c}\\[3mm](i\mid_{v=v_0+2^{k+1}}+1)\bmod 2, & v_0\geqslant\dfrac{N}{2P_c}\end{cases}$$

因此基于定理 3.3 所指定的数据写入与数据读取之间的延迟，以保证时间重叠的读操作与写操作均使用不同的参数 i，即作用于不同的单端口 RAM，满足无冲突数据访问约束 2。

对于物理地址 a，当 $v_0<\dfrac{N}{2P_c}$ 时，

$$a'\mid_{v=v_0}\in\{a\mid_{v=v_0+t}\mid t=0,1,\cdots,3\cdot2^{k-1}-1\}$$

当 $v_0\geqslant\dfrac{N}{2P_c}$ 时，

$$a'\mid_{v=v_0}\in\{a\mid_{v=v_0+t}\mid t=0,1,\cdots,2^{k+1}-1\}$$

这说明用作数据写入的物理地址不会先于用作数据读取的物理地址产生，满足约束 3 的要求。

综上，定理 3.3 证毕。

3.2.3　输出数据读取方案

用 $\boldsymbol{D}_0^O$ 表示以 P_c 路并行的方式从数据缓存单元中读取计算结果的数据次序，其形式与式(3.6)中 $\boldsymbol{D}_0^I$ 的形式相同。通过输入输出转换单元的数据速率变换，FFT 计算结果的输出并行度变为 q，与输入数据的并行度保持一致。由于处理单元输出的计算结果以倒位序方式排序，并且基于式(3.23a)、式(3.23b)、式(3.23c)的映射规则存储在数据缓存单元中，通过将式(3.23a)、式(3.23b)、式(3.23c)中的数据索引 d 替换为 $\mathrm{rev}_n(d)$，并利用 $\mathrm{rev}_n[\mathrm{rev}_n(d)]=d$，可得从数据缓存单元中读取自然序排列的 FFT 计算结果应当遵循的映射规则为

$$i=\left\lfloor\frac{2d}{P_c}\right\rfloor\bmod 2 \tag{3.24a}$$

$$j=\left(\left\lfloor\frac{2d}{N}\right\rfloor+\left\lfloor\frac{d}{P_c}\right\rfloor\right)\bmod 2 \tag{3.24b}$$

$$a=\begin{cases}\left(\left\lfloor\dfrac{2d}{N/P_c}\right\rfloor\bmod P_c\right)\dfrac{N}{2P_c^2}+\mathrm{rev}_{n-2k-1}\left(\left\lfloor\dfrac{d}{P_c}\right\rfloor\bmod\dfrac{N}{2P_c^2}\right), & N>2^{2k}\\[4mm]\left\lfloor\dfrac{d}{P_c}\right\rfloor\bmod\dfrac{N}{2P_c}, & N\in\{2^{2k},2^{2k-1}\}\end{cases} \tag{3.24c}$$

将式(3.24a)、式(3.24b)、式(3.24c)中的数据索引 d 替换为 $[\boldsymbol{D}_0^O]_{u,v}=vP_c+u$，则用于从数据缓存单元中读取 FFT 计算结果的 RAM 标识符 $[i,j]$ 和物理地址 a 表示为

$$i=\left\lfloor\frac{2u}{P_c}\right\rfloor\bmod 2 \tag{3.25a}$$

$$j = \left(\left\lfloor \frac{v}{N/2P_c} \right\rfloor + v \right) \bmod 2 \tag{3.25b}$$

$$a = \begin{cases} \left(\left\lfloor \frac{2v}{N/P_c^2} \right\rfloor \bmod P_c \right) \cdot \frac{N}{2P_c^2} + \mathrm{rev}_{n-2k-1} \left(v \bmod \frac{N}{2P_c^2} \right), & N > 2^{2k} \\ v \bmod \frac{N}{2P_c}, & N \in \{2^{2k}, 2^{2k-1}\} \end{cases} \tag{3.25c}$$

一方面，可以发现，式(3.25a)、式(3.25b)、式(3.25c)定义的数据读取方式满足约束 1，这是因为并行读取的数据与相同的 j、a 和不同的 i 相关联。另一方面，由于输出数据的读取与最后一级 FFT 计算结果的写入是分时的，故不必验证约束 2 和约束 3。

　　此外，这里设计的映射规则允许 FFT 计算结果读取与新数据写入在数据缓存单元内并发执行，这使得 FFT 处理器不必为输入数据和待输出数据配置独立的存储资源，从而显著降低无冲突数据存取对应的存储开销。具体而言，当数据缓存单元中的两块 RAM 在数据读取模式下输出 FFT 计算结果时，另外两块 RAM 可以在写入模式下利用已经释放的 RAM 存储空间来接收新数据。FFT 计算结果读取与新数据写入的并发操作需要输入数据在缓存时使用与 FFT 计算结果读取相同的映射规则。通过比较式(3.8a)、式(3.8b)、式(3.8c)和式(3.25a)、式(3.25b)、式(3.25c)，这两个映射规则以相同的方式生成 i 和 j，而物理地址 a 的生成仅在 $N=2^{2k}$ 或 $N=2^{2k-1}$ 时相同。而当 $N>2^{2k}$ 时，通过移除式(3.25c)中的 $\mathrm{rev}_{n-2k-1}(\cdot)$ 操作，物理地址 a 可以转换为

$$\begin{aligned} \tilde{a} &= \left\lfloor \frac{v}{N/2P_c^2} \right\rfloor \bmod P_c \cdot \frac{N}{2P_c^2} + v \bmod \frac{N}{2P_c^2} \\ &= \left(\left\lfloor \frac{v}{N/2P_c^2} \right\rfloor \cdot \frac{N}{2P_c^2} + v \bmod \frac{N}{2P_c^2} \right) \bmod \frac{N}{2P_c} \\ &= v \bmod \frac{N}{2P_c} \end{aligned}$$

该形式与式(3.8c)的形式一致。因此，当 FFT 处理器部署一个数据缓存单元，并使 FFT 计算结果读取与新数据写入在数据缓存单元内并发执行时，编号为偶数（即 2，4，…）的 FFT 输入数据块在缓存时需要将物理地址 a 的后 $n-2k-1$ 个比特位进行整体反转，这些数据块在计算时，依据前面介绍的全部映射规则计算出的物理地址 a 也需要先对后 $n-2k-1$ 个比特位进行整体反转，再用于数据存取；编号为奇数（即 1，3，…）的 FFT 输入数据块可以直接使用无调整的映射规则进行数据存取。如果 FFT 处理器部署了两个数据缓存单元，则每个数据缓存单元的读写操作均按照上面描述的方式执行。

　　例如，假设 FFT 处理器采用 Radix-2^2 FFT 算法执行 4 路并行的 64 点 FFT 计算，即 $N=64$，$P_c=4$。整个计算分为三级，算法阶数设置为 $k_1=k_2=k_3=2$。图 3.5 详细描述了 FFT 并行计算过程中输入数据次序、处理单元输入与输出数据流的数据次序以及数据缓存单元的 4 块单端口 RAM 内数据的排列方式。图 3.5 可以直观反映式(3.9)、式(3.18)规定的蝶形运算次序，以及式(3.17)和式(3.22)中的数据重排操作给数据次序带来的影响。在整个计算过程中，处理单元均能以 4 路并行的方式无冲突地从数据缓存单元中读取数据或写入计算结果。计算执行完毕后，FFT 计算结果读取与新数据写入可以在同一数据缓存单元内并发执行。此外还能发现，数据输入与计算结果输出的并行度均可以达到 4，这与处理单元的计算并行度相同。

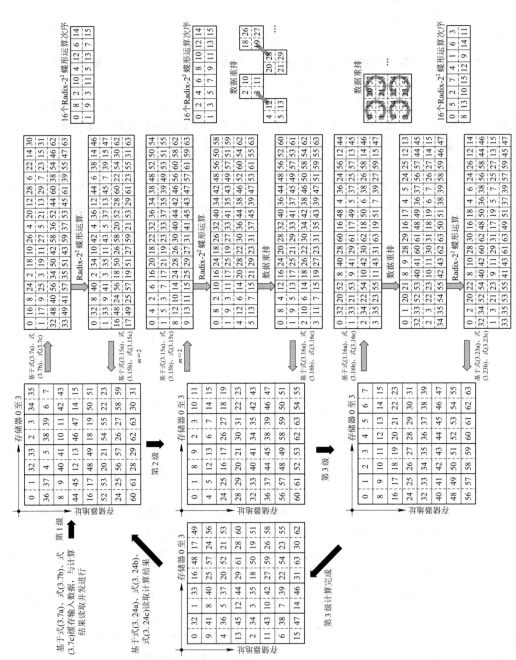

图3.5 FFT处理器无冲突数据访问流程示意图(以64点的4路并行FFT计算为例)

3.3　FFT 处理器 VLSI 结构设计

针对基于单端口 RAM 的 FFT 处理器设计，许多公开的研究工作提出了具有启发性的解决方案，这些处理器采用了 Radix-2/2^2 FFT 算法或阶数更高的 Radix-2^k FFT 算法，并针对性地设计了无冲突数据访问方案。例如，在文献[23]中，作者提出了面向任意 FFT 算法的单端口 RAM 无冲突并行访问方案及 FFT 处理器硬件结构。该结构通用性强，但要求处理单元消耗极少的时钟周期来完成复杂的蝶形运算，否则需要在硬件电路中布设大量存储深度较小的单端口 RAM，这使得数据访问复杂度急剧提升。有的 FFT 处理器通过部署两个独立的存储单元来使数据读取与数据写入分离，即以电路面积换取数据访问控制复杂度的降低。此外，对 FFT 信号流图进行修改调整也可以降低基于单端口 RAM 的 FFT 处理器的硬件复杂度。

在上一节的讨论中，我们定义了一系列的映射规则来规定输入数据、中间计算结果以及 FFT 输出数据在数据缓存单元中的存储方式，以及数据访问参数 i、j 和 a 的计算方法。基于上一节提出的 FFT 处理器无冲突数据访问方案，本节将对 FFT 处理器 VLSI 结构进行设计，与现有结构相比，本节所设计结构的技术优势表现在以下方面：

（1）单端口 RAM 的数量固定为 4 个，与计算并行度 P_c 无关，避免了布设大量单端口 RAM 时导致的电路复杂度提升；

（2）数据输入与计算结果输出的并行度可以达到 P_c，这与处理器内部计算并行度相同，从而避免了 FFT 处理器的吞吐量被输入或输出数据速率限制；

（3）在同一个数据缓存单元内可实现 FFT 计算结果输出与新数据输入的并发执行，从而提升了存储资源的利用率。

下面对 FFT 处理器关键单元的 VLSI 结构设计进行具体描述。

3.3.1　数据访问参数的生成

对于两个整数 x 和 $y = 2^{w_y}$，下面几类运算可以通过二进制比特位的调整来实现：

（1）$x \bmod y$ 通过保留数据 x 的后 w_y 个比特位完成；

（2）$\lfloor x/y \rfloor$ 通过删除数据 x 的后 w_y 个比特位完成；

（3）$x \cdot y$ 通过在 x 的最低位之后补 w_y 个比特"0"完成。

以上三种运算覆盖了数据映射规则中的基本运算类型，这表明数据访问参数 i、j 和 a 可以通过数据位的调整来生成。为了说明这一点，我们首先对前 $M-2$ 级 FFT 计算中的数据访问次序进行讨论。通过对计数器划分的数据段重排来产生 $M-2$ 级数据访问索引如图 3.6 所示。在图中，位宽为 lb$N$ bit 的二进制计数器被划分为 6 个数据段，其中包含 k 个比特位的最后两段对应参数 $u=0, 1, \cdots, P_c-1$，前 4 个数据段涵盖的 lb$N-k$ 个比特位对应参数 $v=0, 1, \cdots, \dfrac{N}{P_c}-1$。在定理 3.1 的证明过程中，我们将 $\boldsymbol{D}_m^I$ 中任意数据索引 $[\boldsymbol{D}_m^I]_{u,v}$ 以及 $\boldsymbol{D}_m^O$ 中任意数据索引 $[\boldsymbol{D}_m^O]_{u,v}$ 均表示为行号 u 与列号 v 的函数。从图 3.6 可以看出，通过对计数器的 6 个数据段进行简单的次序调整即可生成 $[\boldsymbol{D}_m^I]_{u,v}$ 与 $[\boldsymbol{D}_m^O]_{u,v}$。

通过对计数器划分的数据段重组来产生第 $M-1$ 级数据访问索引如图 3.7 所示。在图中，对于第 $M-1$ 级 FFT 计算，位宽为 lb$N$ bit 的二进制计数器被划分为 5 个数据段，从

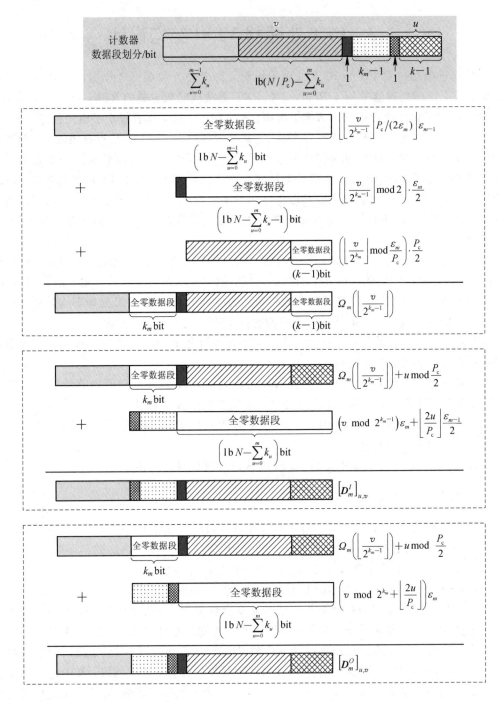

图 3.6　通过对计数器划分的数据段重排来产生前 $M-2$ 级数据访问索引

最高位开始数据段长度分别为 $\sum\limits_{u=0}^{M-2}k_u$ bit、1 bit、$(k_{M-1}-1)$ bit、1 bit 和 $(k-1)$ bit。当 $M=2$ 时，需要略去第一个数据段，因为此时其长度为 $\sum\limits_{u=0}^{M-2}k_u=0$。依据定理 3.2 的推导结果，通过对划分后数据段进行次序调整可以产生 $[\bm{D}_{M-1}^I]_{u,v}$ 和 $[\widetilde{\bm{D}}_{M-1}^O]_{u,v}$ 对应的数据索引。

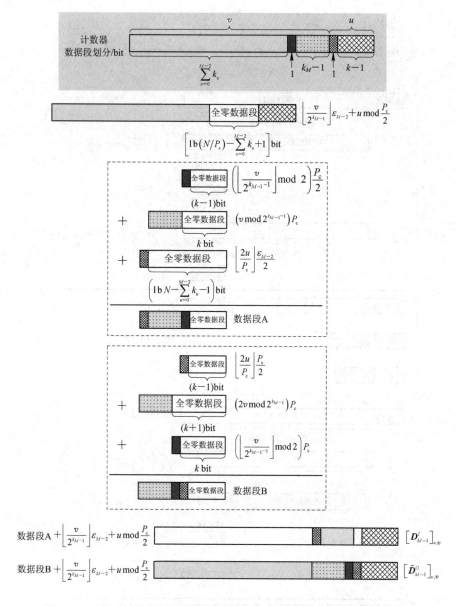

图 3.7　通过对计数器划分的数据段重排来产生第 $M-1$ 级数据访问索引

通过对计数器划分的数据段重排来产生第 M 级数据访问索引如图 3.8 所示。对于第 M 级 FFT 计算,计数器被划分为 6 个数据段,从最高位开始数据段长度分别为 1 bit、$\mathrm{lb}(N-2k-1)$ bit、1 bit、$(k-1)$ bit、1 bit 和 $(k-1)$ bit,其中包含单一比特位的第 1 段和第 3 段中的数据通过异或运算进一步产生新的辅助数据段。依据定理 3.3 的推导结果,通过对计数器中的 6 个数据段以及辅助数据段进行重新排列,可以产生数据索引 $\left[\tilde{\boldsymbol{D}}_{M}^{I}\right]_{u,v}$ 和 $\mathrm{rev}_n\left(\left[\boldsymbol{D}_{M}^{O}\right]_{u,v}\right)$。需要指出的是,当 $N=2^{2k}$ 时,此时计数器的数据位宽仅有 $2k$ bit,故按照图 3.8 所描述的数据段划分方式,只保留计数器后四个数据段用于产生数据次序,前两个数据段以及辅助数据段被略去;当 $N=2^{2k-1}$ 时,此时计数器的数据位宽仅有 $(2k-1)$ bit,只保留计数器最后三个数据段用于生成数据次序,其余数据段以及辅助数据段被略去。

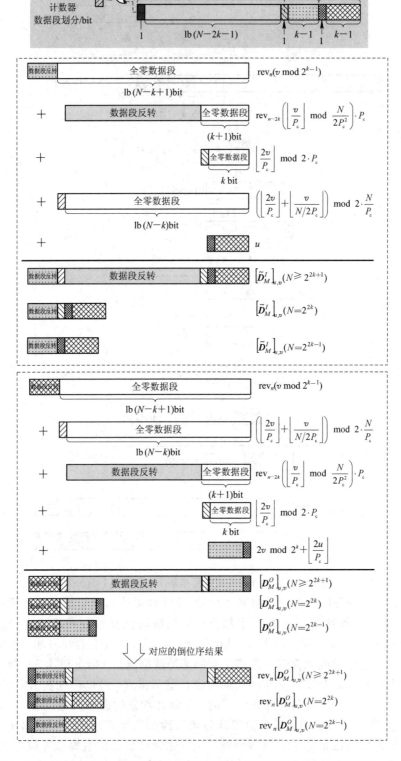

图 3.8　通过对计数器划分的数据段重排来产生第 M 级数据访问索引

　　通过数据段调整得到数据索引后，可以根据映射规则确定数据访问所需的 RAM 标识符 $[i，j]$ 与物理地址 a。基于给定的数据访问索引产生数据访问参数的方式如图 3.9 所示，数据访问参数的生成只涉及数据截位和逻辑异或操作。从图中也可以看出，参数 u 的后 $k-1$ 个比特位与 j 和 a 无关，而 i 仅与参数 v 有关。因此在 FFT 处理器运行过程中，与相同 v 和不同 u 关联的 P_c 个并行读取或写入数据将涉及两种不同的 i、j 和 a 配置方式，这一特性与无冲突数据访问的约束 1 相匹配。

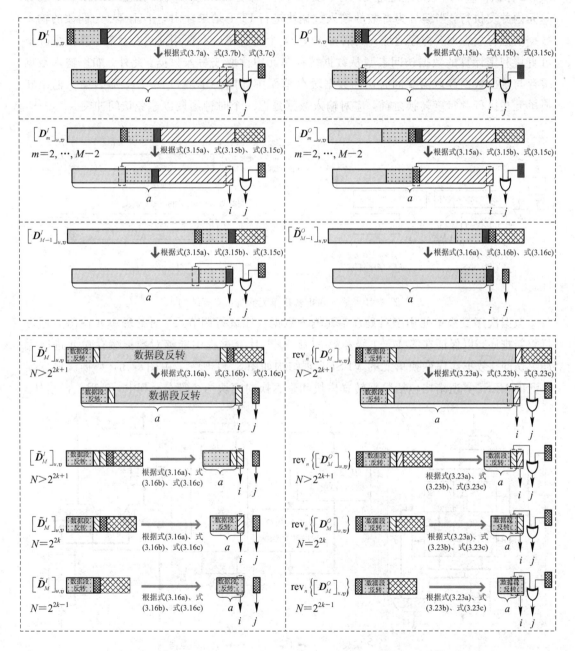

图 3.9　基于给定的数据访问索引产生数据访问参数的方式

3.3.2　输入输出转换单元及数据次序变换单元

输入输出转换单元的 VLSI 实现结构如图 3.10 所示，其作用是完成 q 路并行输入/输出数据与 P_c 路数据缓存单元并行读写数据之间的并行度转换。其中，位宽为 lbN bit、递增量为 q 的计数器被划分为 4 个数据段，用于产生缓存输入数据与读取 FFT 计算结果的 RAM 标识符 $[i, j]$ 与物理地址 a。为了支持 FFT 计算结果读取与新数据写入在数据缓存单元内并发执行，当编号为奇数的输入数据块进行 FFT 结果输出，并且编号为偶数的输入数据块进行缓存时，物理地址 a 的后 $n-2k-1$ 个比特位应在使用前进行反转，其他情况下可直接利用计算的数据访问参数从数据缓存单元中读取或写入数据。此外，如果输入数据缓存与输出数据读取需要同时访问数据缓存单元中的同一单端口 RAM，那么输入输出转换单元在执行并行度转换之前，应对输入数据延迟一个时钟周期以避免访问冲突。

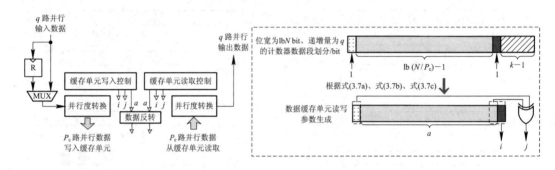

图 3.10　输入输出转换单元 VLSI 实现结构

数据次序变换单元用于对处理单元输入数据次序进行调节，并对处理单元输出数据进行重新排序，以保证在第 $M-1$ 级和第 M 级 FFT 计算过程中能够对数据缓存单元进行无冲突访问。数据次序变换单元的 VLSI 实现结构如图 3.11 所示，由图可知，数据次序变换单元的 VLSI 实现结构包括数据转置模块和延迟换向模块两个部分。其中，延迟换向模块

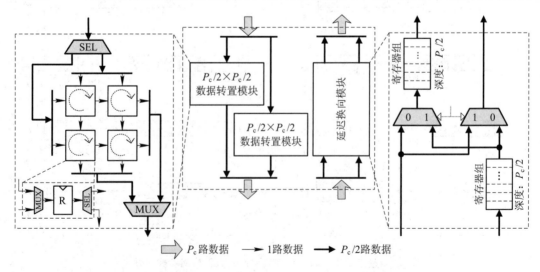

图 3.11　数据次序变换单元的 VLSI 实现结构

用于执行式(3.17)中的数据次序变换,并且给处理单元的输出数据增加了 $2^{k_{M-1}-1}$ 个时钟周期的延迟,连同处理单元的 $2^{k_{M-1}}$ 个时钟周期延迟在内,总延迟达到了 $3\cdot2^{k_{M-1}-1}$ 个时钟周期,满足定理 3.2 的数据延迟约束。数据转置模块用于完成执行式(3.22)规定的数据次序变换,该模块将 P_c 路并行数据流平均分为两组,在每组数据流内对大小为 $\frac{P_c}{2}\times\frac{P_c}{2}$ 的数据块进行转置,这给处理单元的数据输入增加了 2^{k-1} 个时钟周期的延迟。与此同时,当处理单元输出第 M 级 FFT 计算的后 $N/2$ 个计算结果时,需要先流经延迟换向模块中的移位寄存器,再写入数据缓存单元,这给处理单元的数据输出增加了 2^{k-1} 个时钟周期的延迟。由于处理单元执行第 M 级 FFT 计算的计算延迟为 2^k 个时钟周期,综合考虑数据写入与数据读取操作之间的延迟可发现,前 $N/2$ 个计算结果对应的延迟为 $2^{k-1}+2^k=3\cdot2^{k-1}$ 个时钟周期,后 $N/2$ 个计算结果对应的延迟为 $2^{k-1}+2^k+2^{k-1}=2^{k+1}$ 个时钟周期,这与定理 3.3 的要求一致。

3.3.3　混合抽取多路延迟反馈 VLSI 结构设计

从图 3.1 所示的顶层架构可以看出,处理单元在 MDC 计算结构输出端部署复数乘法器,用于对计算结果进行旋转因子加权。旋转因子加权不改变数据索引,即加权前后的数据对应的数据索引相同。对于第 $m(m=1,2,\cdots,M-1)$ FFT 计算,如果用 $d(d=0,1,\cdots,N-1)$ 表示处理单元某个输出数据的数据索引,那么用于对该数据进行加权的旋转因子表示为

$$W_{m,d}=\exp\left[-\mathrm{j}2\pi\frac{d\bmod\left(\frac{N}{\varepsilon_m}\right)\cdot\left\lfloor\dfrac{d\bmod\left(\dfrac{N}{\varepsilon_{m-1}}\right)}{\left(\dfrac{N}{\varepsilon_m}\right)}\right\rfloor}{N/\varepsilon_{m-1}}\right] \qquad (3.26)$$

由于处理单元在执行第 M 级 FFT 计算时,MDC 计算结构的输出不必乘旋转因子,因此我们重点考虑前 $M-1$ 级 FFT 计算过程中旋转因子的快速生成。具体而言,在第 m 级 $(m=1,2,\cdots,M-1)$ FFT 计算中可将式(3.26)中的数据索引 d 具体化为 $[\boldsymbol{D}_m^O]_{u,v}$。参照图 3.6 和图 3.7 中基于数据段分割与重排方法生成的 $[\boldsymbol{D}_m^O]_{u,v}$ 格式,可以快速生成式(3.26)中旋转因子复指数项的分子部分作为旋转因子的访问索引,如图 3.12 所示。根据第 2 章介绍

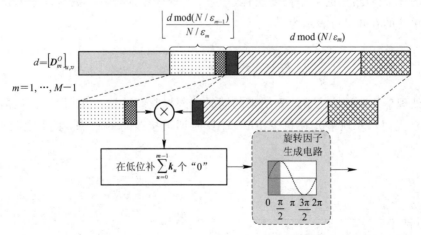

图 3.12　旋转因子访问索引生成方式(以第 1 至第 $M-1$ 级 FFT 计算涉及的旋转因子为例)

的旋转因子压缩存储方法，在较低的硬件资源开销下，可以利用旋转因子访问索引来确定旋转因子实部和虚部的数值，具体硬件结构此处不再赘述。

3.4　理论分析与硬件测试

本节首先在理论上对 FFT 处理器的计算资源和存储资源需求进行估计，并给出其计算延迟与吞吐量的理论性能；然后在 FPGA 上对本章设计的 FFT 处理器和其他对比方案中设计的 FFT 处理器进行测试，统计不同方案中不同类型 FFT 处理器的硬件开销与吞吐量、计算延迟等性能指标，验证本章设计的 FFT 处理器的性能优势；最后在 SMIC-40nm CMOS 工艺下对本章设计的 FFT 处理器进行硬件实现，并与现有方案中设计的 FFT 处理器进行比较，基于 ASIC 实现结果对本章设计的 FFT 处理器的有效性和先进性进行评估。

3.4.1　FFT 处理器性能及硬件开销估计与比较

本章设计的 Radix-2^k FFT 处理器的硬件开销和性能评估表 3.1 所示。该表总结了本章所设计的 FFT 处理器在 FFT 计算长度为 $N=2^n$、数据输入与计算结果输出并行度为 q、计算并行度为 $P_c=2^k$ 情况下的硬件开销，并同时评估了计算延迟与吞吐量。具体而言，构成处理单元的 2^{k-1} 个 MDC 计算结构共包含了 $k \cdot 2^{k-1}$ 个 Radix-2 蝶形运算单元，需要消耗 $k \cdot 2^k$ 个复数加法器。与此同时，处理单元需要集成 2^k 个通用复数乘法器来完成 MDC 计算结构输出结果与旋转因子相乘，还需部署约 $(k-2) \cdot 2^{k-1}$ 个常数复数乘法器来执行 MDC 计算结构内的固定系数乘法运算。在存储开销方面，单个数据缓存单元包含 N 个寄存器，数据次序变换单元一共占用 2^{2k} 个移位寄存器。在处理性能上，FFT 处理器的计算延迟被定义为处理器接收第一个有效输入数据到提供第一个有效输出数据之间的时间间隔，其数值为

$$\frac{N}{q} + \left\lceil \frac{n}{k} \right\rceil \cdot (2^{n-k} + 2^k) + 2^{k_1} + 2^{k-1}$$

根据图 3.3(a) 给出的数据调度流程，当 FFT 处理器部署一个数据缓存单元时，以时钟速率为单位的吞吐量可表示为

$$\frac{1}{\left[\dfrac{1}{q} + \left\lceil \dfrac{n}{k} \right\rceil \cdot (2^{-k} + 2^{k-n}) + 2^{k_1-n} + 2^{k-n-1} \right]}$$

这里假设处理单元在开始输出计算结果的同时立刻接收新数据。当 FFT 处理器部署两个数据缓存单元时，处理单元在执行 FFT 计算时即可接收新的数据，此时吞吐量进一步提升至

$$\begin{cases} q, & \dfrac{N}{q} \geqslant \left\lceil \dfrac{n}{k} \right\rceil (2^{n-k} + 2^k) + 2^{k_1} + 2^{k-1} \\[4mm] \dfrac{1}{\left[\left\lceil \dfrac{n}{k} \right\rceil \cdot (2^{-k} + 2^{k-n}) + 2^{k_1-n} + 2^{k-n-1} \right]}, & \text{其他} \end{cases}$$

表 3.1　本章设计的 Radix-2^k FFT 处理器的硬件复杂度和性能评估

处理单元复杂度	复数加法器个数：$k \cdot 2^k$
	通用复数乘法器个数：2^k
	常数复数乘法器个数：$\approx (k-2)2^{k-1}$
数据缓存单元存储开销	寄存器（复数单元）：N
	移位寄存器（复数单元）：2^{2k}
处理延迟（时钟周期）	$N/q + \lceil n/k \rceil \cdot (2^{n-k} + 2^k) + 2^{k_1} + 2^{k-1}$
吞吐量①（时钟速率）	$\begin{cases} 1/(1/q+t) & \text{单个数据缓存单元} \\ 1/(1/q + \max\{t-1/q,\, 0\}) & \text{两个乒乓数据缓存单元} \end{cases}$ 其中 $t = \left\lceil \dfrac{n}{k} \right\rceil \cdot (2^{-k} + 2^{k-n}) + 2^{k_1-n} + 2^{k-n-1}$

不同方案中 FFT 处理器比较如表 3.2 所示。该表将本章所设计的 FFT 处理器与现有方案中所设计的 FFT 处理器进行了比较。在计算并行度为 2 的幂次的各类 FFT 处理器中，本节所设计的 FFT 处理器支持的计算并行度高于一般基于单端口 RAM 的 FFT 处理器，与基于双端口 RAM 的 FFT 处理器性能保持一致。文献[23]和[26]中设计的 FFT 处理器能够更加灵活地控制计算并行度 P_c，然而这些 FFT 处理器需要部署大量的独立 RAM 单元或消耗更多的存储资源，从而导致更高的硬件资源开销。同时从表 3.2 的统计结果中可以发现，文献[24]中设计的 FFT 处理器与本章所提出的 FFT 处理器一样，所集成的独立 RAM 单元数量均与计算并行度 P_c 无关，与其他方案设计的 FFT 处理器相比，该方案提出的 FFT 处理器基于更高的并行度 P_c 工作，提升了计算吞吐量。对于现有的绝大多数方案中设计的 FFT 处理器，用于产生数据访问参数的硬件电路复杂度正比于计算并行度 P_c（在表 3.2 中表示为"$P_c \nearrow$"），这是因为每一个读取或者写入的数据都需要利用独立的逻辑电路来计算存储器访问的物理地址以及存储器选择的信号。对于本章提出的 FFT 处理器，不论是 RAM 选择标识符还是物理地址均可以在并行存取的数据间共用，这使得数据访问参数生成的复杂度不受 FFT 计算并行度 P_c 的影响，并且不需要复杂的数据路由网络来完成并行数据与独立 RAM 单元之间的映射。在数据输入与输出并行度上，文献[23]、[22]和[26]中设计的 FFT 处理器以及本章提出的 FFT 处理器都能使数据输入并行度、内部计算并行度、计算结果输出并行度保持一致，这样能最小化 FFT 处理器的计算延迟，并且支持更高的数据输入与输出速率。当本章设计的 FFT 处理器配置两个数据缓存单元时，吞吐量可以提升到 $\dfrac{P_c}{M}$，数据缓存开销为 $2N$ 个寄存器，相比之下，文献[26]中设计的 FFT 处理器在相同吞吐量下，数据缓存开销为 $3N$ 个寄存器，额外多占用了 50% 的存

---

① 若输入输出并行度 $q = 2^k$ 并且满足 $N \gg 2^R$，那么计算延迟可以简化为 $(1 + \lceil n/k \rceil)2^{n-k}$ 个时钟周期。部署单个数据缓存单元时，FFT 处理器的吞吐量为 $2^R/(1 + \lceil n/R \rceil)$ 倍时钟速率；部署两个乒乓结构的数据缓存单元时，吞吐量可以提升为 $2^R / \lceil n/R \rceil$ 倍时钟速率。

储资源。

表 3.2　不同方案中 FFT 处理器比较（N 表示 FFT 计算长度，P_c 表示计算并行度）

参数指标	文献[21]	文献[22]	文献[23]	文献[24]	文献[25]	文献[26]	本章工作
处理单元类型	并行 MDC 结构	直接蝶形结构	直接蝶形结构	直接蝶形结构	直接蝶形结构	直接蝶形结构	并行 MDC 结构
计算并行度	$P_c=2^k$	$P_c=2^k$	P_c	$P_c=2^k$	$P_c=4$	P_c	$P_c=2^k$
最大输入/输出并行度	P_c①	P_c	P_c	2	1	P_c	P_c
RAM 类型	双端口	双端口	单端口	单端口	单端口	单端口	单端口
独立 RAM 单元个数②	P_c	P_c	$S \times P_c$③	2	P_c	P_c	4
存储开销（复数单元）	$2N$	$2N$	N	N	$2N$	$3N$	N
硬件电路复杂度	$P_c \nearrow$	$P_c \nearrow$	$P_c \nearrow$	$P_c \nearrow$	$P_c \nearrow$	$P_c \nearrow$	固定
数据路由网络	需要	需要	需要	需要	需要	需要	不需要
并发数据输入与输出	支持	支持	不支持	不支持	不支持	不支持	支持
计算延迟（时钟周期）	$(1+M)\dfrac{N}{P_c}$	$(1+M)\dfrac{N}{P_c}$	$(1+M)\dfrac{N}{P_c}$	$\dfrac{N}{2}+\dfrac{MN}{P_c}$	$N+\dfrac{MN}{P_c}$	$(1+M)\dfrac{N}{P_c}$	$(1+M)\dfrac{N}{P_c}$
吞吐量（时钟速率）	$\dfrac{P_c}{M}$	$\dfrac{P_c}{M}$	$\dfrac{P_c}{M+2}$	$\dfrac{P_c}{M+P_c}$	$\dfrac{P_c}{M+P_c}$	$\dfrac{P_c}{M}$	$\dfrac{P_c}{M+1}$

3.4.2　FFT 处理器硬件实现与测试

我们首先利用速度等级为 3 级的 Xilinx FPGA 对 FFT 处理器进行原型测试。这里 FPGA 型号为 Kintex 7 XC7K325T，所采用的编译器为 Vivado 2015.2。在该测试中，将本章设计的 FFT 处理器与文献[22]和[24]中设计的 FFT 处理器进行对比。与本章设计的基于 MDC 计算结构的处理单元不同，文献[22]和[24]中直接基于 Radix-r($r=P_c$)信号流图结构来实现并行度为 P_c 的处理单元。三种用于测试的 FFT 处理器的数据缓存开销均为 N 个寄存器，但对应的 RAM 单元数量和存储深度各不相同。FFT 处理器中的通用复数乘法器和常数复数乘法器均基于 FPGA 内的 DSP48E 乘法单元实现，其中每个复数乘法器消耗

---

① 当计算并行度 P_c 不断增加时，该处理器的输入与输出并行度不保证可以一直达到 P_c。

② 独立存储器个数是指包含 N 个复数单元的一个数据缓存单元内包含的独立读写 RAM 单元的个数。

③ 参数 S 表示处理单元中流水线的级数。

3 个 DSP48E 乘法单元。此外，尽管文献[22]和[24]中的 FFT 处理器面向的是数据串行输入与计算结果串行输出的场景，而文献[24]中的 FFT 处理器支持输入/输出并行度扩展到 P_c，同时文献[24]中的 FFT 处理器也可以支持 2 路并行的数据输入与输出，这些因素在评估 FFT 处理器吞吐量时会被一并考虑。不同 FFT 处理器占用的 FPGA Slice 数量与可以达到的数据吞吐量如图3.13所示。不同 FFT 处理器的 FPGA 实现结果如表 3.3 所示，该表以 $N = 16\,384$，$P_c = 16$ 为例对 FFT 处理器在 FPGA 上的实现情况进行了详细的统计。

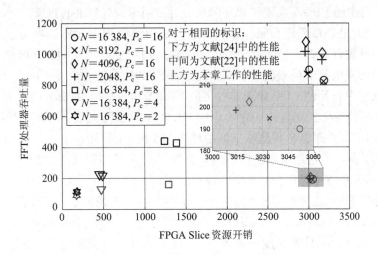

图 3.13　不同 FFT 处理器占用的 FPGA Slice 数量与可以达到的数据吞吐量关系图

表 3.3　不同 FFT 处理器的 FPGA 实现结果($N = 16384$，$k = 4$，数据位宽 16 bit)

主要参数	文献[22]	文献[24]	本章工作
并行度($\max\{q, P_c\}$)	16/16	2/16	16/16
Slice Register 开销	8864	9110	9016
Slice LUT 开销	7686	7125	7011
占用的 Slice 资源	3192	3052	3014
处理单元对应的 Slice	1846(58%)	1846(61%)	1980(66%)
数据访问控制对应的 Slice	1346(42%)	1206(39%)	1034(34%)
占用的 DSP48E 单元	93	93	96
RAM 单元个数（18 kbit）	32(双端口)	32(单端口)	32(单端口)
最大工作频率/MHz	262.5	238.2	285.3
计算延迟/μs	19.78	51.91	18.21
吞吐量(Msample/s)	828.35	189.84	899.6

　　根据 FPGA 测试结果，FFT 处理器占用的 Slice 资源主要用于实现处理单元和数据无冲突访问电路结构。并且从图 3.13 可以看出，FFT 处理器对 Slice 的消耗与计算并行度 P_c 成正比，这是因为处理单元的复杂度与 P_c 正相关，同时文献[22]和文献[24]中设计的 FFT

处理器中的无冲突数据访问参数生成、数据路由等单元的复杂度也与 P_c 成正比。在计算吞吐量方面，当计算并行度 P_c 不断增加时，文献[24]中提出的 FFT 处理器出现了吞吐量性能平层，这是因为该款 FFT 处理器只能支持 2 路并行的数据输入与输出，因而限制了FFT 处理效率。在固定的计算并行度 P_c 下，FFT 计算长度 N 对 Slice 开销的影响较小，这是因为处理单元和无冲突数据访问电路结构的复杂度基本不受 FFT 计算长度的影响。如果在减小 N 的同时缩减了 FFT 处理器的计算级数 M，则可以使 FFT 处理器的吞吐量发生跃升。表 3.3 列出的 FPGA 实现结果还表明，对于同样的计算并行度 P_c，本章设计的基于MDC 计算结构的处理单元比文献[22]和文献[24]中的处理单元要消耗更多的 Slice 资源，这里多出的额外硬件开销主要来自于 MDC 计算结构中的延迟换向器。但整体来看，得益于无冲突数据访问电路的极大简化，本章设计的 FFT 处理器占用的 FPGA Slice 仍比文献[22]和文献[24]中设计的 FFT 处理器占用的 FPGA Slice 少。由于单端口 RAM 和双端口RAM 在 FPGA 内均无差别地由固定大小的 RAM 单元拼接而成，因此文献[22]中基于双端口 RAM 的 FFT 处理器和其他基于单端口 RAM 的 FFT 处理器占用的 RAM 单元个数是相同的，也不会产生电路面积上的差别。而当 FPGA 原型转化为 ASIC 电路时，基于单端口 RAM 的 FFT 处理器将在缩减电路面积上更有优势。

　　本章设计的 FFT 处理器基于 SMIC-40nm CMOS 工艺进行了 ASIC 实现，所用的逻辑综合工具为 Synopsys Design Compiler，布局布线通过 Cadence Innovus 完成。FFT 处理器的计算并行度 $P_c=16$，计算长度可在 2048 点至 16 384 点之间变化，其数字后端版图如图3.14 所示，占用的硅片面积为 2.358 mm²，在 150 MHz 的工作时钟频率下功耗为38.76 mW。不同 FFT 处理器的 ASIC 实现结果如表 3.4 所示，该表对比了不同 FFT 处理器的 AISC 实现结果。为了更直观地比较不同设计方案，我们引入 FFT 单点归一化面积和单点归一化功耗来评价硬件效率，即

$$\text{单点归一化面积} = \frac{\text{电路面积}}{N \times \left(\dfrac{\text{工艺}}{40\ \text{nm}}\right)^2 \times \left[\dfrac{2}{3} \times \left(\dfrac{\text{位宽}}{16}\right) + \dfrac{1}{3} \times \left(\dfrac{\text{位宽}}{16}\right)^2\right]}$$

$$\text{单点归一化功耗} = \text{功率} \times \text{计算延迟} \times \left[\text{时钟速率} \times N \times \left(\dfrac{\text{工艺}}{40\ \text{nm}}\right) \times \left(\dfrac{\text{电压}}{1.1}\right)^2\right]$$

图 3.14　计算并行度为 16 的 FFT 处理器数字后端版图

同时将 FFT 处理器的吞吐量与单点归一化面积的比值作为 FFT 处理器的速度—面积比。从表3.4可以看出，文献[28]中的 FFT 处理器与本章所设计的 FFT 处理器具有相近的速度—面积比，并且高于其他方案中的 FFT 处理器的速度—面积比。从归一化能量这指标来看，本章设计的 FFT 处理器具有最低的归一化能量，这说明其能量效率比其他方案中设计的 FFT 处理器的能量效率高。此外，从表 3.4 还可以发现，基于存储器的 FFT 处理器比基于流水线结构的 FFT 处理器具有更高的面积效率和能量效率。

表 3.4　不同 FFT 处理器的 ASIC 实现结果

技术参数	文献[27]	文献[28]	文献[24]	本章工作($P_c=16$)		
CMOS 工艺与 供电电压	90 nm/1 V	0.18 μm/1.8 V	0.18 μm/1.8 V	40 nm/1.1 V		
FFT 计算长度	128～2048	1024～4096	8192	2048～16 384		
存储器大小与类型	—	192 kb 单端口	256 kb 单端口	512 kb 单端口		
存储器划分方式 (个数/深度/位宽)	—	8/512/48	1/4096/64	4/512/256	8/512/128	16/512/64
数据位宽/bit	12	12	16	16		
时钟速率/MHz	40	80	66	150		
电路面积/mm²	4.8	3.1	1.968	2.358	2.466	2.598
单点归一化面积/ 10^{-4} mm²	8.222	1.591	0.224	2.721	2.823	2.998
吞吐量 (时钟速率)	4 ($N=2048$)	1.9 ($N=4096$)	0.12 ($N=8192$)	3.16 ($N=16\ 384$)		
速度—面积比	0.487	1.194	0.535	1.161	1.120	1.054
单点归一化功 耗/mW	19.2	17.85	156.2	38.76	40.55	44.28
计算延迟 (时钟周期)	≈2048 ($N=2048$)	≈2048 ($N=4096$)	53760 ($N=8192$)	4172 ($N=16\ 384$)		
归一化能量/nJ	0.8567	0.0810	0.1473	0.0658	0.0688	0.0752

本 章 小 结

基于存储器的 FFT 处理器是对 FFT 流水线结构的有益补充，其中单端口 RAM 由于占用的电路面积更小，因此在 FFT 处理器设计与实现中日益得到关注。目前，设计基于单端口 RAM 的高并行度 FFT 处理器实现高吞吐量的 FFT 计算已经成为 FFT 硬件结构研究领域的又一热点。以 Radix-2^k FFT 算法为基础，本章首先介绍了一种基于单端口 RAM 的 FFT 并行计算方法，并且给出了 FFT 处理器顶层架构，然后对 FFT 处理器内的数据无冲突并行访问方案进行了设计，并对无冲突并行访问方案的有效性给出了严格的数学证明，最后遵循上述顶层架构和数据无冲突访问方案，进一步设计了 FFT 处理器的 VLSI实现结构，完成了 FPGA 原型验证与 ASIC 实现评估。概括起来，本章设计的 FFT 处理器具有以下三个技术特点：一是单端口 RAM 的数量固定为 4 个，不受计算并行度的影响；二是无冲突数据访问控制简单，不因计算并行度的增加而变复杂；三是支持数据并行输入和计算结果的并行输出，输入与输出并行度可以与 FFT 处理器的计算并行度保持一致。和现有的各类 FFT 处理器相比，理论分析和实验结果均印证了本章设计的 FFT 处理器在面积、能量、功耗等方面的优越性，其能够满足 LTE 移动终端、频谱感知接收机等低功耗、高集成设备对 FFT 计算的要求。

第 4 章　Radix-2^k FFT 算法量化误差 分析与 VLSI 结构优化

　　Radix-2^k FFT 算法是 FFT 硬件设计中广泛应用的一类算法。与经典的 Radix-r FFT 算法或混合基算法相比，利用 Radix-2^k FFT 算法来设计 FFT 硬件结构，其优势有两点：一是 Radix-2^k FFT 算法的蝶形运算以最简单的 Radix-2 运算方式进行，降低了蝶形运算单元的 VLSI 设计难度和控制复杂度；二是 Radix-2^k FFT 算法可以将非平凡旋转因子的数据加权在信号流图中进行集中，使得在流水线实现方式下，无需为每一级蝶形运算单元都配置复数乘法器，从而降低 FFT 计算单元的硬件资源开销。

　　不论是在 FPGA 上开展原型测试，还是进行 ASIC 实现评估，FFT 计算单元通常以定点方式进行计算，而有限的数据位宽表示给计算引入了量化误差。因此，通过对 Radix-2^k FFT 算法进行量化误差分析，衡量其在定点计算方式下的计算准确度，对于硬件方案的设计与评估具有重要意义。由于 Radix-2^k FFT 算法阶数 k 的选择、定点计算数据位宽的设置会同时对 FFT 计算单元的计算准确度和硬件资源开销产生影响，故如何合理选择硬件参数来实现准确度和复杂度的有效折中也是值得关注的问题。尽管 Radix-r FFT 算法和混合基算法的量化误差分析已有较为成熟的结论，但对于与经典计算方案存在较大差异的 Radix-2^k FFT算法而言，这些结论的参考价值有限。同时，现有研究工作建立的误差分析模型不能与实际的硬件结构有效对应，这就降低了分析结果对 VLSI 硬件结构设计的指导意义。为了克服这些局限性，本章将对 Radix-2^k FFT 算法展开系统性的量化误差分析，同时利用分析结果来优化Radix-2^k FFT 流水线结构中数据位宽和算法阶数等参数的选取，以实现硬件资源开销和计算准确度的有效折中。

　　为了得到通用分析结果，本章将 Radix-2^k FFT 算法扩展为混合 Radix-2^k FFT 算法来进行误差分析研究。具体而言，传统 Radix-2^k FFT 算法只包含至多两种阶数，而混合 Radix-2^k FFT 算法的阶数为 k_1，k_2，$\cdots$，k_M，在满足 $\sum_i k_i = \mathrm{lb} N$ 的条件下，可以灵活选择算法阶数 k_i 来实现 N 点 FFT 计算。通过固定 $k_1 = \cdots = k_{M-1} = k$，并令 $k_M = \mathrm{lb}[N - (M-1)k]$，混合 Radix-$2^k$ FFT 算法可以退化为传统 Radix-2^k FFT 算法。以混合 Radix-2^k FFT 算法为对象，对采用复数乘法器和 CORDIC 运算单元完成数据旋转的不同 FFT 硬件设计方案分别推导量化误差，并提供量化误差方差的近似计算方法。进一步，对混合 Radix-2^k FFT 算法在 SDF 和 MDC 流水线结构实现方式下的硬件资源开销进行估计，在此基础上采用模拟退火启发式搜索方案对基于混合 Radix-2^k FFT 算法的流水线结构中算法阶数和数据位宽进行联合优化。

　　本章主要内容安排如下：4.1 节介绍混合 Radix-2^k FFT 算法及其矩阵表示；4.2 节在可变数据位宽的流水线计算方式下对混合 Radix-2^k FFT 算法进行量化误差分析，在误差建模中分别考虑了基于复数乘法器和基于 CORDIC 运算单元的数据旋转操作实现方式，并给出了相应的量化误差方差估计表达式；4.3 节首先分析混合 Radix-2^k FFT 算法在 SDF 和 MDC 流水线结构实现方式下的硬件资源开销，然后设计算法阶数和数据位宽的联合优化方法；优化后的 FFT 流水线结构在 4.4 节将与现有设计方案中的 FFT 流水线结构进行全面比较；最后对本章研究内容进行总结。

为便于后续论述，这里对本章涉及的数学符号进行归纳：$\boldsymbol{A}$ 和 $\boldsymbol{a}$ 分别表示矩阵和向量，特别地，$\boldsymbol{I}_m$ 表示 m 阶单位矩阵，$\boldsymbol{1}_m$ 和 $\boldsymbol{0}_m$ 分别表示 m 维的全 1 和全 0 列向量；$\boldsymbol{A}^{\mathrm{T}}$、$\boldsymbol{A}^{\mathrm{H}}$、$\boldsymbol{A}^{-1}$ 和 $\mathrm{tr}(\boldsymbol{A})$ 分别表示矩阵 $\boldsymbol{A}$ 的转置、共轭转置、逆矩阵和迹；$\boldsymbol{A} \otimes \boldsymbol{B}$ 表示矩阵 $\boldsymbol{A}$ 和 $\boldsymbol{B}$ 的 Kronecker 积；多个矩阵的连乘运算定义为 $\prod_{i=1}^{m} \boldsymbol{A}_i = (\cdots((\boldsymbol{A}_1 \cdot \boldsymbol{A}_2) \cdot \boldsymbol{A}_3) \cdot \cdots \cdot \boldsymbol{A}_m)$；$\mathbb{E}(\cdot)$ 表示对变量求统计平均；$\|\boldsymbol{x}\|_1$ 表示向量 $\boldsymbol{x}$ 的 ℓ_1 范数，即 $\boldsymbol{x}$ 中所有元素的绝对值之和；功率函数定义为 $\mathcal{P}(\boldsymbol{x}) = \mathbb{E}[\mathrm{tr}(\boldsymbol{x}\boldsymbol{x}^{\mathrm{H}})]$；$\mathbb{N}$ 表示包含 0 元素在内的自然数集合，而 $\mathbb{Z}_+$ 表示正整数集合；$\mathbb{N}^m$ 与 $\mathbb{Z}_+^m$ 分别表示 $\mathbb{N}$ 和 $\mathbb{Z}_+$ 的 m 维扩展空间；模 2 运算 $\mathrm{mod}(x, 2)$ 简记为 $\underline{x}$；最后定义符号函数 $\mathrm{sgn}(\cdot)$ 满足如下性质：

(1) 当自变量为负时输出 -1；

(2) 当自变量为 0 时输出 0；

(3) 当自变量为正时输出 1。

4.1　基于矩阵变换的混合 Radix-2^k FFT 算法分析

一般地，N 点 DFT 计算可以表示为

$$\boldsymbol{y} = \boldsymbol{T}_N \boldsymbol{x}_0 \tag{4.1}$$

其中，$N = 2^L$，$\boldsymbol{x}_0 = [x_0, x_1, \cdots, x_{N-1}]^{\mathrm{T}}$，$\boldsymbol{T}_N$ 表示 N 阶 DFT 变换矩阵，其中第 $u+1$ 行 $v+1$ 列的元素表示为 $(\boldsymbol{T}_N)_{u, v} = \mathrm{e}^{-\mathrm{j}2\pi uv/N}$ ($u, v \in \{0, \cdots, N-1\}$)。

式 (4.1) 中的 N 点 DFT 计算可以利用混合 Radix-2^k FFT 算法进行有效计算。具体而言，假设混合 Radix-2^k FFT 算法利用 M 个运算单元分别执行 Radix-2^{k_1}，Radix-2^{k_2}，$\cdots$，Radix-2^{k_M} FFT 算法且 $\sum_i k_i = L$，则 DFT 变换矩阵 $\boldsymbol{T}_N$ 可以分解为

$$\boldsymbol{T}_N = \boldsymbol{\Lambda}_N \cdot \prod_{i=0}^{M-1} \boldsymbol{H}(c_{M-i}, k_{M-i}) \tag{4.2}$$

其中 $\boldsymbol{\Lambda}_N$ 是一个用于完成 N 点倒位序次序变换的数据排序矩阵。

式 (4.2) 可以看作混合 Radix-2^k FFT 算法的顶层表示形式，下面将推导表达式中每个分量的具体形式。

4.1.1　混合 Radix-2^k FFT 算法的矩阵变换表示

为了给出式 (4.2) 中 $\boldsymbol{\Lambda}_N$ 的具体表达式，首先定义 S 阶的跨步置换矩阵 $\boldsymbol{G}_S$，将该矩阵作用于 S 维向量 $[z_0, \cdots, z_{S-1}]^{\mathrm{T}}$ 可以得到

$$\boldsymbol{G}_S \cdot [z_0, \cdots, z_{S-1}]^{\mathrm{T}} = [z_0, z_{S/2}, z_1, z_{S/2+1}, \cdots, z_{S/2-1}, z_{S-1}]^{\mathrm{T}}$$

这样一来 $\boldsymbol{\Lambda}_N$ 可以分解为一组跨步置换矩阵连乘的形式，即

$$\boldsymbol{\Lambda}_N = \prod_{l=0}^{L-1} (\boldsymbol{I}_{2^l} \otimes \boldsymbol{G}_{N/2^l}) \tag{4.3}$$

式(4.2)中的 M 个连乘项对应于级联的 M 个运算单元，这里矩阵 $\boldsymbol{H}(c_m, k_m)$ 描述了执行 Radix-2^{k_m} FFT 算法的运算单元涉及的全部操作，其中参数 c_m 表示前 m 个运算单元的算法阶数累积量，即

$$c_m = \sum_{i=1}^{m} k_i, \; m \in \{1, \cdots, M\} \tag{4.4}$$

显然 $m=M$ 使得 $c_M = \sum_{i=1}^{M} k_i = L$。对于给定的 c_m，$\boldsymbol{H}(c_m, k_m)$ 对应的算术运算操作由 k_m 决定。

（1）当 k_m 为奇数且 $k_m > 1$ 时，$\boldsymbol{H}(c_m, k_m)$ 可以表示为

$$\boldsymbol{H}(c_m, k_m) = \boldsymbol{M}_3(c_m - k_m, k_m)\boldsymbol{B}_{\mathrm{F}}(c_m - 1) \cdot$$
$$\prod_{i=1}^{(k_m-1)/2} \left[\boldsymbol{M}_2(c_m - 2i - 1, 2i + 1)\boldsymbol{B}_{\mathrm{F}}(c_m - 2i) \cdot \right.$$
$$\left. \boldsymbol{M}_1(c_m - 2i - 1)\boldsymbol{B}_{\mathrm{F}}(c_m - 2i - 1)\right] \tag{4.5}$$

其中 N 阶蝶形运算矩阵 $\boldsymbol{B}_{\mathrm{F}}(u)$ 具有如下形式：

$$\boldsymbol{B}_{\mathrm{F}}(u) = (\boldsymbol{I}_{2^u} \otimes \boldsymbol{G}_{N/2^u})^{-1}(\boldsymbol{I}_{N/2} \otimes \boldsymbol{T}_2)(\boldsymbol{I}_{2^u} \otimes \boldsymbol{G}_{N/2^u}) \tag{4.6}$$

其中 $\boldsymbol{T}_2$ 表示 2 阶 DFT 变换矩阵，它实际上描述了 Radix-2 蝶形运算单元的算术运算操作。

在式(4.6)中，置换矩阵 $\boldsymbol{I}_{2^u} \otimes \boldsymbol{G}_{N/2^u}$ 首先对 N 维向量中的元素进行次序变换，然后在蝶形运算执行完毕后利用逆置换矩阵 $(\boldsymbol{I}_{2^u} \otimes \boldsymbol{G}_{N/2^u})^{-1}$ 将计算结果调整为与输入数据相对应的次序，这表明 $\boldsymbol{B}_{\mathrm{F}}(u)$ 在计算中遵循了 FFT 信号流图所具备的原位存储原则。除 $\boldsymbol{B}_{\mathrm{F}}(u)$ 外，式(4.5)中的数据加权矩阵 $\boldsymbol{M}_1(u)$、$\boldsymbol{M}_2(u, v)$ 以及 $\boldsymbol{M}_3(u, v)$ 用于对 Radix-2 蝶形运算结果进行相位旋转。为了对其进行描述，需要引入如下旋转因子矩阵

$$\boldsymbol{W}_S^{(u)} = \mathrm{quasidiag}(\boldsymbol{I}_{S/u}, \boldsymbol{w}_{S/u}, \boldsymbol{w}_{S/u}^2, \cdots, \boldsymbol{w}_{S/u}^{u-1}) \tag{4.7}$$

其中 $u \leqslant S$ 且 u、S 均为 2 的幂次，对角矩阵 $\boldsymbol{w}_{S/u}$ 定义为

$$\boldsymbol{w}_{S/u} = \mathrm{diag}(1, \mathrm{e}^{-\mathrm{j}2\pi/S}, \mathrm{e}^{-\mathrm{j}2 \cdot 2\pi/S}, \cdots, \mathrm{e}^{-\mathrm{j}(S/u-1) \cdot 2\pi/S})$$

而 $\boldsymbol{w}_{S/u}^n$ 表示 n 个 $\boldsymbol{w}_{S/u}$ 连乘得到的对角矩阵。利用旋转因子矩阵 $\boldsymbol{W}_S^{(u)}$ 可以将 $\boldsymbol{M}_1(u)$、$\boldsymbol{M}_2(u, v)$ 和 $\boldsymbol{M}_3(u, v)$ 分别表示为

$$\boldsymbol{M}_1(u) = \boldsymbol{I}_{2^u} \otimes \boldsymbol{W}_4^{(2)} \otimes \boldsymbol{I}_{N/2^{u+2}} \tag{4.8a}$$

$$\boldsymbol{M}_2(u, v) = \boldsymbol{I}_{2^u} \otimes \left[(\boldsymbol{G}_4 \otimes \boldsymbol{I}_{2^{v-2}}) \cdot \boldsymbol{W}_2^{(4)} \cdot (\boldsymbol{G}_4 \otimes \boldsymbol{I}_{2^{v-2}})\right] \otimes \boldsymbol{I}_{N/2^{u+v}} \tag{4.8b}$$

$$\boldsymbol{M}_3(u, v) = \boldsymbol{I}_{2^u} \otimes \left[\prod_{i=1}^{v}(\boldsymbol{G}_{2^i} \otimes \boldsymbol{I}_{N/2^{u+i}}) \cdot \boldsymbol{W}_{N/2^u}^{(2^v)} \cdot \prod_{i=1}^{v}(\boldsymbol{G}_{2^i} \otimes \boldsymbol{I}_{N/2^{u+i}})\right] \tag{4.8c}$$

从式(4.8a)~式(4.8c)可以看出，数据加权矩阵均可以通过对旋转因子矩阵 $\boldsymbol{W}_S^{(u)}$ 中主对角线上的元素进行次序调整和扩展得到。

（2）当 k_m 为偶数且 $k_m > 2$ 时，$\boldsymbol{H}(c_m, k_m)$ 的表达式变为

$$\boldsymbol{H}(c_m, k_m) = \boldsymbol{M}_3(c_m - k_m, k_m)\boldsymbol{B}_{\mathrm{F}}(c_m - 1) \cdot \boldsymbol{M}_1(c_m - 2)\boldsymbol{B}_{\mathrm{F}}(c_m - 2) \cdot$$
$$\prod_{i=1}^{k_m/2-1} \left[\boldsymbol{M}_2(c_m - 2i - 2, 2i + 2)\boldsymbol{B}_{\mathrm{F}}(c_m - 2i - 1) \cdot \right.$$
$$\left. \boldsymbol{M}_1(c_m - 2i - 2)\boldsymbol{B}_{\mathrm{F}}(c_m - 2i - 2)\right] \tag{4.9}$$

其中蝶形运算矩阵 $\boldsymbol{B}_{\mathrm{F}}(u)$ 和数据加权矩阵 $\boldsymbol{M}_1(u)$、$\boldsymbol{M}_2(u, v)$、$\boldsymbol{M}_3(u, v)$ 的具体形式可以分别参照式(4.6)和式(4.8a)~式(4.8c)。

(3) 当 $k_m = 1$ 时，$(k_m - 1)/2 = 0$，这时式(4.5)变为

$$\boldsymbol{H}(c_m, 1) = \boldsymbol{M}_3(c_m - 1, 1) \cdot \boldsymbol{B}_{\mathrm{F}}(c_m - 1) \tag{4.10}$$

(4) 当 $k_m = 2$ 时，$k_m/2 - 1 = 0$，这时式(4.9)简化为

$$\boldsymbol{H}(c_m, 2) = \boldsymbol{M}_3(c_m - 2, 2)\boldsymbol{B}_{\mathrm{F}}(c_m - 1)\boldsymbol{M}_1(c_m - 2)\boldsymbol{B}_{\mathrm{F}}(c_m - 2) \tag{4.11}$$

分析式(4.5)以及式(4.9)~式(4.11)不难发现，对于任意的 $k_m \in \mathbb{N}_+$，$\boldsymbol{H}(c_m, k_m)$ 都可以分解为 k_m 个蝶形运算矩阵和数据加权矩阵连乘的形式，即

$$\boldsymbol{H}(c_m, k_m) = \prod_{i=1}^{k_m} \boldsymbol{M}(c_m, k_m, c_m - i) \cdot \boldsymbol{B}_{\mathrm{F}}(c_m - i) \tag{4.12}$$

其中 $\boldsymbol{M}(c_m, k_m, c_m - i)$($i \in \{1, 2, \cdots, k_m\}$)是数据加权矩阵的一般形式。当 $k_m = 1$ 时 $i \equiv 1$，由式(4.10)可得

$$\boldsymbol{M}(c_m, k_m, c_m - i) = \boldsymbol{M}_3(c_m - 1, 1) = \boldsymbol{M}_3(c_m - k_m, k_m)$$

当 k_m 为奇数且 $k_m > 1$ 时，i 的取值决定了 $\boldsymbol{M}(c_m, k_m, c_m - i)$ 与实际数据加权矩阵的对应关系。首先对比式(4.5)不难发现 $i = 1$ 使得

$$\boldsymbol{M}(c_m, k_m, c_m - i) = \boldsymbol{M}_3(c_m - k_m, k_m)$$

当 i 的取值为 $2, 4, \cdots, k_m - 1$ 等偶数时，由式(4.5)可得

$$\boldsymbol{M}(c_m, k_m, c_m - i) = \boldsymbol{M}_2(c_m - i - 1, i + 1)$$

而当 i 的取值为 $3, 5, \cdots, k_m$ 等除 1 以外的其他奇数时，可以得到

$$\boldsymbol{M}(c_m, k_m, c_m - i) = \boldsymbol{M}_1(c_m - i)$$

当 k_m 为偶数时，结合式(4.9)与式(4.11)可以看出，$i = 1$ 同样使得 $\boldsymbol{M}(c_m, k_m, c_m - i) = \boldsymbol{M}_3(c_m - k_m, k_m)$；而当 i 的取值为 $2, 4, \cdots, k_m$ 等偶数时，$\boldsymbol{M}(c_m, k_m, c_m - i)$ 与实际数据加权矩阵的映射关系和 k_m 为奇数的情况不同，即

$$\boldsymbol{M}(c_m, k_m, c_m - i) = \boldsymbol{M}_1(c_m - i)$$

若 $k_m > 2$，则 i 的取值还包括 $3, 5, \cdots, k_m - 1$ 等除 1 以外的奇数，这时根据式(4.9)可得

$$\boldsymbol{M}(c_m, k_m, c_m - i) = \boldsymbol{M}_2(c_m - i - 1, i + 1)$$

基于以上讨论，$\boldsymbol{M}(c_m, k_m, c_m - i)$ 与实际数据加权矩阵的对应关系可以总结为

$$\boldsymbol{M}(c_m, k_m, c_m - i) = \begin{cases} \boldsymbol{M}_1(c_m - i), & i \in \Psi_1(k_m) \text{ 且 } k_m \geqslant 2 \\ \boldsymbol{M}_2(c_m - i - 1, i + 1), & i \in \Psi_2(k_m) \text{ 且 } k_m \geqslant 3 \\ \boldsymbol{M}_3(c_m - k_m, k_m), & i = 1 \end{cases} \tag{4.13}$$

其中集合 $\Psi_1(k_m)$ 与 $\Psi_2(k_m)$ 分别定义为

$$\Psi_1(k_m) = \{2 + \underline{k_m}, 4 + \underline{k_\mathrm{m}}, \cdots, k_m\}, \ k_m \geqslant 2 \tag{4.14a}$$

$$\Psi_2(k_m) = \{3 - \underline{k_m}, 5 - \underline{k_m}, \cdots, k_m - 1\}, \ k_m \geqslant 3 \tag{4.14b}$$

其中 $\underline{k_m} = \mathrm{mod}(k_m, 2)$。将式(4.12)代入式(4.2)可以确定出混合 Radix-2^k FFT 算法的矩阵形式表示，即

$$\boldsymbol{T}_N = \boldsymbol{\Lambda}_N \cdot \prod_{i=0}^{M-1} \prod_{j=1}^{k_{M-i}} \left[\boldsymbol{M}(c_{M-i}, k_{M-i}, c_{M-i} - j) \cdot \boldsymbol{B}_{\mathrm{F}}(c_{M-i} - j) \right] \tag{4.15}$$

对 DFT 变换矩阵 $\boldsymbol{T}_N$ 进行逐次分解来得到混合 Radix-2^k FFT 算法的矩阵表示形式的过程如图 4.1 所示。从式(4.15)的最终结果来看，在矩阵形式表示下，混合 Radix-2^k FFT 算法包括了 $\boldsymbol{B}_{\mathrm{F}}(0), \cdots, \boldsymbol{B}_{\mathrm{F}}(L-1)$ 等 L 个蝶形运算矩阵和相同数量的数据加权矩阵。此外，

参数 k_1，$\cdots$，k_M 的调整虽不改变蝶形运算矩阵的相关操作，但会对数据加权矩阵 $\boldsymbol{M}(c_m,\ k_m,\ c_m-i)$ 的形式产生影响。

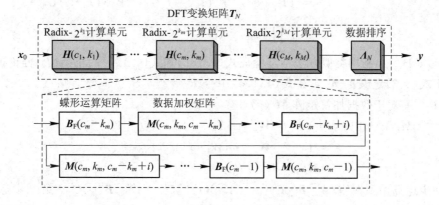

图 4.1   对 DFT 变换矩阵 $\boldsymbol{T}_N$ 进行逐次分解得到混合 Radix-2^k FFT 算法的矩阵表示形式的过程

4.1.2   混合 Radix-2^k FFT 算法分量矩阵的数学性质

在式(4.15)中，混合 Radix-2^k FFT 算法使得 DFT 变换矩阵 $\boldsymbol{T}_N$ 能够用数据排序矩阵 $\boldsymbol{\Lambda}_N$、蝶形运算矩阵 $\boldsymbol{B}_\mathrm{F}(u)$ 以及数据加权矩阵 $\boldsymbol{M}_1(u)$、$\boldsymbol{M}_2(u,\ v)$、$\boldsymbol{M}_3(u,\ v)$ 等分量矩阵进行表示。不难验证，$\boldsymbol{T}_N$ 满足 $\boldsymbol{T}_N\boldsymbol{T}_N^\mathrm{H}=N\boldsymbol{I}_N$，即 $\boldsymbol{T}_N/\sqrt{N}$ 是酉矩阵。实际上，式(4.15)中的各分量矩阵都具有类似的性质。证明这一点需要用到跨步置换矩阵的一些数学特性，因此我们首先给出如下的引理。

引理 4.1   如果矩阵 $\boldsymbol{G}_S$ 是跨步置换矩阵，那么 $\boldsymbol{G}_S$ 可逆且其逆矩阵 $\boldsymbol{G}_S^{-1}$ 满足 $\boldsymbol{G}_S^{-1}=\boldsymbol{G}_S^\mathrm{T}=\boldsymbol{G}_S^\mathrm{H}$。

引理 4.2   对于 $m\times n$ 维矩阵 $\boldsymbol{A}$ 和 $p\times q$ 维矩阵 $\boldsymbol{B}$，有 $(\boldsymbol{A}\otimes\boldsymbol{B})^\mathrm{H}=\boldsymbol{A}^\mathrm{H}\otimes\boldsymbol{B}^\mathrm{H}$；特别地，$(\boldsymbol{A}\otimes\boldsymbol{B})^{-1}=\boldsymbol{A}^{-1}\otimes\boldsymbol{B}^{-1}$ 当且仅当 $\boldsymbol{A}$ 和 $\boldsymbol{B}$ 均为可逆矩阵；对于矩阵 $\boldsymbol{A}_1$，$\boldsymbol{A}_2$，$\cdots$，$\boldsymbol{A}_n$ 以及 $\boldsymbol{B}_1$，$\boldsymbol{B}_2$，$\cdots$，$\boldsymbol{B}_n$，其 Kronecker 积满足

$$\left(\bigotimes_{i=1}^{n}\boldsymbol{A}_i\right)\left(\bigotimes_{i=1}^{n}\boldsymbol{B}_i\right)=\bigotimes_{i=1}^{n}\boldsymbol{A}_i\boldsymbol{B}_i$$

引理 4.1 和 4.2 的详细证明可以参考文献[29]。基于上述引理我们可以得到如下推论。

推论 4.1   设 $\boldsymbol{G}_S$ 和 $\boldsymbol{I}_R$ 分别表示 S 阶跨步置换矩阵和 R 阶单位矩阵，那么

$$(\boldsymbol{I}_R\otimes\boldsymbol{G}_S)^{-1}=(\boldsymbol{I}_R\otimes\boldsymbol{G}_S)^\mathrm{H} \tag{4.16a}$$

$$(\boldsymbol{G}_S\otimes\boldsymbol{I}_R)^{-1}=(\boldsymbol{G}_S\otimes\boldsymbol{I}_R)^\mathrm{H} \tag{4.16b}$$

更一般地，如果 $R_1S_1=R_2S_2=\cdots=R_nS_n$，那么

$$\left[\prod_{i=1}^{n}(\boldsymbol{I}_{R_i}\otimes\boldsymbol{G}_{S_i})\right]^{-1}=\left[\prod_{i=1}^{n}(\boldsymbol{I}_{R_i}\otimes\boldsymbol{G}_{S_i})\right]^\mathrm{H} \tag{4.17a}$$

$$\left[\prod_{i=1}^{n}(\boldsymbol{G}_{S_i}\otimes\boldsymbol{I}_{R_i})\right]^{-1}=\left[\prod_{i=1}^{n}(\boldsymbol{G}_{S_i}\otimes\boldsymbol{I}_{R_i})\right]^\mathrm{H} \tag{4.17b}$$

证明   根据引理 4.1 和引理 4.2 可得

$$(\boldsymbol{I}_R\otimes\boldsymbol{G}_S)^{-1}=\boldsymbol{I}_R^{-1}\otimes\boldsymbol{G}_S^{-1}=\boldsymbol{I}_R^\mathrm{H}\otimes\boldsymbol{G}_S^\mathrm{H}=(\boldsymbol{I}_R\otimes\boldsymbol{G}_S)^\mathrm{H}$$

因而式(4.16a)成立。基于这一结论可以得到

$$\left[\prod_{i=1}^{n} (\boldsymbol{I}_{R_i} \otimes \boldsymbol{G}_{S_i})\right]^{-1} = (\boldsymbol{I}_{R_n} \otimes \boldsymbol{G}_{S_n})^{-1} (\boldsymbol{I}_{R_{n-1}} \otimes \boldsymbol{G}_{S_{n-1}})^{-1} \cdots (\boldsymbol{I}_{R_1} \otimes \boldsymbol{G}_{S_1})^{-1}$$

$$= (\boldsymbol{I}_{R_n} \otimes \boldsymbol{G}_{S_n})^{\mathrm{H}} (\boldsymbol{I}_{R_{n-1}} \otimes \boldsymbol{G}_{S_{n-1}})^{\mathrm{H}} \cdots (\boldsymbol{I}_{R_1} \otimes \boldsymbol{G}_{S_1})^{\mathrm{H}}$$

$$= \left[\prod_{i=1}^{n} (\boldsymbol{I}_{R_i} \otimes \boldsymbol{G}_{S_i})\right]^{\mathrm{H}}$$

故式(4.17a)成立。利用类似方法不难验证式(4.16b)和式(4.17b)的正确性。推论证毕。

对于式(4.3)定义的 $\boldsymbol{\Lambda}_N$，在式(4.17a)中令 $R_i = 2^i$ 且 $S_i = N/2^i$，则 $\boldsymbol{\Lambda}_N^{-1} = \boldsymbol{\Lambda}_N^{\mathrm{H}}$，因此 $\boldsymbol{\Lambda}_N \boldsymbol{\Lambda}_N^{\mathrm{H}} = \boldsymbol{I}_N$。而对于数据加权矩阵 $\boldsymbol{M}_1(u)$，有

$$\boldsymbol{M}_1(u)\boldsymbol{M}_1^{\mathrm{H}}(u) = (\boldsymbol{I}_{2^u} \otimes \boldsymbol{W}_4^{(2)} \otimes \boldsymbol{I}_{N/2^{u+2}}) \cdot (\boldsymbol{I}_{2^u} \otimes \boldsymbol{W}_4^{(2)} \otimes \boldsymbol{I}_{N/2^{u+2}})^{\mathrm{H}}$$

$$= \boldsymbol{I}_{2^u} \otimes [\boldsymbol{W}_4^{(2)} \cdot (\boldsymbol{W}_4^{(2)})^{\mathrm{H}}] \otimes \boldsymbol{I}_{N/2^{u+2}}$$

$$= \boldsymbol{I}_{2^u} \otimes \boldsymbol{I}_2 \otimes \boldsymbol{I}_{N/2^{u+2}} = \boldsymbol{I}_N$$

其中第一步运算用到性质 $(\boldsymbol{A} \otimes \boldsymbol{B} \otimes \boldsymbol{C})^{\mathrm{H}} = (\boldsymbol{A} \otimes \boldsymbol{B})^{\mathrm{H}} \otimes \boldsymbol{C}^{\mathrm{H}} = \boldsymbol{A}^{\mathrm{H}} \otimes \boldsymbol{B}^{\mathrm{H}} \otimes \boldsymbol{C}^{\mathrm{H}}$，第二步运算则基于引理 4.2。对于式(4.8b)给出的数据加权矩阵 $\boldsymbol{M}_2(u, v)$，同样根据引理 4.2 可以得出

$$\boldsymbol{M}_2(u, v)\boldsymbol{M}_2^{\mathrm{H}}(u, v) = \boldsymbol{I}_{2^u} \otimes \boldsymbol{\Gamma} \otimes \boldsymbol{I}_{N/2^{u+v}} \qquad (4.18)$$

其中

$$\boldsymbol{\Gamma} = (\boldsymbol{G}_4 \otimes \boldsymbol{I}_{2^{v-2}}) \cdot \boldsymbol{W}_{2^v}^{(4)} \cdot (\boldsymbol{G}_4 \otimes \boldsymbol{I}_{2^{v-2}}) \cdot [(\boldsymbol{G}_4 \otimes \boldsymbol{I}_{2^{v-2}}) \cdot \boldsymbol{W}_{2^v}^{(4)} \cdot (\boldsymbol{G}_4 \otimes \boldsymbol{I}_{2^{v-2}})]^{\mathrm{H}}$$

$$= (\boldsymbol{G}_4 \otimes \boldsymbol{I}_{2^{v-2}}) \cdot \boldsymbol{W}_{2^v}^{(4)} \cdot (\boldsymbol{W}_{2^v}^{(4)})^{\mathrm{H}} \cdot (\boldsymbol{G}_4 \otimes \boldsymbol{I}_{2^{v-2}})^{\mathrm{H}}$$

$$= (\boldsymbol{G}_4 \otimes \boldsymbol{I}_{2^{v-2}}) \cdot (\boldsymbol{G}_4 \otimes \boldsymbol{I}_{2^{v-2}})^{\mathrm{H}}$$

$$= (\boldsymbol{G}_4 \otimes \boldsymbol{I}_{2^{v-2}}) \cdot (\boldsymbol{G}_4 \otimes \boldsymbol{I}_{2^{v-2}})^{-1} = \boldsymbol{I}_{2^v}$$

将化简后的 $\boldsymbol{\Gamma}$ 代入式(4.18)，可以得到 $\boldsymbol{M}_2(u, v)\boldsymbol{M}_2^{\mathrm{H}}(u, v) = \boldsymbol{I}_N$。

为了证明 $\boldsymbol{M}_3(u, v)$ 的数学特性，首先令

$$\boldsymbol{\Omega} = \prod_{i=1}^{v} (\boldsymbol{G}_{2^i} \otimes \boldsymbol{I}_{N/2^{u+i}})$$

则由式(4.17b)可知 $\boldsymbol{\Omega}\boldsymbol{\Omega}^{\mathrm{H}} = \boldsymbol{I}_{N/2^u}$，因此

$$\boldsymbol{M}_3(u, v)\boldsymbol{M}_3^{\mathrm{H}}(u, v) = \boldsymbol{I}_{2^u} \otimes [(\boldsymbol{\Omega} \cdot \boldsymbol{W}_{N/2^u}^{(2^v)} \cdot \boldsymbol{\Omega})(\boldsymbol{\Omega} \cdot \boldsymbol{W}_{N/2^u}^{(2^v)} \cdot \boldsymbol{\Omega})^{\mathrm{H}}]$$

$$= \boldsymbol{I}_{2^u} \otimes \boldsymbol{I}_{N/2^u} = \boldsymbol{I}_N$$

对于蝶形运算矩阵 $\boldsymbol{B}_{\mathrm{F}}(u)$，根据式(4.16b)可得 $(\boldsymbol{I}_{2^u} \otimes \boldsymbol{G}_{N/2^u})^{-1} = (\boldsymbol{I}_{2^u} \otimes \boldsymbol{G}_{N/2^u})^{\mathrm{H}}$，因此 $\boldsymbol{B}_{\mathrm{F}}(u)\boldsymbol{B}_{\mathrm{F}}^{\mathrm{H}}(u)$ 可以写为

$$\boldsymbol{B}_{\mathrm{F}}(u)\boldsymbol{B}_{\mathrm{F}}^{\mathrm{H}}(u) = (\boldsymbol{I}_{2^u} \otimes \boldsymbol{G}_{N/2^u})^{-1} (\boldsymbol{I}_{N/2} \otimes \boldsymbol{T}_2) (\boldsymbol{I}_{N/2} \otimes \boldsymbol{T}_2)^{\mathrm{H}} (\boldsymbol{I}_{2^u} \otimes \boldsymbol{G}_{N/2^u})$$

$$= (\boldsymbol{I}_{2^u} \otimes \boldsymbol{G}_{N/2^u})^{-1} (\boldsymbol{I}_{N/2} \otimes (\boldsymbol{T}_2 \boldsymbol{T}_2^{\mathrm{H}})) \cdot (\boldsymbol{I}_{2^u} \otimes \boldsymbol{G}_{N/2^u})$$

$$= 2(\boldsymbol{I}_{2^u} \otimes \boldsymbol{G}_{N/2^u})^{-1} \cdot \boldsymbol{I}_N \cdot (\boldsymbol{I}_{2^u} \otimes \boldsymbol{G}_{N/2^u}) = 2\boldsymbol{I}_N$$

基于上述分析，我们用如下定理对各分量矩阵的数学性质进行总结。

定理 4.1 数据排序矩阵、数据加权矩阵以及归一化蝶形运算矩阵都是酉矩阵。

4.2 混合 Radix-2^kFFT 算法的量化误差分析

上一节我们推导了基于混合 Radix-2^kFFT 算法的 DFT 变换矩阵的表示形式以及表达式中各分量矩阵的数学性质。以这些结论为基础，本节将对混合 Radix-2^kFFT 算法在定点运算中产生的量化误差进行分析。下面的讨论仍假设 FFT 计算长度为 $N = 2^L$，同时混合

Radix-2^k FFT 算法利用 M 个运算单元分别执行 Radix-2^{k_1}，Radix-2^{k_2}，$\cdots$，Radix-2^{k_M} FFT 算法来求解 N 点 FFT 计算。

4.2.1　可变数据位宽下的量化误差模型

在式(4.15)中，DFT 变换矩阵 $\boldsymbol{T}_N$ 按照混合 Radix-2^k FFT 算法进行分解后得到了 L 个蝶形运算矩阵 $\boldsymbol{B}_F(0)$，$\cdots$，$\boldsymbol{B}_F(L-1)$。对于实际的 FFT 流水线结构，$\boldsymbol{B}_F(l)$ 中涉及的 Radix-2 蝶形运算和数据原位存储操作将通过 FFT 流水线结构中第 $l+1$ 级的蝶形运算单元来实现。由于 $\boldsymbol{B}_F(l)$ 不受参数 k_1，$\cdots$，k_M 的影响，因而蝶形运算单元在定点运算中引入的量化误差将只由数据位宽决定。令 w_{ini} 和 w_{fin} 分别表示 FFT 输入数据和计算结果的实部与虚部的数据位宽，同时定义数据位宽向量 $\boldsymbol{w}=[w_0, w_1, \cdots, w_{L-1}]$，其中 $w_l(l=0, 1, \cdots, L-1)$ 对应 FFT 流水线结构中第 $l+1$ 级的蝶形运算单元和旋转因子加权单元在计算过程中所采用的数据位宽。在满足 $w_{\text{ini}} \leqslant w_0 \leqslant \cdots \leqslant w_{L-1} = w_{\text{fin}}$ 的前提下，数据位宽向量 $\boldsymbol{w}$ 可以任意设置，而数据位宽非递减的约束旨在减小由数据截位所引入的量化误差。

在数据位宽固定的流水线结构中，参与 Radix-2 蝶形运算的两个数据在计算前通常要进行缩放，即数据的实部和虚部分别右移一位并根据数据最低位的取值对移位运算结果进行舍入，该操作在避免蝶形运算发生溢出的同时也引入了量化误差。而当流水线结构中的数据位宽可变时，在某一级增加数据位宽将使得后续的部分蝶形运算单元在不缩放输入数据的条件下也能够避免计算溢出。具体而言，对于给定的 $j \in \{0, \cdots, L-1\}$，如果 $\boldsymbol{w}$ 中的元素 w_{j-1} 和 w_j 满足 $w_j - w_{j-1} > 0$(当 $j=0$ 时 $w_j - w_{\text{ini}} > 0$)，那么位于 FFT 流水线结构中第 $j+1$ 级至第 $j+w_j-w_{j-1}$ 级的蝶形运算单元在计算时将不必执行数据缩放。因此 $\boldsymbol{w}$ 的设置将决定流水线结构中各级蝶形运算单元对数据的缩放操作，进而对运算的量化误差产生影响。令 $\boldsymbol{\delta}=[\delta_0, \delta_1, \cdots, \delta_{L-1}]$ 表示数据缩放向量，其中 $\delta_l=1(l \in \{0, \cdots, L-1\})$ 表示流水线结构中第 $l+1$ 级的蝶形运算单元的输入数据需要缩放，反之 $\delta_l=0$ 表示第 $l+1$ 级的蝶形运算单位的输入数据不必进行缩放。根据上面的分析，δ_l 可以按照如下方式进行确定，即

$$\delta_l = \begin{cases} 1 + \text{sgn}(w_{\text{ini}} - w_l), & l = 0 \\ 1 + \text{sgn}\left(w_{\text{ini}} - w_l + l - \sum_{j=0}^{l-1} \delta_j\right), & \text{其他} \end{cases} \quad (4.19)$$

若用 $\overline{\boldsymbol{x}}_l$ 和 $\widetilde{\boldsymbol{y}}_l$ 分别表示 FFT 流水线结构中第 $l+1$ 级蝶形运算单元的输入和输出数据，且将定点运算引入的量化误差考虑在内，则两者的关系可以表示为

$$\widetilde{\boldsymbol{y}}_l = \widetilde{\boldsymbol{B}}_F(l) \, \overline{\boldsymbol{x}}_l = \left(\frac{1}{2}\right)^{\delta_l} \boldsymbol{B}_F(l) \, \overline{\boldsymbol{x}}_l + \delta_l \boldsymbol{B}_F(l) \, \boldsymbol{\epsilon}_{s,l} \quad (4.20)$$

其中，$\widetilde{\boldsymbol{B}}_F(l)$ 可以看作是蝶形运算矩阵 $\boldsymbol{B}_F(l)$ 的定点化实现形式；$\boldsymbol{\epsilon}_{s,l}$ 是一个 N 维向量，它表示在数据缩放过程中由于舍入操作而带来的舍入误差。

数据加权矩阵 $\boldsymbol{M}(c_m, k_m, l)$ 用于实现蝶形运算矩阵 $\boldsymbol{B}_F(l)$ 和 $\boldsymbol{B}_F(l+1)$ 对应运算之间的过渡。在 FFT 流水线结构中，$\boldsymbol{M}(c_m, k_m, l)$ 对应于第 l 级和第 $l+1$ 级蝶形运算单元之间实现数据旋转的组件，如复数乘法器或 CORDIC 运算单元，其中下标 m 可以表示为 $m = \underset{m \in \{1, \cdots, M\}}{\text{argmin}} \{c_m > l\}$。在定点运算方式下，复数乘法器的输出数据需要进行数据位截取，而 CORDIC 运算单元也会由于角度分辨率和计算精度等问题给计算结果引入误差。令 $\overline{\boldsymbol{x}}_{l+1}$ 表

示 FFT 流水线结构中第 $l+2$ 级蝶形运算单元的输入数据，则

$$\overline{\boldsymbol{x}}_{l+1} = \widetilde{\boldsymbol{M}}(c_m, k_m, l)\widetilde{\boldsymbol{y}}_l = \boldsymbol{M}(c_m, k_m, l)\widetilde{\boldsymbol{y}}_l + \boldsymbol{\epsilon}_{c,l} \qquad (4.21)$$

其中，$\widetilde{\boldsymbol{M}}(c_m, k_m, l)$ 表示数据加权矩阵 $\boldsymbol{M}(c_m, k_m, l)$ 的定点化实现形式；$\boldsymbol{\epsilon}_{c,l}$ 为误差向量，表示定点化数据加权运算引入的误差。

对比式(4.20)与式(4.21)可以发现，$\widetilde{\boldsymbol{B}}_{\mathrm{F}}(l)$ 只受数据缩放向量 $\boldsymbol{\delta}$ 或数据位宽向量 $\boldsymbol{w}$ 的影响，而 $\widetilde{\boldsymbol{M}}(c_m, k_m, l)$ 则取决于参数 k_m 以及 c_m 的设置。类似于式(4.12)，我们可以利用 $\widetilde{\boldsymbol{B}}_{\mathrm{F}}(l)$ 以及 $\widetilde{\boldsymbol{M}}(c_m, k_m, l)$ 对定点运算下的 Radix-2^{k_m} 计算单元 $\widetilde{\boldsymbol{H}}(c_m, k_m)$ 进行表示。Radix-2^{k_m} 计算单元内的量化误差传播模型如图 4.2 所示，由图可以看出，在蝶形运算单元和数据旋转单元内部均存在一个误差源，不同的是蝶形运算单元中的计算误差只有在执行数据缩放时才会叠加在输出结果中，而数据旋转单元中的计算误差会在计算的同时被引入。定义 $\overline{\boldsymbol{x}}_{c_m-k_m} = \boldsymbol{x}_{c_m-k_m} + \boldsymbol{n}_{c_m-k_m}$ 为 Radix-2^{k_m} 计算单元在定点运算时的输入数据，其中 $\boldsymbol{x}_{c_m-k_m}$ 代表不包含量化误差的信号分量，$\boldsymbol{n}_{c_m-k_m}$ 表示在之前计算过程中产生的量化误差。类似地，Radix-2^{k_m} 计算单元在定点运算方式下提供的输出数据可以记作 $\overline{\boldsymbol{x}}_{c_m} = \boldsymbol{x}_{c_m} + \boldsymbol{n}_{c_m}$，其中信号项 $\boldsymbol{x}_{c_m}$ 的表达式为

$$\boldsymbol{x}_{c_m} = \left(\frac{1}{2}\right)^{\sum\limits_{u=c_m-k_m}^{c_m-1}\delta_u} \prod_{i=1}^{k_m} \boldsymbol{M}(c_m, k_m, c_m-i)\boldsymbol{B}_{\mathrm{F}}(c_m-i)\boldsymbol{x}_{c_m-k_m} \qquad (4.22)$$

$\overline{\boldsymbol{x}}_{c_m}$ 中的误差项 $\boldsymbol{n}_{c_m}$ 可以写作

$$\boldsymbol{n}_{c_m} = \left(\frac{1}{2}\right)^{\sum\limits_{u=c_m-k_m}^{c_m-1}\delta_u} \prod_{i=1}^{k_m} \boldsymbol{M}(c_m, k_m, c_m-i) \cdot \boldsymbol{B}_{\mathrm{F}}(c_m-i) \cdot \boldsymbol{n}_{c_m-k_m} +$$

$$\sum_{l=c_m-k_m}^{c_m-2} \left(\frac{1}{2}\right)^{\sum\limits_{u=l+1}^{c_m-1}\delta_u} \Big[\prod_{j=1}^{c_m-l-1} \boldsymbol{M}(c_m, k_m, c_m-i) \cdot \boldsymbol{B}_{\mathrm{F}}(c_m-i) \Big] \cdot \delta_l \cdot \boldsymbol{M}(c_m, k_m, l) \cdot \boldsymbol{B}_{\mathrm{F}}(l) \cdot \boldsymbol{\epsilon}_{s,l} +$$

$$\sum_{l=c_m-k_m}^{c_m-2} \left(\frac{1}{2}\right)^{\sum\limits_{u=l+1}^{c_m-1}\delta_u} \Big[\prod_{j=1}^{c_m-l-1} \boldsymbol{M}(c_m, k_m, c_m-i) \cdot \boldsymbol{B}_{\mathrm{F}}(c_m-i) \Big] \cdot \boldsymbol{\epsilon}_{s,l} +$$

$$\delta_{c_m-1} \cdot \boldsymbol{M}(c_m, k_m, c_m-1) \cdot \boldsymbol{B}_{\mathrm{F}}(c_m-1)_{s,c_m-1} + \boldsymbol{\epsilon}_{c,c_m-1} \qquad (4.23)$$

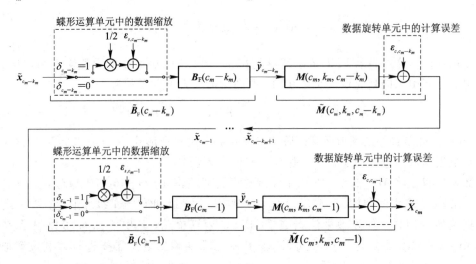

图 4.2　Radix-2^{k_m} 计算单元内的量化误差传播模型

　　式(4.22)和式(4.23)表明,信号分量 $x_{c_m-k_m}$ 与 x_{c_m} 之间存在确定的线性关系,而误差分量 n_{c_m} 除了与 Radix-2^{k_m} 计算单元输入的量化误差 $n_{c_m-k_m}$ 有关,还会叠加计算过程中新引入的量化误差。以有用信号分量 $x_{c_m-k_m}$、x_{c_m} 以及量化误差 $n_{c_m-k_m}$、n_{c_m} 之间的递推关系为基础,不难得到 FFT 计算结果中信号与误差分量的具体表达式。然而,人们在实际应用中往往更关注信号与量化误差的功率的比值(Signal to Quantization Noise Ratio,SQNR),并以此来衡量计算结果的准确度。因此,我们将在下一小节对量化误差的功率展开分析,并进一步给出混合 Radix-2^kFFT 算法在定点运算方式下计算结果的 SQNR。

4.2.2　量化误差的功率估计

　　我们首先考虑式(4.20)中的舍入误差向量$\boldsymbol{\epsilon}_{s,l}$,其元素对应于输入数据 $\tilde{x}_l$ 在缩放过程中引入的误差。一般地,$\boldsymbol{\epsilon}_{s,l}$ 包含的 N 个元素是一组独立同分布的随机变量。在统计意义上,$\bar{x}_l$ 中每一个元素的实部与虚部为非负数和负数的概率均为 1/2,同时数据的最低位以相同概率取 0 和 1,这保证了$\boldsymbol{\epsilon}_{s,l}$ 中各元素的均值为 0。进一步假设$\boldsymbol{\epsilon}_{s,l}$ 中各元素的方差为 $\sigma_{s,l}^2$,可以得到$\boldsymbol{\epsilon}_{s,l}$ 对应的功率为

$$\mathcal{P}(\boldsymbol{\epsilon}_{s,l}) = \mathbb{E}\{\mathrm{tr}(\boldsymbol{\epsilon}_{s,l}\,\boldsymbol{\epsilon}_{s,l}^{\mathrm{H}})\} = N\sigma_{s,l}^2 \qquad (4.23)$$

　　对于式(4.21)中的误差向量$\boldsymbol{\epsilon}_{c,l}$,其元素对应于输入数据 $\tilde{y}_l$ 在数据旋转操作中引入的误差。和舍入误差向量$\boldsymbol{\epsilon}_{s,l}$ 不同的是,$\boldsymbol{\epsilon}_{c,l}$ 中的元素并非都是误差源,这是因为利用 ± 1 或 $\pm$j 等平凡旋转因子进行数据旋转可以通过对输入数据的实部与虚部进行互换和取反来完成,而这些操作并不引入量化误差。因此,为了计算$\boldsymbol{\epsilon}_{c,l}$ 对应的功率,首先需要确定数据加权矩阵 $\boldsymbol{M}(c_m, k_m, l)$ 的主对角线元素中非平凡旋转因子的个数。进一步考虑到 $\boldsymbol{M}(c_m, k_m, l)$ 是由旋转因子矩阵 $\boldsymbol{W}_S^{(u)}$ 通过元素次序调整和维度扩展而产生的,我们的分析将从 $\boldsymbol{W}_S^{(u)}$ 入手。令 λ_0 表示 $\boldsymbol{W}_S^{(u)}$ 的主对角线元素中非平凡旋转因子的个数,那么根据式(4.7)可得

$$\lambda_0 = \begin{cases} 0, & S = u \text{ 或 } u = 1 \\ S - \dfrac{S}{u} - u, & \text{其他} \end{cases} \qquad (4.25)$$

这是因为 $S = u$ 将使得 $\boldsymbol{W}_S^{(u)} = 1$,而 $u = 1$ 又会导致 $\boldsymbol{W}_S^{(u)} = \boldsymbol{I}_S$,在这两种情况下,$\boldsymbol{W}_S^{(u)}$ 都不包含非平凡旋转因子。数据排序矩阵对 $\boldsymbol{W}_S^{(u)}$ 中元素的重新排序并不影响非平凡旋转因子的个数,而 Kronecker 积带来的维度扩展将会使这一数值成倍提升。令 $\lambda_1(u)$、$\lambda_2(u, v)$ 和 $\lambda_3(u, v)$ 分别表示数据加权矩阵 $\boldsymbol{M}_1(u)$、$\boldsymbol{M}_2(u, v)$ 以及 $\boldsymbol{M}_3(u, v)$ 中非平凡旋转因子的个数,则由式(4.8a)~式(4.8c)可得

$$\lambda_1(u) \equiv 0 \qquad (4.26)$$

$$\lambda_2(u, v) = \begin{cases} 0, & v < 3 \\ N\left(\dfrac{3}{4} - \dfrac{4}{2^v}\right), & \text{其他} \end{cases} \qquad (4.27)$$

$$\lambda_3(u, v) = \begin{cases} 0, & N = 2^{u+v} \\ N\left(1 - \dfrac{1}{2^v}\right) - 2^{u+v}, & \text{其他} \end{cases} \qquad (4.28)$$

　　根据式(4.13),数据加权矩阵的一般形式 $\boldsymbol{M}(c_m, k_m, l)$ 中非平凡旋转因子个数 $\lambda(c_m, k_m, l)$ 可以通过将式(4.26)~式(4.28)中的参数 u、v 替换为具体的表达式来得

到，即

$$
\lambda(c_m, k_m, l) = \lambda(c_m, k_m, c_m - i) = \begin{cases} N\left(\dfrac{3}{4} - \dfrac{1}{2^{i-1}}\right), & i \in \varPsi_2(k_m) \text{ 且 } k_m \geqslant 3 \\[2mm] N\left(1 - \dfrac{1}{2^{k_m}}\right) - 2^{c_m}, & i = 1 \text{ 且 } m < M \\[2mm] 0, & \text{其他} \end{cases} \tag{4.29}
$$

其中，$l \in \{c_m - k_m, \cdots, c_m - 1\}$；集合 $\varPsi_2(k_m)$ 在式(4.14b)中进行了定义。

在下面的讨论中，我们将 $\lambda(c_m, k_m, l)$ 简写为 $\lambda(l)$，这是因为当参数 l 给定时，下标 m 满足 $m = \underset{m \in \{1, \cdots, M\}}{\arg\min} \{c_m > l\}$，因此 c_m 与 k_m 可以相应地获得。$\boldsymbol{M}(c_m, k_m, l)$ 的主对角线元素中的非平凡旋转因子与 $\boldsymbol{\epsilon}_{c, l}$ 中的误差源相对应，这些误差源同样被建模为一组独立同分布的随机变量。由于 $\tilde{\boldsymbol{y}}_l$ 的实部与虚部为非负数和负数的概率相同，故每个误差源的均值为 0。若用 $\sigma_{c, l}^2$ 表示每个误差源的方差，则误差向量 $\boldsymbol{\epsilon}_{c, l}$ 对应的功率可以表示为

$$
\mathcal{P}(\boldsymbol{\epsilon}_{c, l}) = \mathbb{E}\big[\mathrm{tr}(\boldsymbol{\epsilon}_{c, l}\, \boldsymbol{\epsilon}_{c, l}^{\mathrm{H}})\big] = \lambda(l)\sigma_{c, l}^2 \tag{4.30}
$$

根据式(4.24)与式(4.30)并利用定理 3.4 中数据加权矩阵和归一化蝶形运算矩阵是酉矩阵的特性，我们可以得到式(4.22)中信号分量 $\boldsymbol{x}_{c_m}$ 的功率为

$$
\mathcal{P}(\boldsymbol{x}_{c_m}) = \eta_m \cdot \mathcal{P}(\boldsymbol{x}_{c_m - k_m}) = \left(\dfrac{1}{4}\right)^{\sum\limits_{u = c_m - k_m}^{c_m - 1} \delta_u} 2^{k_m} \mathcal{P}(\boldsymbol{x}_{c_m - k_m}) \tag{4.31}
$$

其中功率缩放系数 η_m 的取值取决于 k_m、c_m 以及数据缩放向量 $\boldsymbol{\delta}$。

类似地，量化误差分量 $\boldsymbol{n}_{c_m}$ 的功率可以记作

$$
\begin{aligned}
\mathcal{P}(\boldsymbol{n}_{c_m}) &= \eta_m \cdot \mathcal{P}(\boldsymbol{n}_{c_m - k_m}) + \Delta\xi_m \\
&= \left(\dfrac{1}{4}\right)^{\sum\limits_{u = c_m - k_m}^{c_m - 1} \delta_u} 2^{k_m} \cdot \mathcal{P}(\boldsymbol{n}_{c_m - k_m}) + \sum_{u = c_m - k_m}^{c_m - 1} \left(\dfrac{1}{4}\right)^{\sum\limits_{u = l+1}^{c_m - 1} \delta_u} 2^{c_m - l - 1}\big[2\delta_1 N\sigma_{s, l}^2 + \lambda(l)\sigma_{s, l}^2\big] + \\
&\quad 2\delta_{c_m - 1} N\sigma_{s, c_m - 1}^2 + \lambda(c_m - 1)\sigma_{c, c_m - 1}^2
\end{aligned} \tag{4.32}
$$

在上面的推导中可以看出，对于 $l_1 \neq l_2$ 有 $\mathrm{tr}\big[\mathbb{E}(\boldsymbol{\varepsilon}_{s, l_1}\boldsymbol{\varepsilon}_{s, l_2}^{\mathrm{H}})\big] = \mathrm{tr}\big[\mathbb{E}(\boldsymbol{\varepsilon}_{c, l_1}\boldsymbol{\varepsilon}_{c, l_2}^{\mathrm{H}})\big] = 0$，这是因为蝶形运算单元产生的舍入误差和数据旋转单元产生的计算误差也被建模为相互独立的随机变量。

式(4.31)和式(4.32)从信号功率的角度将 Radix-2^{k_m} 计算单元的特性概括为两个方面：首先输入信号 $\bar{\boldsymbol{x}}_{c_m - k_m} = \boldsymbol{x}_{c_m - k_m} + \boldsymbol{n}_{c_m - k_m}$ 经过 Radix-2^{k_m} 计算单元后各分量功率将变为原来的 η_m 倍；其次 Radix-2^{k_m} 计算单元在定点运算过程中还会引入功率为 $\Delta\xi_m$ 的新误差项。将这一结论应用于混合 Radix-2^k FFT 算法包含的其他 $M-1$ 个计算单元，可以得到混合 Radix-2^k FFT 算法在定点运算方式下信号与量化误差功率传播模型，如图 4.3 所示。

用 $\bar{\boldsymbol{x}}_0 = \boldsymbol{x}_0 + \boldsymbol{n}_0$ 表示包含量化误差的 FFT 计算单元的初始输入，同时将 FFT 计算结果记作 $\tilde{\boldsymbol{y}} = \boldsymbol{y} + \boldsymbol{n}_y$，则对于混合 Radix-$2^k$ FFT 算法而言，信号分量 $\boldsymbol{y}$ 的功率为

$$
\mathcal{P}(\boldsymbol{y}) = \Big(\prod_{m=1}^{M} \boldsymbol{\eta}_m\Big) \cdot \mathcal{P}(\boldsymbol{x}_0) = \left(\dfrac{1}{4}\right)^{\sum\limits_{u=0}^{L-1} \delta_u} N \cdot \mathcal{P}(\boldsymbol{x}_0) \tag{4.33}
$$

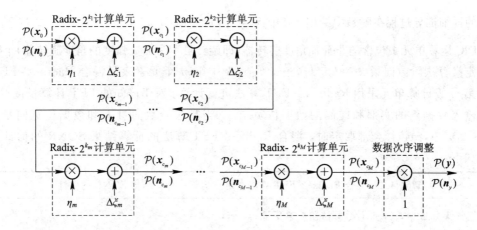

图 4.3　混合 Radix-2^k FFT 算法在定点运算方式下信号与量化误差功率传播模型

而计算结果中量化误差分量 $\boldsymbol{n}_y$ 的功率具有如下形式：

$$\mathcal{P}(\boldsymbol{y}) = \Big(\prod_{m=1}^{M} \boldsymbol{\eta}_m\Big)\mathcal{P}(\boldsymbol{n}_0) + \sum_{i=2}^{M}\Big(\prod_{m=1}^{M}\boldsymbol{\eta}_m\Big)\Delta\xi_{i-1} + \Delta\xi_M$$

$$= \Big(\frac{1}{4}\Big)^{\sum_{u=0}^{L-1}\delta_u} N^2\sigma_{n_0}^2 + \sum_{l=0}^{L-1}\Big(\frac{1}{4}\Big)^{\sum_{u=0}^{L-1}\delta_u - \sum_{l=0}^{L}\delta_l} \cdot 2^{L-l-1}\big[2N\delta_l\sigma_{s,\,l}^2 + \lambda(l)\sigma_{c,\,l}^2\big] \qquad (4.34)$$

这样混合 Radix-2^k FFT 算法在定点计算方式下输出信号的 SQNR 可以表示为

$$\vartheta = \frac{\mathcal{P}(\boldsymbol{y})}{\mathcal{P}(\boldsymbol{n}_y)} = \frac{\mathcal{P}(\boldsymbol{x}_0)}{N\sigma_{n_0}^2 + \sum_{l=0}^{L-1} 2^{2\sum_{u=0}^{l}\delta_u - l - 1}\big[2N\delta_l\sigma_{s,\,l}^2 + \lambda(l)\sigma_{c,\,l}^2\big]} \qquad (4.35)$$

为了得到 SQNR 表达式 ϑ 的具体数值，需要对式(4.35)中包含的方差项 $\sigma_{n_0}^2$、$\sigma_{s,\,l}^2$ 以及 $\sigma_{c,\,l}^2$ 进行估计。假设量化误差的实部和虚部统计独立，对于包含 1 比特符号位和 $w-1$ 比特数据位的量化数据，其实部和虚部的量化误差可以被建模为在 $[-2^{-w}, 2^{-w}]$ 范围内均匀分布的随机变量。Radix-2 蝶形运算单元中由数据缩放所引入的舍入误差则被建模为离散型随机变量，其可能的取值包括 0、2^{-w} 和 -2^{-w} 且对应的概率分别为 1/2、1/4 和 1/4。

由以上分析可以得到

$$\sigma_{n_0}^2 = \frac{2}{3} \cdot 2^{-2w_{\text{ini}}}, \; \sigma_{s,\,l}^2 = 2^{-2w_l}$$

当 FFT 流水线结构选择复数乘法器来实现数据旋转时，若蝶形运算单元输出数据的实部与虚部的数据位宽均为 w_l，则由定点复数乘法运算引入的量化误差方差为 $\sigma_{c,\,l}^2 = \dfrac{2 \cdot 2^{-2w_l}}{3}$；反之，如果 CORDIC 运算单元被用于完成数据旋转操作，则定点 CORDIC 运算引入的量化误差方差可以表示为

$$\sigma_{c,\,l}^2 = \frac{2}{3} \cdot 2^{-2w_l} \cdot S^2 \sum_{t=1}^{T_c-1}\Big(1 + 2^{-t}\prod_{j=t+1}^{T_c-1}\Big)(1 + 2^{-2j}) +$$

$$\frac{2}{3} \cdot 2^{-2w_l} \cdot (3 + 2^{-3} + 2^{-6} + 2^{-T_c}) + 2^{l+1-2T_c-2\sum_{u=0}^{l}\delta_u} \cdot \frac{\mathcal{P}(\boldsymbol{x}_0)}{N} \qquad (4.36)$$

上式的详细推导过程在附录中给出，其中 $S = \prod\limits_{t=1}^{T_c} \cos[\arctan(2^{-t})] \approx 1 - 2^{-3} - 2^{-6}$，$T_c$ 表示 CORDIC 运算单元中包含的非平凡角度旋转器（即旋转量不为 $\pi/2$ 弧度的角度旋转器）个数。

　　定义算法阶数向量 $\boldsymbol{k} = [k_1, k_2, \cdots, k_M]$，$\boldsymbol{k}$ 中第 m 个元素表示混合 Radix-2^k FFT 算法的第 m 级计算单元采用 Radix-2^{k_m} FFT 算法进行计算。对于已知的 FFT 计算长度 $N = 2^L$ 以及输入数据 $\overline{\boldsymbol{x}}_0$ 的实部和虚部的数据位宽 w_{ini}，当算法阶数向量 $\boldsymbol{k}$ 和数据位宽向量 $\boldsymbol{w} = [w_0, w_1, \cdots, w_{L-1}]$ 全部取定时，混合 Radix-2^k FFT 算法的计算结果 SQNR 的估计方法总结如下：

算法 4.1　混合 Radix-2^k FFT 算法在定点运算中计算结果 SQNR 的估计

---

(1) 基于 $\boldsymbol{k}$ 并根据式(4.4)计算算法阶数累积量 $c_1, \cdots, c_M$；

(2) 基于 $\boldsymbol{w}$ 并根据式(4.19)确定数据缩放向量 $\boldsymbol{\delta} = [\delta_0, \delta_1, \cdots, \delta_{L-1}]$；

(3) 基于 $\boldsymbol{k}$ 和 $c_1, c_2, \cdots, c_M$ 并根据式(4.29)计算 $\lambda(0), \cdots, \lambda(L-1)$，其中 $\lambda(l)$ 的完整形式为 $\lambda(c_{u_l}, k_{u_l}, l)$，下标 u_l 定义为

$$u_l = \operatorname*{argmin}_{u_l \in \{1, \cdots, M\}} \{c_{u_l} > l\}$$

(4) 基于 w_{ini} 和 $\boldsymbol{w}$ 求解误差方差 $\sigma_{n_0}^2$、$\sigma_{s, l}^2$ 以及 $\sigma_{c, l}^2$；

(5) 将 $\boldsymbol{\delta}$ 和 $\lambda(0), \cdots, \lambda(L-1)$ 以及误差方差代入式(4.35)，得到 SQNR 的估计值 ϑ。

　　在算法 4.1 的步骤 4 中，若将方差 $\sigma_{c, l}^2$ 取为 $\sigma_{c, l}^2 = 2/3 \cdot 2^{-2w_l}$，则得到的 SQNR 估计值 ϑ 适用于采用复数乘法器的 FFT 流水线结构；而如果 $\sigma_{c, l}^2$ 按照式(4.36)计算得到，那么 ϑ 能够用于描述采用 CORDIC 运算单元的 FFT 流水线结构计算结果的准确度。

4.3　FFT 流水线结构硬件参数的优化配置

　　对于 FFT 流水线结构而言，增加数据位宽可以有效地提升计算准确度，但这样也会导致 FFT 计算单元在硬件实现中占用更多的硬件资源。因此，合理的硬件设计方案需要在计算准确度和硬件资源开销之间谋求平衡。本节将以 SDF 和 MDC 两种典型的 FFT 流水线结构为研究对象来对这一问题展开讨论，首先我们分析混合 Radix-2^k FFT 算法在这两种流水线结构下的硬件资源需求，然后通过硬件参数优化实现计算准确度与存储开销的折中。

4.3.1　流水线 VLSI 结构存储开销分析

　　本节以 SDF 流水线结构和 MDC 流水线结构为代表，对流水线 VLSI 结构存储开销进行分析。作为一种广泛应用的 FFT 流水线结构实现方案，SDF 流水线结构的主要特征是每一级蝶形运算单元内有用于实现数据次序调整的反馈连接。图 4.4 以 $N = 16$ 为例对采用 Radix-2 FFT 算法的 SDF 流水线结构进行了描述。当 SDF 流水线结构基于混合 Radix-2^k FFT 算法进行设计时，算法阶数向量 $\boldsymbol{k} = [k_1, k_2, \cdots, k_M]$ 的调整只改变电路中数据旋转单元的数目及分布位置，而蝶形运算单元的数目仍是 $L = \text{lb}N$ 个且操作方式保持不变，因此这时的电路结构与图 4.4 类似。

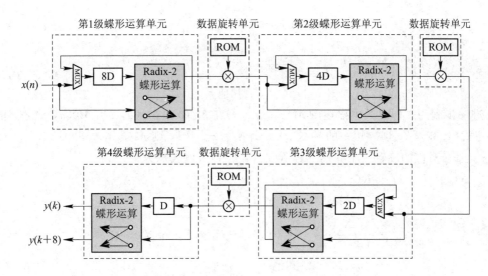

图 4.4　采用 Radix-2 FFT 算法的 SDF 流水线结构（$N=16$）

在 SDF 流水线结构中，第 $l+1$ 个蝶形运算单元（$l=0,\cdots,L-1$）通过一个深度为 2^{L-l-1} 的移位寄存器来缓存输入数据或计算结果。若用 R_b 表示构建蝶形运算单元带来的存储开销，则对于 SDF 流水线结构，有

$$R_b\mid_{\text{SDF}}=\sum_{l=0}^{L-1}2^{L-l-1}\cdot 2w_l=\sum_{l=0}^{L-1}2^{L-l}w_l \tag{4.37}$$

根据式（4.37）可以发现，R_b 只与数据位宽向量 $\boldsymbol{w}$ 有关，而不受算法阶数向量 $\boldsymbol{k}$ 的影响。式（4.15）中包含的 L 个数据加权矩阵 $\boldsymbol{M}(c_m,k_m,l)$（$l=0,\cdots,L-1$）在 SDF 流水线结构中对应于 L 个独立的数据旋转单元（因 $l=L-1$ 使得 $\boldsymbol{M}(c_M,k_M,L-1)=\boldsymbol{I}_N$，故相应的数据旋转单元在图中略去）。如果利用复数乘法器来实现这些单元，那么每个数据加权单元需要配置独立的存储器来存储计算过程中要用到的旋转因子，而这会带来额外的存储开销。考虑到旋转因子在单位圆上的对称分布，实际电路通常只存储 $[0,\pi/4]$ 角度范围内的旋转因子以减小存储开销，而位于其他角度范围内的旋转因子可以通过对已知数据的实部和虚部进行互换或取反来获得。因此对于式（4.7）中定义的旋转因子矩阵 $\boldsymbol{W}_S^{(u)}$，其存储开销 R_0 来自对 $\mathrm{e}^{-\mathrm{j}2\pi k/S}$（$k=0,1,\cdots,S/8$）等 $\dfrac{S}{8}+1$ 个旋转因子的存储。若用 w_T 表示旋转因子实部和虚部的数据位宽，则结合式（4.25）可以得到

$$R_0=\begin{cases}0,& S<8 \text{ 或 } S=u \text{ 或 } u=1\\ \left(\dfrac{S}{8}+1\right)\cdot 2w_T\approx\dfrac{S}{4}\cdot w_T,& \text{其他}\end{cases} \tag{4.38}$$

不难发现，R_0 正比于 S 而与其他参数无关。$R_0=0$ 表示 $\boldsymbol{W}_S^{(u)}$ 只包含 ±1 和 $\pm\mathrm{j}$ 等平凡旋转因子，这时可以通过简单的逻辑电路来对数据实现 $n\pi/2$ 弧度的相位旋转。对 $\boldsymbol{W}_S^{(u)}$ 主对角线上的元素进行次序变换和维度扩展可以产生 $\boldsymbol{M}_1(u)$、$\boldsymbol{M}_2(u,v)$ 以及 $\boldsymbol{M}_3(u,v)$ 等数据加权矩阵，相应的旋转因子存储开销 $R_1(u)$、$R_2(u,v)$、$R_3(u,v)$ 将由生成该数据加权矩阵的旋转因子矩阵决定。根据式（4.38）可得

$$R_1(u)\equiv 0 \tag{4.39}$$

$$R_2(u, v) = \begin{cases} 2^{v-2} w_{\mathrm{T}}, & v \geqslant 3 \\ 0, & 其他 \end{cases} \tag{4.40}$$

$$R_3(u, v) = \begin{cases} \dfrac{N w_{\mathrm{T}}}{2^{u+2}}, & N \geqslant 2^{u+3} 且 N > 2^{u+v} \\ 0, & 其他 \end{cases} \tag{4.41}$$

进一步利用式(4.13)中描述的 $\boldsymbol{M}(c_m, k_m, l)$ 与 $\boldsymbol{M}_1(u)$、$\boldsymbol{M}_2(u, v)$、$\boldsymbol{M}_3(u, v)$ 之间的关系,将式(4.39)~式(4.41)中的参数 u、v 替换为 c_m、k_m,则 $\boldsymbol{M}(c_m, k_m, l)$($l \in \{c_m - k_m$, $\cdots$, $c_m - 1\}$)对应的旋转因子存储开销 $R(c_m, k_m, l)$ 可以表示为

$$R(c_m, k_m, l) = R(c_m, k_m, c_m - i)$$
$$= \begin{cases} 2^{i-1} w_{\mathrm{T}}, & i \in \boldsymbol{\Psi}_2(k_m 且 k_m \geqslant 3) \\ \dfrac{N_{w_{\mathrm{T}}}}{2^{c_m - k_m + 2}}, & i = 1, c_m - k_m \leqslant L - 3 且 m < M \\ 0, & 其他 \end{cases} \tag{4.42}$$

与式(4.29)类似,式(4.42)中参数 c_m、k_m 的下标 m 满足 $m = \underset{m \in \{1, \cdots, M\}}{\arg\min} \{c_m > l\}$,因此在下文中 $R(c_m, k_m, l)$ 可以简写为 $R(l)$。利用式(4.42),我们将 SDF 流水线结构中与旋转因子存储相关的存储开销表示为

$$R_{\mathrm{m}} \mid_{\mathrm{SDF}} = \sum_{l=0}^{L-1} R(l) = \sum_{m \in \Gamma_1} \sum_{i \in \Psi_2(k_m)} 2^{i-1} w_{\mathrm{T}} + \sum_{m \in \Gamma_2} \dfrac{N \cdot w_{\mathrm{T}}}{2^{c_m - k_m + 2}} \tag{4.43}$$

其中,集合 $\Gamma_1 = \{m \in \mathbb{N} \mid k_m \geqslant 3\}$,$\Gamma_2 = \{m \in \mathbb{N} \mid c_m - k_m \leqslant L - 3 且 m < M\}$。

在 MDC 流水线结构中,蝶形运算单元利用双路换向器来调整参与运算的数据次序。图 4.5 以 $N = 16$ 为例对采用 Radix-2^2 FFT 算法的 MDC 流水线结构进行了描述。与 SDF 流水线结构类似,算法阶数向量 $\boldsymbol{k}$ 的调整只对流水线结构中数据旋转单元的数目以及分布位置产生影响。要实现 $N = 2^L$ 点 FFT 计算,MDC 流水线结构中蝶形运算单元对应的存储

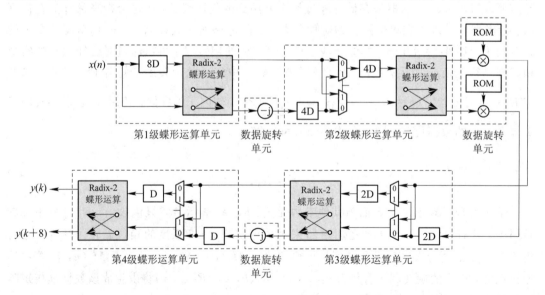

图 4.5　采用 Radix-2^2 FFT 算法的 MDC 流水线结构($N = 16$)

开销为

$$R_{\mathrm{b}} \mid_{\mathrm{MDC}} = Nw_0 + \sum_{l=1}^{L-1} 2^{L-l+1} w_l \tag{4.44}$$

由于 MDC 流水线结构中相邻两级蝶形运算单元通过两条并行支路进行连接，因此，当流经两条支路的数据都要利用非平凡旋转因子来进行数据旋转时，需要为两条数据支路配置独立的数据旋转单元来完成这一操作。在图 4.5 中，连接第 2 级与第 3 级蝶形运算单元的两条数据支路便配置有独立的数据旋转单元。由于两条支路上的数据在并行地进行数据旋转时会用到不同的旋转因子，因此，如果数据旋转单元采用复数乘法器来实现，那么每个单元需要配置独立的存储器来存储旋转因子。

从以上分析可以直观地看出，MDC 流水线结构中数据加权矩阵 $\boldsymbol{M}(c_m, k_m, l)$ 对存储资源的消耗将是 SDF 流水线结构中数据加权矩阵对存储资源消耗的两倍。然而下面的定理表明，在特殊的参数设置下，蝶形运算单元输出的求和结果将全部与平凡旋转因子相对应，这时 $\boldsymbol{M}(c_m, k_m, l)$ 在两种流水线结构下的存储开销相同。

定理 4.2　对于包含非平凡旋转因子的数据加权矩阵 $\boldsymbol{M}_2(u, v)$ 及 $\boldsymbol{M}_3(u, v)$，它们的特例 $\boldsymbol{M}_2(u, 3)$ 以及 $\boldsymbol{M}_3(u, 1)$ 将对蝶形运算单元输出的求和结果利用平凡旋转因子进行数据加权。

证明　$\boldsymbol{M}_2(u, v)\boldsymbol{B}_{\mathrm{F}}(u)$ 可以表示为

$$\boldsymbol{M}_2(u, v)\boldsymbol{B}_{\mathrm{F}}(u) = \boldsymbol{I}_{2^u} \bigotimes (\boldsymbol{W} \cdot \boldsymbol{B}) \tag{4.44}$$

其中矩阵 $\boldsymbol{W}$ 和 $\boldsymbol{B}$ 分别具有如下形式：

$$\boldsymbol{W} = \left[(\boldsymbol{G}_4 \bigotimes \boldsymbol{I}_{2^{v-2}}) \boldsymbol{W}_{2^v}^4 (\boldsymbol{G}_4 \bigotimes \boldsymbol{I}_{2^{v-2}}) \right] \bigotimes \boldsymbol{I}_{N/2^{u+v}}$$

$$\boldsymbol{B} = \boldsymbol{G}_{N/2^u}^{-1} (\boldsymbol{I}_{N/2^{u+1}} \bigotimes \boldsymbol{T}_2) \boldsymbol{G}_{N/2^u}$$

对于 $N/2^u$ 维的输入向量 $\boldsymbol{x}_{\mathrm{b}}$，$\boldsymbol{y}_{\mathrm{b}} = \boldsymbol{B}\boldsymbol{x}_{\mathrm{b}}$ 按照原位存储的方式将蝶形运算中数据相加的结果存储在其前 $N/2^{u+1}$ 个元素中，同时将数据相减的结果存储在后 $N/2^{u+1}$ 个元素中。为了使得通过求和运算得到的数据全部用平凡旋转因子进行加权，需要保证 $\boldsymbol{W}$ 主对角线上的前 $N/2^{u+1}$ 个元素为平凡旋转因子。这一条件首先要求 $\boldsymbol{W}$ 中包含的非平凡旋转因子的个数不超过 $N/2^{u+1}$，即

$$(2^v - 2^{v-2} - 4) \cdot \left(\frac{N}{2^{u+v}}\right) \leqslant \frac{N}{2^{u+1}}$$

其中 $2^v - 2^{v-2} - 4$ 是旋转因子矩阵 $\boldsymbol{W}_{2^v}^4$ 中非平凡旋转因子的个数。由于 $\boldsymbol{M}_2(u, v)$ 包含非平凡旋转因子且要求 $v \geqslant 3$，因此满足上式的 v 的取值只有 3 和 4。将 v 的取值代入 $\boldsymbol{W}$ 可以得到 $\boldsymbol{W}$ 的具体形式为

$$\boldsymbol{W} \mid_{v=3} = \mathrm{diag}(1, 1, 1, -j, 1, e^{-j\pi/4}, 1, e^{-j3\pi/4}) \bigotimes \boldsymbol{I}_{N/2^{u+3}}$$

$$\boldsymbol{W} \mid_{v=4} = \mathrm{diag}(1, 1, 1, 1, 1, e^{-j\pi/4}, -j, e^{-j3\pi/4}, 1, e^{-j\pi/8}, e^{-j\pi/4}, e^{-j3\pi/8}, 1,$$

$$e^{-j3\pi/8}, e^{-j3\pi/4}, e^{-j9\pi/8}) \bigotimes \boldsymbol{I}_{N/2^{u+4}}$$

可以发现仅有 $\boldsymbol{W} \mid_{v=3}$ 满足平凡旋转因子的分布约束。因此根据式 (4.44) 可知，当且仅当 $v=3$ 时 $\boldsymbol{M}_2(u, v)$ 能够用平凡旋转因子对蝶形运算单元输出的求和结果进行数据加权。

对于 $\boldsymbol{M}_3(u, v)\boldsymbol{B}_{\mathrm{F}}(u)$，有

$$\boldsymbol{M}_3(u,v)\boldsymbol{B}_{\mathrm{F}}(u) = \boldsymbol{I}_{2^u} \otimes (\boldsymbol{W}' \cdot \boldsymbol{B})$$

其中矩阵 $\boldsymbol{W}'$ 的具体形式为

$$\boldsymbol{W}' = \prod_{i=1}^{v} (\boldsymbol{G}_{2^i} \otimes \boldsymbol{I}_{N/2^{u+i}}) \cdot \boldsymbol{W}_{N/2^u}^{2^v} \cdot \prod_{i=1}^{v} (\boldsymbol{G}_{2^i} \otimes \boldsymbol{I}_{N/2^{u+i}})$$

由于 $\boldsymbol{W}_{N/2^u}^{2^v}$ 包含的非平凡旋转因子数目为 $\dfrac{N}{2^u} - \dfrac{N}{2^{u+v} - 2^v}$，且 $\boldsymbol{W}'$ 是通过对 $\boldsymbol{W}_{N/2^u}^{2^v}$ 主对角线上的元素进行次序变换而生成的，因此这一数值同时也是 $\boldsymbol{W}'$ 中包含的非平凡旋转因子数目。与对 $\boldsymbol{W}$ 的分析过程类似，首先要求 $\boldsymbol{W}'$ 中非平凡旋转因子的个数不超过 $N/2^{u+1}$，即

$$\frac{N}{2^u} - \frac{N}{2^{u+v} - 2^v} \leqslant \frac{N}{2^{u+1}} \tag{4.45}$$

式(4.45)可以进一步化简为

$$\frac{1}{2^{v-1}} + 2\left(\frac{2^{u+v}}{N}\right) \geqslant 1 \tag{4.46}$$

进一步考虑到 $\boldsymbol{M}_3(u,v)$ 需要包含非平凡旋转因子，因此 $\dfrac{N}{2^u} > 2^v$ 且 $\dfrac{N}{2^u} \geqslant 8$。

当 $v=1$ 时，式(4.46)对于所有满足 $\dfrac{N}{2^u} > 2$ 的参数 N 和 u 均成立，这时

$$\boldsymbol{W}'\big|_{v=1} = \boldsymbol{W}_{N/2^u}^2 = \mathrm{quasidiag}(\boldsymbol{I}_{N/2^{u+1}}, \boldsymbol{w}_{N/2^{u+1}})$$

$v=1$ 使得 $\boldsymbol{W}'$ 主对角线上的前 $N/2^{u+1}$ 个元素均为 1，这样蝶形运算单元输出的求和结果能够与平凡旋转因子相对应。由于 $v \geqslant 2$ 且 $N = 2^{u+v+1}$ 也能使 $\dfrac{N}{2^u} - \dfrac{N}{2^{u+v}} - 2^v \leqslant \dfrac{N}{2^{u+1}}$ 成立，而这时

$$\boldsymbol{W}'\big|_{v \geqslant 2, N = 2^{u+v+1}} = \prod_{i=1}^{v} (\boldsymbol{G}_{2^i} \otimes \boldsymbol{I}_{2^{v+1-i}}) \cdot \boldsymbol{W}_{2^{v+1}}^{2^v} \cdot \prod_{i=1}^{v} (\boldsymbol{G}_{2^i} \otimes \boldsymbol{I}_{2^{v+1-i}}) \tag{4.47}$$

故旋转因子矩阵 $\boldsymbol{W}_{2^{v+1}}^{2^v}$ 包含的平凡与非平凡旋转因子在其主对角线上交替排列。在式(4.47)中对 $\boldsymbol{W}_{2^{v+1}}^{2^v}$ 的元素进行重新排列后，平凡旋转因子仍然不能集中在 $\boldsymbol{W}'$ 主对角线的前 $N/2^{u+1}$ 个元素内。综上所述，当且仅当 $v=1$ 时 $\boldsymbol{M}_3(u,v)$ 能够用平凡旋转因子对蝶形运算单元输出的求和结果进行数据加权。

综上所述，定理 4.2 证毕。

根据式(4.13)，$\boldsymbol{M}_3(u,v)$ 中的参数 $v=1$ 对应于算法阶数 $k_m=1$，而令 $\boldsymbol{M}_2(u,v)$ 中的参数 $v=3$ 将使得 $\boldsymbol{M}(c_m, k_m, c_m-i)$ 中的参数 $i=2$ 且 $i \in \Psi_2(k_m)$，而这进一步要求算法阶数 k_m 是奇数且 $k_m \geqslant 3$。结合式(4.42)，可以将 MDC 流水线结构中旋转因子的存储开销表示为

$$R_m\big|_{\mathrm{MDC}} = \sum_{m \in \Gamma_1} \sum_{i \in \Psi_2(k_m)} 2^i w_{\mathrm{T}} - \sum_{m \in \Gamma_1} k_m \cdot 2w_{\mathrm{T}} + \sum_{m \in \Gamma_2} \frac{N \cdot w_{\mathrm{T}}}{2^{c_m-k_m+1}} - \sum_{m \in \Gamma_2 \cap \Gamma_3} \frac{N \cdot w_{\mathrm{T}}}{2^{c_m-k_m+2}} \tag{4.48}$$

其中集合 $\Gamma_3 = \{m \in \mathbb{N} \mid k_m = 1\}$。

总结以上讨论可以得出，对于 SDF 和 MDC 两种流水线结构，在使用复数乘法器的情况下其存储开销均可以表示为 $R = R_b + R_m$，而在使用 CORDIC 运算单元时 $R = R_b$，这是因为 CORDIC 运算单元执行数据旋转所需的配置参数可以实时产生而不带来额外的存储开销。

4.3.2　流水线 VLSI 结构计算资源开销分析

FFT 流水线结构对计算资源的消耗主要来自蝶形运算单元包含的复数加法器以及数据旋转单元包含的复数乘法器或 CORDIC 运算单元。在优化硬件参数来对计算准确度和硬件资源开销进行折中之前，有必要对基于混合 Radix-2^k FFT 算法的流水线结构所消耗的计算资源进行估计。前面提到对于任意的算法阶数向量 k，SDF 和 MDC 流水线结构均包含 $L=\mathrm{lb}N$ 个蝶形运算单元，因此电路中复数加法的数目可以表示为

$$n_{\mathrm{adder}} = 2\mathrm{lb}N = 2L = 2c_M \tag{4.49}$$

由式(4.49)可以发现，n_{adder} 只取决于 FFT 计算长度。需要注意的是，数据位宽向量 w 将使得每一级的复数加法器在复杂度方面不尽相同，不过 w 的调节并不会对计算资源的消耗带来显著影响，这是由于复数加法器自身的硬件复杂度远小于复数乘法器或 CORDIC 运算单元的。

在对复数乘法器的消耗方面，表 4.1 统计了混合 Radix-2^k FFT 算法中位于第 m 级的 Radix-2^{k_m} 计算单元 $H(c_m,k_m)$ 在 SDF 和 MDC 流水线结构中占用的复数乘法器数目向量 f_m 和 $\tilde{f}_m$。每个向量中包含的 3 个元素分别对应于 Radix-2^{k_m} 计算单元内用于实现 $n\pi/4$ 和 $n\pi/8$ 相位旋转的复数乘法器以及通用复数乘法器的个数，这里对不同类型的复数乘法器分开进行统计是因为它们具有不同的硬件复杂度。

表 4.1　Radix-2^{k_m} 计算单元在不同流水线结构中对复数乘法器的消耗

k_m 设置	$c_m=L$	$c_m=L-1$	$c_m=L-2$	$c_m=L-3$	$c_m<L-3$
$k_m=1$	$f_m=[0,0,0]$ $\tilde{f}_m=[0,0,0]$	$f_m=[0,0,0]$ $\tilde{f}_m=[0,0,0]$	$f_m=[1,0,0]$ $\tilde{f}_m=[1,0,0]$	$f_m=[0,1,0]$ $\tilde{f}_m=[0,1,0]$	$f_m=[0,0,1]$ $\tilde{f}_m=[0,0,1]$
$k_m=2$	$f_m=[0,0,0]$ $\tilde{f}_m=[0,0,0]$	$f_m=[1,0,0]$ $\tilde{f}_m=[2,0,0]$	$f_m=[0,1,0]$ $\tilde{f}_m=[0,2,0]$	$f_m=[0,0,1]$ $\tilde{f}_m=[0,0,2]$	
$k_m=3$	$f_m=[1,0,0]$ $\tilde{f}_m=[1,0,0]$	$f_m=[1,1,0]$ $\tilde{f}_m=[1,2,0]$	$f_m=[1,0,1]$ $\tilde{f}_m=[1,0,2]$		
$k_m=4$	$f_m=[0,1,0]$ $\tilde{f}_m=[0,2,0]$	$f_m=[0,1,1]$ $\tilde{f}_m=[0,2,2]$			
$k_m>4$ 为奇数	$f_m=[1,0,\lfloor(k_m-3)/2\rfloor]$ $\tilde{f}_m=[1,0,2\lfloor(k_m-3)/2\rfloor]$	$f_m=[1,0,\lfloor(k_m-3)/2\rfloor+1]$ $\tilde{f}_m=[1,0,2\lfloor(k_m-3)/2\rfloor+2]$			
$k_m>4$ 为偶数	$f_m=[1,0,\lfloor(k_m-3)/2\rfloor]$ $\tilde{f}_m=[1,0,2\lfloor(k_m-3)/2\rfloor]$	$f_m=[0,1,\lfloor(k_m-3)/2\rfloor+1]$ $\tilde{f}_m=[0,2,2\lfloor(k_m-3)/2\rfloor+2]$			

当算法阶数向量 k 给定时，可以将流水线结构中占用的复数乘法器数目向量 f_{mul} 记作

$$f_{\mathrm{mul}} = \begin{cases} \displaystyle\sum_{m=1}^{M} f_m, & \text{对于 SDF 流水线结构} \\[2mm] \displaystyle\sum_{m=1}^{M} \tilde{f}_m, & \text{对于 MDC 流水线结构} \end{cases} \tag{4.50}$$

因为各种类型的复数乘法器可以全部替换为 CORDIC 运算单元，所以流水线结构中需要配置的 CORDIC 运算单元的个数为

$$n_{\text{cordic}} = \|\boldsymbol{f}_{\text{mul}}\|_1 \tag{4.51}$$

其中 $\|\cdot\|_1$ 代表向量的 ℓ_1 范数，也就是向量中各元素的绝对值之和。

以上结果表明，算法阶数向量 $\boldsymbol{k}$ 的选择将直接影响 FFT 计算单元对复数乘法器或 CORDIC 运算单元的消耗。

4.3.3 FFT 流水线 VLSI 结构硬件参数优化方法

在基于混合 Radix-2^k FFT 算法的流水线结构中，选取合适的数据位宽向量 $\boldsymbol{w}$ 和算法阶数向量 $\boldsymbol{k}$ 可以实现计算准确度和硬件复杂度的有效折中。从前面的分析中我们得出，$\boldsymbol{w}$ 和 $\boldsymbol{k}$ 的选择将会在较大程度上影响 FFT 计算单元对存储器的消耗，同时 $\boldsymbol{k}$ 也决定了 FFT 流水线结构占用的复数乘法器或 CORDIC 运算单元的个数。一般地，基于量化误差来优化 FFT 计算单元的硬件参数大致可归结为以下两类问题。

（1）硬件资源优先型：在 SQNR 不低于给定基准 T_{SQNR} 的前提下最小化 FFT 计算单元的硬件资源开销。以最小化系统对存储资源的消耗为例，可以得到以下优化问题：

$$\begin{aligned} &\min_{\boldsymbol{w},\,\boldsymbol{k}} R \\ &\text{s. t.} \quad \vartheta \geqslant T_{\text{SQNR}} \\ &\qquad w_{\text{ini}} \leqslant w_0 \leqslant \cdots \leqslant w_{L-1} = w_{\text{fin}},\ \boldsymbol{w} \in \mathbb{N}^L \\ &\qquad \|\boldsymbol{k}\|_1 = L,\ \boldsymbol{k} \in \mathbb{Z}_+^M \text{ 且 } M \in \{1, \cdots L\} \end{aligned} \tag{4.52}$$

（2）计算准确度优先型：在存储开销不高于给定约束 R_c 的条件下最大化 FFT 计算结果的 SQNR，这可以描述为以下优化问题：

$$\begin{aligned} &\min_{\boldsymbol{w},\,\boldsymbol{k}} -\vartheta \\ &\text{s. t.} \quad R \leqslant R_c \\ &\qquad w_{\text{ini}} \leqslant w_0 \leqslant \cdots \leqslant w_{L-1} = w_{\text{fin}},\ \boldsymbol{w} \in \mathbb{N}^L \\ &\qquad \|\boldsymbol{k}\|_1 = L,\ \boldsymbol{k} \in \mathbb{Z}_+^M \text{ 且 } M \in \{1, \cdots L\} \end{aligned} \tag{4.53}$$

实际上 FFT 计算单元对复数乘法器或 CORDIC 运算单元的消耗也可以作为约束条件或优化目标体现在式（4.52）和式（4.53）中，我们在这里仅将存储开销纳入上面的优化问题，这是因为存储资源的消耗与 SQNR 存在较强的关联性并且直接决定了 FFT 流水线结构占用的电路面积大小。确定最优的 $\boldsymbol{w}$ 和 $\boldsymbol{k}$ 需要对上面的非线性整数优化问题进行求解，而在经典优化理论框架下尚无有效的数学工具来解决这一 NP 难问题。我们注意到式（4.52）和式（4.53）的后两个约束条件给变量 $\boldsymbol{w}$ 和 $\boldsymbol{k}$ 划定了可行域 $\mathcal{Y}$，其中 $\mathcal{Y}$ 内包含的 $(\boldsymbol{w}, \boldsymbol{k})$ 参数对的个数 n_{s} 为

$$n_{\text{s}} = \begin{pmatrix} L + w_{\text{fin}} - w_{\text{ini}} - 1 \\ L - 1 \end{pmatrix} \cdot \sum_{l=0}^{L-1} \begin{pmatrix} L-1 \\ l \end{pmatrix}$$

当数据位宽 w_{ini} 与 w_{fin} 接近且 FFT 计算长度 $N = 2^L$ 适中时，可以通过在可行域 $\mathcal{Y}$ 内执行穷尽搜索来得到 $\boldsymbol{w}$ 和 $\boldsymbol{k}$ 的最优设置。不过较大的 $w_{\text{fin}} - w_{\text{ini}}$ 或 L 使得 n_{s} 迅速增加，这会导致穷尽搜索方案的计算效率显著降低。为了提升搜索效率，可以使用模拟退火算法来对上

述优化问题进行求解，下面算法对这一启发式搜索过程进行了总结。模拟退火算法执行之前需要指定初始温度 T_s、温度衰减因子 β、内循环次数 N_{in} 和外循环次数 N_{out} 等参数。

算法 4.2　基于模拟退火启发式搜索的 w、k 求解

---

(1) 初始化：任意选取满足约束条件 2 和约束条件 3 的 w 和 k 作为初始值，同时令 $t=T_s$，$w_{opt}=w$，$k_{opt}=k$，$\psi_c=\psi_{opt}=+\infty$；

(2) For $n_{out}=0$；$n_{out}<N_{out}$；$n_{out}=n_{out}+1$ do

(3) 　For $n_{out}=0$；$n_{in}<N_{in}$；$n_{in}=n_{in}+1$ do

(4) 　　$w_t=f_{nb}(w)$，$k_t=g_{nb}(k)$；

(5) 　　If w_t、k_t 满足约束条件 1 then

(6) 　　　计算 $f_{obj}(w_t,k_t)$ 并产生随机变量 $\tau\sim U[0,1]$；

(7) 　　　If $\tau\leqslant\min(1,\mathrm{e}^{[\psi_c-f_{obj}(w_t,k_t)]/t})$ then

(8) 　　　　$w=w_t$，$k=k_t$，$\psi_c=f_{obj}(w_t,k_t)$；

(9) 　　　end If

(10) 　　　If $f_{obj}(w_t,k_t)\leqslant\psi_{opt}$ then

(11) 　　　　$w_{opt}=w_t$，$k_{opt}=k_t$，$\psi_{opt}=f_{obj}(w_t,k_t)$；

(12) 　　　end If

(13) 　　end If

(14) 　end For

(15) 　$t=\beta\cdot t$；

(16) 　If $n_{out}=N_{out}-1$ 或 w_{opt}、k_{opt} 在相邻的两个温度保持不变，then

(17) 　　输出：w_{opt} 和 k_{opt}；

(18) 　end If

(19) end For

算法 4.2 中的 $f_{obj}(\cdot,\cdot)$ 表示优化问题的目标函数，w_{opt} 和 k_{opt} 用于存储整个搜索过程的历史最优解，$f_{nb}(\cdot)$ 用于确定数据位宽向量 w 在可行域 $\mathcal{Y}$ 内的邻域解，其操作过程如下。

算法 4.3　w 的邻域解 $w_t=f_{nb}(w)$ 的产生方法

---

(1) 令 $\Delta w=[\Delta w_0,\Delta w_1,\cdots,\Delta w_{L-1}]$，其中 $\Delta w_0=w_0-w_{ini}$，且对于 $i=1,2,\cdots,L-1$ 有 $\Delta w_i=w_i-w_{i-1}$；

(2) 从 $U_1=\{i\in\mathbb{N}|\Delta w_i>0\}$ 中随机选取元素 u_1，从 $U_2=\{0,1,\cdots,L-1\}\backslash\{u_1\}$ 中随机选取元素 u_2，将 Δw 中的元素 Δw_{u_1} 与 Δw_{u_2} 分别替换为 $\Delta w_{u_1}-1$ 与 $\Delta w_{u_2}+1$，并将修改后的 Δw 记作 $\Delta\widetilde{w}=[\Delta\widetilde{w}_0,\Delta\widetilde{w}_1,\cdots,\Delta\widetilde{w}_{L-1}]$；

(3) $w_t=[w_{t,0},w_{t,1},\cdots,w_{t,L-1}]$ 按照如下的递归方式生成：$w_{t,0}=w_{ini}+\Delta\widetilde{w}_0$，对于 $i=1,\cdots,L-1$ 有 $w_{t,i}=w_{t,i-1}+\Delta\widetilde{w}_i$。

在算法 4.2 中，函数 $g_{\text{nb}}(\mathbf{k})$ 用于确定算法阶数向量 $\mathbf{k}$ 在可行域 $\mathcal{Y}$ 内的邻域解，算法 4.4 对其操作过程进行了详细描述。

算法 4.4　$\mathbf{k}$ 的邻域解 $\mathbf{k}_t = g_{\text{nb}}(\mathbf{k})$ 的产生方法
(1) 令 $\rho = \dim\{\mathbf{k}\}$ 并将 $\mathbf{k}$ 扩展为 L 维向量 $\mathbf{k}_{\text{e}} = [\mathbf{k}\ \mathbf{0}_{L-\rho}] = [k_{\text{e},0}, k_{\text{e},1}, \cdots, k_{\text{e},L-1}]$;
(2) 从集合 $E_1 = \{0, \cdots, \rho-1\}$ 与 $E_2 = \{0, \cdots, L-1\}$ 中分别随机选取 $\rho/2$ 个元素来构成集合 E_+ 与 E_s;
(3) 令 $\tilde{\mathbf{k}} = [\tilde{k}_0, \tilde{k}_1, \cdots, \tilde{k}_{L-1}]$，其元素的计算方式为 $$\tilde{k}_j\big|_{j\in E_+} = k_{\text{e},j}\big|_{j\in E_+} - 1,\ \tilde{k}_j\big|_{j\in E_s} = k_{\text{e},j}\big|_{j\in E_s} + 1,\ \tilde{k}_j\big|_{j\notin E_s\cup E_+} = k_{\text{e},j}\big|_{j\notin E_s\cup E_+};$$
(4) 保留 $\tilde{\mathbf{k}}$ 中的非零元素得到 $\mathbf{k}_t$。

当算法 4.2 的外循环达到最大次数或者历史最优解而不再进行更新时，搜索过程终止。由于模拟退火算法是一种启发式算法，因此得到的 $\mathbf{w}$ 和 $\mathbf{k}$ 不一定是全局最优解。然而由于 $f_{\text{nb}}(\cdot)$ 与 $g_{\text{nb}}(\cdot)$ 能够保证每次产生的邻域解均落在可行域 $\mathcal{Y}$ 内，因此有助于提升模拟退火算法的搜索效率以及获得全局最优解的可能性。

4.4　仿真分析与实验测试

基于前面的数学推导与分析，本节将首先对基于混合 Radix-2^k FFT 算法的 SDF 与 MDC 流水线结构进行分析，给出 SQNR 与存储开销的关系曲线；然后评估数据位宽向量 $\mathbf{w}$ 和算法阶数向量 $\mathbf{k}$ 的优化选取对 FFT 计算单元计算精度与存储开销的改善情况；最后在 FPGA 测试平台上验证 SQNR 的理论值与实测数据的吻合度，以及通过 FFT 计算单元的优化设计给 OFDM 系统带来的误比特率性能提升情况。

4.4.1　流水线结构的 SQNR 与存储开销的仿真分析

为了研究 FFT 流水线结构在定点运算方式下计算结果的 SQNR 与存储开销的关系，我们用白噪声源来产生输入序列 $\mathbf{x}_0$，其中每个数据的实部和虚部在 $[-1,1]$ 的取值范围内均匀分布。因此

$$\mathcal{P}(\mathbf{x}_0) = \text{tr}\{\mathbb{E}[\mathbf{x}_0\mathbf{x}_0^{\text{H}}]\} = \frac{2N}{3}$$

将上式代入式 (4.35) 可以得到

$$\vartheta = \frac{2N/3}{N\sigma_{n_0}^2 + \sum_{l=0}^{L-1} 2^{2\sum_{u=0}^{l}\delta_u - l - 1}[2N\delta_l\sigma_{s,l}^2 + \lambda(l)\sigma_{c,l}^2]}$$

将上式的 ϑ 代入式 (4.53) 描述的优化问题并改变参数 R_c，可以得到在存储资源约束给定的情况下 FFT 计算单元的可达 SQNR 性能。图 4.6 在 FFT 计算长度 $N=512$ 以及运算结果实部和虚部数据位宽 $w_{\text{fin}}=16$ 的情况下给出了 SQNR 与存储开销的关系曲线。这里假设，当数据旋转单元使用复数乘法器时，存储旋转因子的实部与虚部的数据位宽为 $w_{\text{T}}=16$ bit；当数据旋转单元使用 CORDIC 运算单元时，非平凡角度旋转器的级数 $T_c=13$ 级，这样使得在两种实现方式下旋转因子具有相近的角度分辨率。

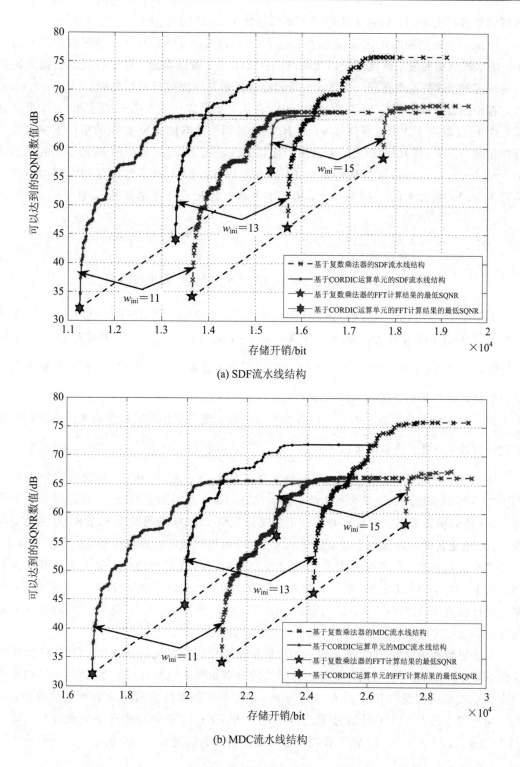

(a) SDF流水线结构

(b) MDC流水线结构

图 4.6　FFT 流水线结构输出数据 SQNR 与存储开销的关系曲线

　　从图 4.6 的结果来看，在计算准确度相同的前提下，SDF 流水线结构能够比 MDC 流水线结构更节省存储资源，这主要是因为在相同计算精度下，MDC 流水线结构采用的换向器需要占用更多的存储器来调整输入蝶形运算单元的数据次序。

图 4.6 中每条曲线的底部端点表示在 N、w_{ini} 以及 w_{fin}（$w_{\text{ini}} < w_{\text{fin}}$）等参数给定的情况下，流水线结构的最小存储开销以及所对应的 SQNR。可以看到，对于相同的数据旋转单元实现方案，这些端点在同一直线上，我们在这里对其原因进行简要分析。

在使用复数乘法器的 FFT 计算单元中，存储开销可以用 $R = R_b + R_m$ 表示。4.3 节的分析表明 R_b 仅取决于数据位宽向量 w，而 R_m 在旋转因子数据位宽 w_T 给定的条件下只取决于算法阶数向量 k。使 R_m 最小化的 k 适用于任意的 N、w_{ini} 和 w_{fin}，同时使 R_b 最小化的 w 满足 $w = [w_{\text{ini}}, \cdots, w_{\text{ini}}, w_{\text{fin}}]$，这使得 $\boldsymbol{\delta} = [\mathbf{1}_{L-1}, 0]$。因此，且当 FFT 输入序列实部与虚部的位宽由 w_{ini} bit 增加为 $(w_{\text{ini}} + 1)$ bit 时，R_m 保持不变，而 R_b 会产生增量 ΔR，且

$$\Delta R = \begin{cases} \displaystyle\sum_{l=0}^{L-2} 2^{L-l} = 2N - 4, & \text{SDF 流水线结构} \\[2mm] \displaystyle\sum_{l=1}^{L-2} 2^{L-l+1} + N = 3N - 8, & \text{MDC 流水线结构} \end{cases}$$

对于基于 CORDIC 运算单元的 FFT 计算单元，其存储开销 $R = R_b$，这时令 w_{ini} 加 1 也会导致 R 的最小值增加 ΔR。将数据位宽向量 $w = [w_{\text{ini}}, \cdots, w_{\text{ini}}, w_{\text{fin}}]$ 中前 $L-1$ 个元素加 1 会使 $\sigma_{n_0}^2$、$\sigma_{s,l}^2$ 以及 $\sigma_{c,l}^2$（$l = 0, 1, \cdots, L-2$）等误差方差缩小为原来的 $\frac{1}{4}$，在 k 固定的条件下这将使计算结果的 SQNR 提升 $\Delta \vartheta \approx 6$ dB。

以上两方面因素造成了图 4.6 中数据旋转单元实现方案相同的每簇曲线的底部端点位于同一直线上，且直线斜率可以表示为 $\dfrac{\Delta \vartheta}{\Delta R}$。

图 4.6 的曲线还可以反映出 FFT 流水线结构在 N、w_{ini} 和 w_{fin} 等参数给定的条件下 FFT 计算结果所能达到的最大 SQNR。需要注意的是，对于固定的 w_{fin}，通过增加数据位宽 w_{ini} 来提升输入数据的准确度并不一定会提升 FFT 计算结果的最大 SQNR。这主要是因为 w_{ini} 的改变将同时对误差方差 $\sigma_{n_0}^2$、$\sigma_{s,l}^2$、$\sigma_{c,l}^2$ 以及数据缩放向量 $\boldsymbol{\delta}$ 产生影响。尽管增加 w_{ini} 能够缩小误差方差，但同时会引发计算过程中更频繁的数据缩放，从而产生更多的误差源。此外，我们还可以发现，基于复数乘法器设计的流水线结构能够比基于 CORDIC 运算单元设计的流水线结构获得更优的最大 SQNR，这是因为 CORDIC 运算单元的移位累加运算会引入更大的量化误差。

基于复数乘法器的 SDF 流水线结构的数据位宽配置方案比较和基于 CORDIC 运算单元的 SDF 流水线结构的数据位宽配置方案比较分别如图 4.7 和 4.8 所示。这两个图以基于 SDF 流水线结构实现的 FFT 计算单元为例，比较了在数据位宽向量 w 和算法阶数向量 k 的不同配置方式下，FFT 计算结果的准确度以及 FFT 计算单元的存储资源开销。其中 FFT 计算长度 $N = 32\,768$，输入数据实部和虚部的数据位宽 $w_{\text{ini}} = 10$ bit。

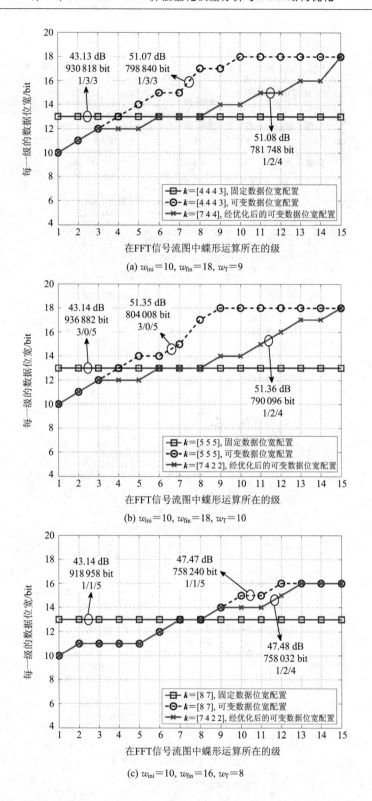

(a) $w_{ini}=10$, $w_{fin}=18$, $w_T=9$

(b) $w_{ini}=10$, $w_{fin}=18$, $w_T=10$

(c) $w_{ini}=10$, $w_{fin}=16$, $w_T=8$

图 4.7　基于复数乘法器的 SDF 流水线结构的数据位宽配置方案比较($N=32\,768$)

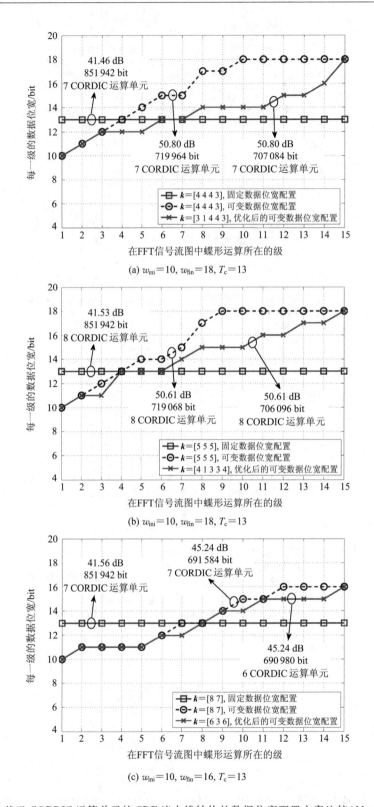

(a) $w_{ini}=10$, $w_{fin}=18$, $T_c=13$

(b) $w_{ini}=10$, $w_{fin}=18$, $T_c=13$

(c) $w_{ini}=10$, $w_{fin}=16$, $T_c=13$

图 4.8　基于 CORDIC 运算单元的 SDF 流水线结构的数据位宽配置方案比较($N=32\ 768$)

需要补充说明的是，图 4.7 中的标注 1/3/3 分别表示 FFT 计算单元中用于实现 $n\pi/4$ 和 $n\pi/8$ 相位旋转的复数乘法器以及通用复数乘法器的个数，图 4.8 假定 FFT 计算单元通过 CORDIC 运算单元来实现旋转因子的加权。从仿真结果可以看出，与数据位宽固定的传统 FFT 计算单元相比，文献[30]以及本章所采用的可变数据位宽 FFT 计算单元能够在不降低输出数据的 SQNR 的前提下降低对存储器的消耗。对于 $N=2^L=2^{lm+l}$，文献[30]将算法阶数向量固定为 $\mathbf{k}=[k\cdot\mathbf{1}_m^{\mathrm{T}}\,l]$ 的形式，其中 k 表示所选择的 Radix-2^k FFT 算法阶数。相比之下，本章采用的混合 Radix-2^k 算法将 k 的约束放宽至 $\|\mathbf{k}\|_1=\mathrm{lb}N$ 并且对 w 和 k 进行联合优化，这使得在不影响计算准确度的前提下，联合优化 w 和 k 对存储资源的消耗比现有方案中单独优化 w 对存储资源的消耗更低。此外，通过比较不同参数配置下流水线结构对复数乘法器或 CORDIC 运算单元的消耗情况可以发现，w 和 k 的变化并不会显著影响复数乘法器或 CORDIC 运算单元的数量。同时注意到复数加法器的数量 $2\mathrm{lb}N$ 只取决于参数 N，故 w 和 k 等参数的设置不会给 FFT 硬件结构的硬件资源开销带来显著影响。

4.4.2　FFT 流水线结构的 SQNR 的实验测试

为了衡量式（4.35）对 FFT 计算结果 SQNR 估计的准确程度，我们基于编译器 ISE.12.4 在 Xilinx XC6VLX240T FPGA 上实现了用于 $N=512$ 点 FFT 计算的 SDF 流水线结构。这里采用的 FFT 算法为 Radix-2^2 FFT 算法和 Radix-2^3 FFT 算法，它们对应的算法阶数向量分别为 $\mathbf{k}=[2,2,2,2,1]$ 和 $\mathbf{k}=[3,3,3]$，其他参数的设置为 $w_{\mathrm{ini}}=12$，$w_{\mathrm{fin}}=16$，$w_{\mathrm{T}}=16$ 以及 $T_{\mathrm{c}}=13$。实验中通过改变数据位宽向量 w，使 FFT 计算结果的 SQNR 可以在一定范围内进行调整。测试数据为在 Matlab 中产生的实部和虚部在 $[-1,1]$ 范围内均匀分布的白噪声序列，这些数据经过量化后作为 FPGA 中 FFT 计算单元的输入。与此同时，未量化的输入数据在 Matlab 内以浮点方式执行 FFT 计算，将 Matlab 的计算结果与 FPGA 内定点运算的结果相减之后可以近似地确定数据中包含的量化误差。按照以上方式测试 1000 组不同输入数据，可以得到量化误差序列的 1000 个样本，由此便可估计出量化误差方差以及计算结果的 SQNR。

SQNR 的理论估计值与实测值比较如图 4.9 所示，该图对比了在数据位宽向量 w 的不同配置下，FFT 计算结果 SQNR 的理论估计值与实测值。从图中可以看到，对于利用复数乘法器的 SDF 流水线结构，SQNR 的理论估计值通常略高于实测值，这是因为我们在推导中为了得到 SQNR 的闭合表达式而假设流水线结构每一级产生的量化误差是不相关的，而事实上这些误差之间存在一定的相关性。当 SDF 流水线结构使用 CORDIC 运算单元来实现数据旋转时，在某些参数配置方式下，SQNR 的理论估计值也会低于实测值，这主要是由于附录中在分析 CORDIC 运算单元的量化误差时，采用的是残余角度误差方差的上界，相应地式（4.36）对 CORDIC 运算单元量化误差方差的估计在某些情况下会大于实测值。总体来看，SQNR 的理论估计值和实测值的差距不超过 1.5 dB，因此我们认为式（4.35）能够为 FFT 硬件结构的设计提供计算准确度的有效参考。

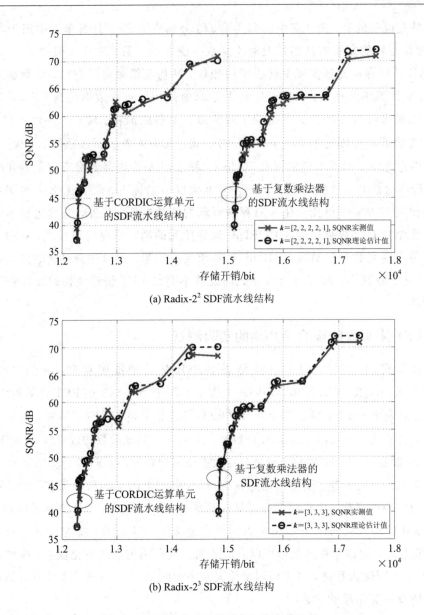

(a) Radix-2^2 SDF流水线结构

(b) Radix-2^3 SDF流水线结构

图 4.9　SQNR 的理论估计值与实测值比较

测试所用的 OFDM 数据传输系统框图如图 4.10 所示。我们在图 4.10 所示的 OFDM 数据传输系统中来衡量优化设计的 FFT 计算单元对系统误比特率(BER)性能的改善情况。实验中选用码块长度为 1280 bit 的 4/5 码率 Turbo 码作为信道编码方式；OFDM 子载波数(即 IFFT/FFT 计算长度)为 512；循环前缀的长度为 OFDM 符号长度的 1/4；用于信道估计的导频采用块状图样且密度为 1/5。基带信号处理单元产生的数据经过 D/A 转换、上变频调制和射频信号调制后被送入无线信道模拟器，所使用的信道模型是移动速度为 100 km/h的 ITU-VA 信道。在完成射频信号解调、下变频解调、A/D 转换以及时频同步后，接收信号被送入 FFT 计算单元进行信号解调，解调的数据经过信道与软解映射操作后进行信道译码。发送端的 IFFT 计算单元利用 FPGA 中的 IP 核实现，我们以接收端的 FFT 计算单元作为研究对象，它采用基于复数乘法器的 SDF 流水线结构且满足 $w_{ini} = 12$, $w_{fin} =$

16 以及 $w_T = 16$。

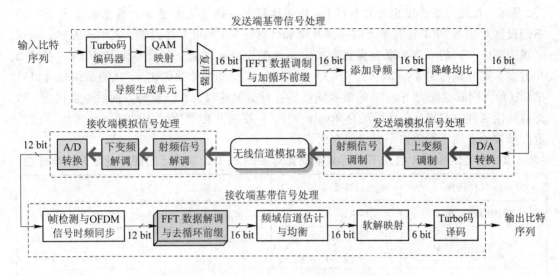

图 4.10　测试所用的 OFDM 数据传输系统框图

　　对于给定的存储资源约束 $R_c = 16$ kb，首先分别固定 $\boldsymbol{k} = [2, 2, 2, 2, 1]$（对应于 Radix-$2^2$ FFT 算法）以及 $\boldsymbol{k} = [3, 3, 3]$（对应于 Radix-$2^3$ FFT 算法）来优化数据位宽向量 $\boldsymbol{w}$，以实现计算结果 SQNR 的最大化，然后在混合 Radix-2^k FFT 算法背景下通过对 $\boldsymbol{w}$ 和 $\boldsymbol{k}$ 进行联合优化来求解 FFT 计算单元的最优参数配置。三种不同的 $\boldsymbol{w}$、$\boldsymbol{k}$ 配置方案对应的 OFDM 接收机的 BER 性能曲线如图 4.11 所示。从图中可以看出，一方面，数据位宽向量 $\boldsymbol{w}$ 与算法阶数向量 $\boldsymbol{k}$ 的联合优化在满足存储资源约束的条件下可以提升 FFT 计算单元的计算准确度，这有助于改善系统的 BER 性能；另一方面，数据位宽向量 $\boldsymbol{w}$ 和算法阶数向量 $\boldsymbol{k}$ 的配置在低信噪比区域对 BER 性能的影响并不明显，这是因为此时接收数据中的噪声远强于 FFT 计算的量化噪声，故接收数据中的噪声是影响 BER 性能的主要因素。

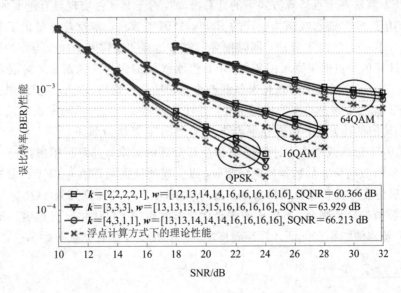

图 4.11　FFT 信号解调单元的不同参数配置对 OFDM 接收机的 BER 性能的影响

　　在给定 SQNR 约束下不同参数配置对应的 FFT 计算单元的硬件资源开销与性能如表 4.2 所示。在计算准确度相近的前提下，该表比较了数据位宽向量 w 和算法阶数向量 k 的不同设置对应的 FFT 计算单元的存储开销和计算时延、吞吐量等性能。表中的方案 1 采用了基于式 (4.41) 的 w 和 k 联合优化方法来满足在 SQNR 约束下的最小化存储开销，方案 2 与方案 3 则分别固定 $k=[3,3,3]$ 和 $k=[2,2,2,2,1]$ 来单独优化 w。从测试结果可以看出，三种不同参数配置下的 SDF 流水线结构在计算时延以及吞吐量等方面的性能接近。然而与其他两种方案相比，采用混合 Radix-2^k FFT 算法并在参数优化时进一步考虑算法阶数向量 k 的方案 1 能够占用更少的存储资源。

表 4.2　在给定 SQNR 约束下不同参数配置对应的 FFT 计算单元的硬件资源开销与性能

参数与指标	方案 1	方案 2	方案 3
算法阶数向量 k	$[4,2,1,1,1]$	$[3,3,3]$	$[2,2,2,2,1]$
数据位宽向量 w	$[13,13,14,15,15,$ $16,16,16,16]$	$[14,14,14,14,14,$ $15,15,15,16]$	$[14,14,14,14,14,$ $16,16,16,16]$
存储器消耗/bit	16 096	16 900	17 216
计算时延（时钟周期）①	531	527	531
吞吐量（Msamples/s）②	326	334	319
SQNR 估计值/dB	69.360	69.179	69.813
BER@SNR=30 dB	0.939×10^{-4}	0.941×10^{-4}	0.935×10^{-4}

本 章 小 结

　　衡量 FFT 算法在定点运算方式下的计算准确度对于其硬件实现具有重要的指导意义。针对广泛应用于 FFT 流水线结构设计的 Radix-2^k FFT 算法，本章首先提出了其广义计算模型，即混合 Radix-2^k FFT 算法，同时推导了蝶形运算和旋转因子加权操作的矩阵表示形式；然后以计算单元数据位宽可配置的 FFT 流水线结构作为研究对象，对混合 Radix-2^k FFT 算法在定点运算过程中的量化误差的产生与传播进行建模，利用建模结果分析了混合 Radix-2^k FFT 算法中误差功率的传播特性，并在数据旋转单元的不同实现方式下给出了计算结果 SQNR 的估计方法；接着在混合 Radix-2^k FFT 算法背景下，研究了 SDF 和 MDC 两种典型的 FFT 流水线结构对计算资源和存储资源的需求，进而利用模拟退火启发式搜索来优化算法阶数向量 k 与数据位宽向量 w，以实现硬件资源开销与 FFT 计算准确度的有效折中；最后仿真分析和实验结果表明，混合 Radix-2^k FFT 计算结果 SQNR 的理论估计值能够与实测值较好地吻合，k 与 w 的联合优化方案相较于仅优化 w 的已有参数配置方案可以使 FFT 流水线结构在保证计算准确度的同时占用更少的存储资源。

---

① 计算时延基于 ModelSim 中的仿真模型得到，故以时钟周期为单位。
② 吞吐量对应于 FFT 计算单元工作在最大时钟频率下的性能。

第 5 章　Turbo 码并行译码器 VLSI 结构设计

Turbo 码基于最大后验概率(Maximum A Posteriori，MAP)译码算法，采用迭代方式进行译码，其纠错性能能够随着迭代次数的增加而得到持续改善。不过，迭代操作也给高吞吐量 Turbo 码译码器的设计带来一定困难，为此研究者们提出了基于符号的 Radix-2^v 译码算法和子块并行译码方法来提升吞吐量。目前，LTE 通信网络已经具备为宽带无线接入设备提供每秒千兆位(Gb/s)速率量级信息传输的能力。为应对高吞吐量的数据业务，译码器的子块并行度已增加到 32 乃至 64，同时 Radix-16 等高进制译码算法也开始引起设计者们的重视。当译码器以高子块并行度和译码进制工作时，并行软输入软输出(Soft input soft output，SISO)译码单元会在同一时刻从外信息缓存单元读取大量数据来执行网格搜索，同时会输出大量外信息至外信息缓存单元。而交织器作为并行 SISO 译码单元与外信息缓存单元之间执行信息交互的枢纽，其必须利用高效的硬件实现方案来完成这一复杂的数据交互任务，具体到 LTE 系统中，是 Turbo 码使用的二次置换多项式(Quadratic Permutation Polynomial，QPP)交织器。有研究者考虑利用 QPP 函数的代数性质来对交织器执行的算术运算操作进行简化，这样可以降低交织器在高并行度下的硬件实现复杂度。不过，这些方案只针对 SISO 译码单元以滑动窗译码方式工作的 Turbo 码译码器，而对于采用前后向交叉译码方式的译码器并不适用。从这一问题入手，本章将考虑更具通用性的并行 QPP 交织器的硬件结构设计。

从交织器在 Turbo 码译码器中发挥的功能来看，其硬件设计需要解决以下几个问题：

(1) 大量交织地址的低复杂度并行计算；

(2) 设计合理的外信息存储方式以保证基于交织或解交织地址的无冲突数据存取；

(3) 高效的并行数据路由方法，即一方面将 SISO 译码单元并行输出的多个外信息正确送往相应的存储单元，另一方面从存储器中读取多个先验信息并将其及时送至相应的 SISO 译码单元。

本章将以 QPP 交织器作为研究对象来解决其在高吞吐量 Turbo 码译码器实现过程中面临的上述问题。在已有研究工作基础上，本章的研究内容将从 QPP 函数的数学特性和 Turbo 码译码器中外信息交互的特点两方面入手来系统地设计 QPP 交织器，本章设计的 QPP 交织器将比现有方案中的 QPP 交织器具有更低的硬件复杂度，并且能同时适用于以滑动窗译码和前后向交叉译码方式运行的 Turbo 码译码器。

本章主要内容安排如下：5.1 节介绍 Turbo 码的并行译码方法，主要涉及基于符号的 MAP 译码算法、子块并行译码方法与块交织流水线策略、滑动窗译码与前后向交叉译码；5.2 节对 Turbo 码子块并行译码器的 VLSI 硬件结构进行说明，重点介绍块交织流水线策略下译码单元的硬件设计方法；为了保证译码器在采用任意并行译码策略时都能实现对外信息的无冲突存取，5.3 节对 Turbo 码译码并行器中外信息的存储模式展开研究；以此为基础，并行 QPP 交织器的硬件设计(包括并行交织地址生成以及数据路由方案)将在 5.4 节进行详细阐述；5.5 节从理论分析与硬件测试两方面比较本章设计的 QPP 交织器和现有方案中的 QPP 交织器的硬件复杂度；最后对本章内容进行总结。

5.1　Turbo 码的并行译码方法

　　LTE 系统 Turbo 码编译码器的原理框图如图 5.1 所示。由图可以看出，在发送端，Turbo 码编码器由两个卷积码编码单元和一个交织器组成。包含 K 个信息比特的数据块 $x_k(k=0,1,\cdots,K-1)$ 输入 Turbo 码编码器后，一方面作为输出的系统比特（Systematic Bits），另一方面通过编码单元产生相应的校验比特（Parity Bits）。卷积码编码单元 1 接收正常次序的系统比特序列 $\{x_k\}$ 并输出相应的校验比特序列 $\{z_k^{\mathrm{p_1}}\}$。类似地，卷积码编码单元 2 接收交织次序的系统比特序列 $\{x_{\Pi(k)}\}$ 并输出 $\{z_k^{\mathrm{p_2}}\}$，其中 $\Pi(\cdot)$ 表示交织函数。编码后的 Turbo 码具有固定的 1/3 码率，可以通过打孔等操作来实现码率变换。经过符号映射、调制并通过无线信道传输后，接收端利用软检测器来得到 x_k、$z_k^{\mathrm{p_1}}$ 和 $z_k^{\mathrm{p_2}}$ 的对数似然比（Log-Likelihood Ratio，LLR），分别记作 L_k^{s}、$L_k^{\mathrm{p_1}}$ 和 $L_k^{\mathrm{p_2}}$。以 L_k^{s} 为例，其具体形式为

$$L_k^{\mathrm{s}} = \ln \frac{\Pr(x_k=+1)}{\Pr(x_k=-1)}$$

它代表了相应的比特取 1 或 -1 的概率，故 LLR 也称为比特软信息。为了便于后续推导，这里规定 x_k，$z_k^{\mathrm{p_1}}$，$z_k^{\mathrm{p_2}} \in \{-1,1\}$，或者把它们可以看作初始比特序列按照 BPSK 调制规则进行了映射。利用得到的系统位软信息 L_k^{s}（或者 $L_{\Pi(k)}^{\mathrm{s}}$）和校验位软信息 $L_k^{\mathrm{p_1}}$（或者 $L_k^{\mathrm{p_2}}$），SISO 译码单元执行 Radix-2^v MAP 算法进行译码。

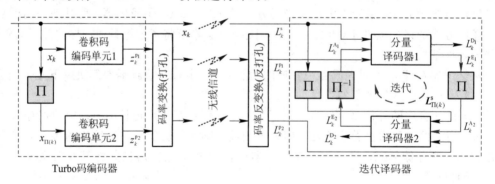

图 5.1　Turbo 码编译码器原理框图

5.1.1　基于符号的 MAP 译码算法

　　类似于卷积码的 Viterbi 译码算法，SISO 译码单元运行的 log-MAP 算法和 Max-Log-MAP 算法可以利用卷积码网格进行递归运算。令 $\alpha_k(s)$ 和 $\beta_k(s)$ 分别表示网格第 k 级状态 s 的前向状态度量与反向状态度量，定义 $\gamma_k^1(s',s)$ 为连接网格第 $k-1$ 级状态 s' 与第 k 级状态 s 的分支对应的分支度量，其计算方式如下：

$$\gamma_k^1(s',s) = C(x_k L_k^{\mathrm{s}} + z_k^{\mathrm{p}} L_k^{\mathrm{p}}) + x_k L_k^{\mathrm{A}} \tag{5.1}$$

其中，x_k、z_k^{p} 表示编码器状态由 s' 转移至 s 时输出的系统比特与校验比特；L_k^{A} 表示系统比特 x_k 对应的先验信息；C 为加权常数。

　　Radix-2^v MAP 算法将网格中连续的 v 级网格涉及的状态递推运算合并于一次进行，

其中每次递推所用的分支度量为

$$\gamma_k^r(s', s) = \gamma_k^1(s^{(1)}, s) + \sum_{i=1}^{r-2} \gamma_{k-i}^1(s^{(i+1)}, s^{(i)}) + \gamma_{k-r+1}^1(s', s^{(r-1)}) \tag{5.2}$$

这里 $\{s', s^{(r-1)}, \cdots s^{(1)}, s\}$ 等状态构成了连接网格第 $k-r$ 级状态 s' 与第 k 级状态 s 的等效分支。基于式(5.2)定义的分支度量表达式，在 Radix-2^vMAP 算法中，前向与反向状态度量以如下方式进行计算：

$$\alpha_k(s) = \max_{s'}{}^* \{\alpha_{k-r}(s') + \gamma_k^r(s', s)\} \tag{5.3}$$

$$\beta_{k-r}(s') = \max_s{}^* \{\beta_k(s) + \gamma_k^r(s', s)\} \tag{5.4}$$

其中 $\max^* \{x, y\}$ 定义为

$$\max{}^* \{x, y\} = \max\{x, y\} + \ln(1 + \mathrm{e}^{-|x-y|}) \approx \max\{x, y\}$$

Log-MAP 算法在计算时考虑到了修正项 $\ln(1+\mathrm{e}^{-|x-y|})$ 的影响，相比之下，Max-Log-MAP 算法忽略了该修正项以保证更低的运算复杂度。利用得到的前向与反向状态度量可以计算每个信息比特的判决软信息。由于式(5.2)中 $\gamma_k^r(s', s)$ 对应的长度为 $r+1$ 的状态序列描述了 v 次状态转移过程，而每次状态转移都对应唯一的系统比特，因此引入条件分支度量 $\gamma_k^r(s', s|x_j)(j=k-r, \cdots, k-1)$，它限定了从网格第 $k-r$ 级状态 s' 开始的第 $j-k+r+1$ 次状态转移对应的系统比特为 x_j。这样一来，x_j 对应的判决软信息可以表示为

$$L_j^\mathrm{D} = \max_{s', s:x_j=1}{}^* \{\alpha_{k-r}(s') + \gamma_k^r(s', s \mid x_j) + \beta_k(s)\} -$$
$$\max_{s', s:x_j=0}{}^* \{\alpha_{k-r}(s') + \gamma_k^r(s', s \mid x_j) + \beta_k(s)\} \tag{5.5}$$

从 L_j^D 中减去 x_j 对应的系统位软信息 L_j^s 和先验信息 L_j^A 便得到 x_j 的外信息 L_j^E，即

$$L_j^\mathrm{E} = L_j^\mathrm{D} - L_j^\mathrm{s} - L_j^\mathrm{A} \tag{5.6}$$

利用式(5.1)~式(5.6)，SISO 译码单元实现了对系统位软信息 L_k^s、校验位软信息 L_k^p 以及先验信息 L_k^A 的处理，从而得到了判决软信息 L_k^D 和外信息 L_k^E。具体到图 5.1 所示的 Turbo 码译码器中，分量译码单元 1 利用 L_k^s、$L_k^{\mathrm{p}_1}$ 以及先验信息 $L_k^{\mathrm{A}_1}$ 来计算判决软信息 $L_k^{\mathrm{D}_1}$ 和外信息 $L_k^{\mathrm{E}_1}$。类似地，分量译码单元 2 利用 $L_{\Pi(k)}^\mathrm{s}$、$L_k^{\mathrm{p}_2}$ 以及先验信息 $L_k^{\mathrm{A}_2}$ 来计算判决软信息 $L_k^{\mathrm{D}_2}$ 和外信息 $L_k^{\mathrm{E}_2}$。迭代译码操作表现为 SISO 译码单元之间的外信息交互，即

$$L_k^{\mathrm{A}_1} = L_{\Pi^{-1}(k)}^{\mathrm{E}_2}, \quad L_k^{\mathrm{A}_2} = L_{\Pi(k)}^{\mathrm{E}_1} \tag{5.7}$$

其中 $\Pi^{-1}(\cdot)$ 表示解交织函数。

5.1.2　子块并行译码方法与块交织流水线策略

子块并行译码方法将长度为 K 的 Turbo 码码块划分为 P 个长度为 $S=K/P$ 的子块并对每个子块进行独立处理，子块并行译码器结构如图 5.2(a)所示，该图以 $P=2$ 为例对子块并行译码器结构进行说明。在执行子块并行译码算法时，需要对每个子块左侧边界的前向状态度量和右侧边界的反向状态度量进行有效估计。对于第 i 个子块而言，首先将网格第 $\dfrac{(i-1)K}{P}-l_{acq}$ 级的前向状态度量初始化为全零，然后执行 l_{acq} 级前向状态递推并把所得结果作为第 i 个子块左侧边界的前向状态度量；类似地，首先将网格第 $\dfrac{iK}{P}+l_{acq}$ 级的反向状态度量初始化为全零，然后执行 l_{acq} 级反向状态递推来得到第 i 个子块右侧边界的反向状态

度量。l_{acq} 的大小应不小于 Turbo 码中分量卷积码的判决深度，这样才能保证状态度量估计结果的可靠性。特别地，第 1 个子块左侧边界的前向状态度量和第 P 个子块右侧边界的反向状态度量可以准确得到而不必通过上述方法进行估计。

在执行 Radix-2^v 译码算法过程中，前向与反向状态递推会涉及 2^v 个状态度量间的相互比较，这意味着，随着 v 的增加，用于执行状态递推的加比选（Add-Compare-Select，ACS）单元将具有更为复杂的硬件结构，此时 ACS 单元有必要通过流水线设计来缩短电路的关键路径，以保证译码器的工作时钟频率。我们用 l 来表示 ACS 单元的流水线级数，相应地，每次 ACS 运算需要消耗 l 个时钟周期。由于 ACS 单元为闭环迭代结构，因此经过 l 级流水线设计后其计算资源的利用率将降低 $1/l$。在子块并行译码算法中，由于不同子块的状态递推运算彼此独立，因此，在不影响各子块译码操作与系统吞吐量的前提下，可以使用块交织流水线策略来实现 ACS 单元使用效率的最大化。具体而言，以块交织流水线方式工作的 SISO 译码单元能够对 λ 个子块进行分时处理，其中 λ 称为块交织流水线因子且满足 $\lambda \leqslant l$。基于块交织流水线方式的 SISO 译码策略如图 5.2(b) 所示，图中 SISO 译码单元首先在各时钟周期依次循环读取 λ 个子块的数据，然后经过运算后输出以同样次序排列的判决软信息与外信息。因此，当子块数目为 P 且块交织流水线因子为 λ 时，Turbo 码译码器需要部署 $N = P/\lambda$ 个 SISO 译码单元来完成并行译码操作，且每 λ 个子块数据共用 1 个 SISO 译码单元进行译码。

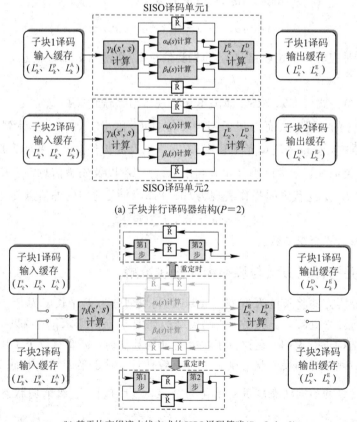

(a) 子块并行译码器结构($P=2$)

(b) 基于块交织流水线方式的SISO译码策略($P=2, \lambda=2$)

图 5.2 子块并行译码器结构与基于块交织流水线方式的 SISO 译码策略

5.1.3　滑动窗译码与前后向交叉译码方式

在 SISO 译码过程中，状态度量和分支度量需要在计算判决软信息之前进行缓存。尽管使用子块并行译码方法以及块交织流水线策略能够提升译码器吞吐量与计算资源使用效率，但每个子块内仍然需要存储全部状态度量与分支度量，从这一点来看，译码器的数据存储开销并未减小。滑动窗译码和前后向交叉译码方法旨在对 SISO 译码的前向状态递推、反向状态递推以及软信息计算操作进行合理调度，以避免译码过程中大量的数据缓存。滑动窗译码方法是指将长度为 S 的子块进一步划分为 L 个长度为 $W = S/L$ 的窗口，并按照图 5.3 所示的方式将不同的 SISO 译码操作分布在不同的窗口上执行，这样每个子块内只需要对用于初始化反向状态度量的窗口存储分支度量以及对执行反向状态递推的窗口存储分支度量与状态度量即可。不过，滑动窗译码的分窗口处理导致 SISO 译码器的控制复杂度提升，同时译码策略上还依靠额外的反向状态递推单元来对各窗口边界的反向状态度量进行估计。有一些研究提出通过状态度量传播策略来初始化窗口边界的状态度量值并以此降低滑动窗译码的计算资源开销，但这种策略会造成纠错性能的损失。

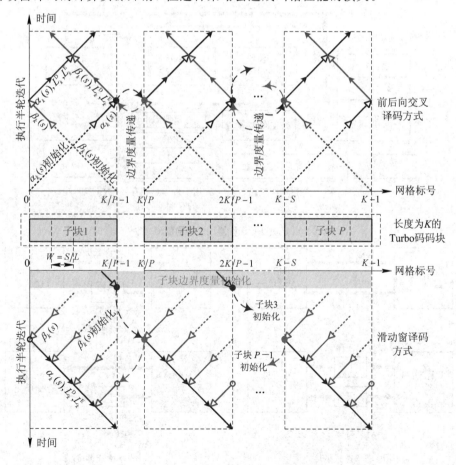

图 5.3　基于滑动窗译码与前后向交叉译码方式的子块并行译码方法

前后向交叉译码方式在一定程度上克服了滑动窗译码所面临的计算与控制复杂度高的问

题，它对 SISO 译码操作的调度方法在图 5.3 上半部分中给出。不难发现，前后向交叉译码不涉及子块数据的分窗口操作，也不需要在子块并行译码执行前预估各子块边界处的度量值。不过，以前后向交叉译码方式工作的 SISO 译码单元在存储开销的降低幅度上不及以滑动窗译码方式工作的 SISO 译码单元，这是因为一方面，每个子块在处理中至少需要存储1/2 个子块长度的状态度量和分支度量；另一方面，前后向交叉译码使得 SISO 译码单元不能以恒定的速率向外输出判决软信息与外信息，这给外信息的存储和交织器的设计带来一定挑战。

5.2　Turbo 码子块并行译码器 VLSI 结构设计

综合上一节讨论的并行译码方法，我们可以得到 Turbo 码子块并行译码器顶层框图，如图 5.4(a)所示。其中接收码块被划分为 P 个子块，译码器中配置了 $N=P/\lambda$ 个 SISO 译码单元，这里假设第 n 个 SISO 译码单元采用块交织流水线策略来处理第 $\frac{P(n-1)}{N}+1$ 至第 Pn/N 个子块。每轮迭代译码通过两个半轮迭代译码来完成，N 个 SISO 译码单元在这两个半轮迭代译码中分别作为分量译码器 1 和分量译码器 2 来处理译码输入。

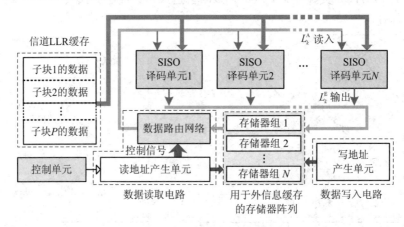

(a) 子块并行译码器顶层结构框图

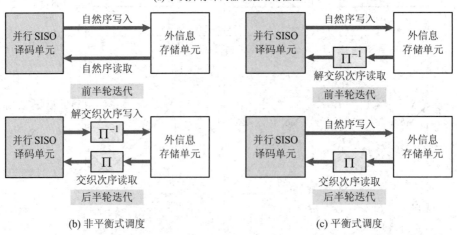

(b) 非平衡式调度　　　　　　　(c) 平衡式调度

图 5.4　Turbo 码子块并行译码器顶层结构框图与迭代调度方案

在译码器中实现式(5.7)所描述的外信息交互有以下两种方法：

(1) 非平衡式调度：如图 5.4(b)所示，在前半轮迭代并行 SISO 译码单元中以自然序读取先验信息和存储外信息；在后半轮迭代并行 SISO 译码单元中以交织次序读取先验信息，并以解交织次序存储外信息；

(2) 平衡式调度：如图 5.4(c)所示，在前半轮迭代并行 SISO 译码单元中以自然序读取先验信息，并以解交织次序存储外信息；在后半轮迭代并行 SISO 译码单元中以自然序读取先验信息，并以交织次序存储外信息。

基于块交织流水线策略的 SISO 译码单元 VLSI 实现结构如图 5.5 所示。这里以块交织流水线因子 $\lambda=4$ 为例对译码器运行过程进行说明。首先，4 个子块的信道信息和先验信息在时钟周期的上升沿依次读入 SISO 译码单元并用于计算分支度量和前向状态度量。若采用滑动窗译码方式，则后向状态度量的预递推与前向状态度量的递推过程类似。然后，在完成前向递推并缓存相应的前向状态度量后，开始计算后向状态度量、判决软信息以及外信息。最后，与信道信息和先验信息输入 SISO 译码单元的方式相对应，每 4 个时钟周期译码单元依次输出 4 个子块各自的译码结果。

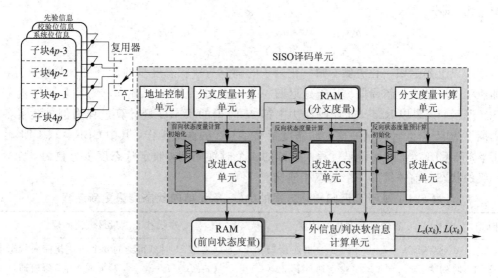

图 5.5　基于块交织流水线策略的 SISO 译码单元 VLSI 实现结构

需要指出的是，在 Turbo 码译码器中，块交织流水线因子为 λ 的 SISO 译码单元并非仅能处理 λ 个子块，通过调整输入数据的读取方式，可支持任意 M 个子块的分时处理，其中对各个子块数据的读取以 $\max\{M, \lambda\}$ 个时钟周期为单位循环执行，具体有以下两种情况：

(1) 如果 $M<\lambda$，则此时读取操作的循环周期为 λ 个时钟周期，并将其中第 $i\in\{1, 2\cdots, M\}$ 个时钟周期作为第 i 个子块的操作时隙。具体的数据读取方式为：在第 1 个时隙内更新读地址并读取第 1 个子块的数据，在第 2 至第 M 个时隙内用同样的地址依次读取第 2 至第 M 个子块的数据，将第 $M+1$ 至第 λ 个时隙作为空闲时隙。

(2) 如果 $M\geqslant\lambda$，则此时读取操作的循环周期为 M 个时钟周期，并将其中第 $i\in\{1, 2, \cdots, M\}$ 个时钟周期作为第 i 个子块的操作时隙。此时的数据读取方式为：在第 1 个时隙内更新读地址并读取第 1 个子块的数据，在随后的 $M-1$ 个时隙内用同样的地址依次读取第 2 至第 M 个子块的数据。

　　为配合 M 个子块对 SISO 译码单元的时分复用,需要对用于计算前向状态度量和后向状态度量的 ACS 单元的电路结构进行改进。当 $M<\lambda$ 时,ACS 单元执行度量相加、度量比较与度量选择的延迟应当为 λ 个时钟周期;而当 $M\geqslant\lambda$ 时,需要在 ACS 单元的反馈支路上添加长度为 $M-\lambda$ 的移位寄存器。这样一来,新的状态度量从计算到反馈回 ACS 单元的输入端总共经历的延迟为 $\max\{M,\lambda\}$ 个时钟周期,与输入数据循环读取的周期保持一致。

　　利用硬件电路实现状态度量递推时,由于状态度量值均采用了定点表示形式,为了避免数据溢出,因此需要对每次递推得到的状态度量进行归一化处理。根据 Max-Log-MAP 算法的原理,进行归一化之前首先应求出当前状态度量中的最大值,然后再从其他状态度量中减去这一最大值,这样即可实现状态度量的归一化。当采用 Radix-2^v 译码算法时,在式(5.4)的基础上,归一化过程可以表示为

$$\tilde{\alpha}_{(k+1)v}(s) = \alpha_{(k+1)v}(s) - \max\{\alpha_{(k+1)v}(s_i)\}$$
$$\tilde{\beta}_{kv}(s) = \beta_{kv}(s) - \max\{\beta_{kv}(s_i)\}$$

其中 $\tilde{\alpha}_{(k+1)v}(s)$ 和 $\tilde{\beta}_{kv}(s)$ 分别表示归一化后的前向和反向状态度量。为了缩短状态度量的更新周期,可以将上述归一化方式改进为利用前一组状态度量的最大值对当前的状态度量进行归一化,即

$$\tilde{\alpha}_{(k+1)v}(s) = \alpha_{(k+1)v}(s) - \max\{\alpha_{kv}(s_i)\}$$
$$\tilde{\beta}_{kv}(s) = \beta_{kv}(s) - \max\{\beta_{(k+1)v}(s_i)\}$$

　　基于以上延迟归一化方案,归一化因子的确定与新状态度量的计算可以并行执行,从而加速状态度量的更新周期。基于延迟归一化方案的 ACS 单元前向状态度量更新流程如表 5.1 所示。该表以 Radix-4 译码算法中第 $2k$ 时刻的状态度量计算过程为例描述了各时钟周期下 ACS 单元计算某一前向状态度量 $\tilde{\alpha}_{2k+2}(s_0)$ 的详细操作,其中 CLK♯1、CLK♯2、CLK♯3 和 CLK♯4 指代译码过程中连续的 4 个时钟周期,假定状态度量总数为 8 个,且每一级的状态与前一级的 4 个状态相连接。

表 5.1　基于延迟归一化方案的 ACS 单元前向状态度量更新流程

时钟周期	新的状态度量的计算	本次状态度量最大值的确定
CLK♯1	对与第 $2k+2$ 时刻状态 s_0 相连接的第 $2k$ 时刻状态 s_1'、s_2'、s_3'、s_4' 分别计算 $\tilde{\alpha}_{2k}(s_i') + \gamma_{2k,2k+2}(s_i', s_0)$	将第 $2k$ 时刻得到的 8 个归一化前向状态度量 $\tilde{\alpha}_{2k}(s_i')(i=0,\cdots,7)$ 分成 4 组,每组通过比较选出最大值
CLK♯2	将 4 个计算结果分为 2 组,每组通过比较选出最大值	将上一步获得的 4 个结果分为 2 组,每组通过比较选出最大值
CLK♯3	比较上一步的 2 个结果,从中选出最大值作为未归一化的状态度量 $\alpha_{2k+2}(s_0)$	比较上一步的 2 个结果,从中选出最大值作为归一化因子 A_{2k+2}
CLK♯4	对 $\alpha_{2k+2}(s_0)$ 进行归一化处理,即 $\tilde{\alpha}_{2k+2}(s_0) = \alpha_{2k+2}(s_0) - A_{2k+2}$	

5.3　Turbo 码并行译码 QPP 交织器 VLSI 结构设计

　　目前,高吞吐量 Turbo 码译码器大多面向 LTE 商用通信网络中的宽带高速数据传输应用。QPP 交织器是 LTE 系统中 Turbo 码译码器的重要组成部分,设计高效的 QPP 交织

器硬件结构以适应滑动窗译码、前后向交叉译码等各类译码方式和高并行度译码器结构是亟待解决的问题。以交叉开关网络、主从 Batcher 网络以及 Benes 网络为代表的全互联网络在较长一段时期内被广泛用于 QPP 交织器的硬件实现方案设计。而为满足通信系统高吞吐量的应用要求，译码器的并行度正在不断提升，使得基于全互联网络结构来实现 QPP 交织器变得难以为继。因此，有研究人员探索利用 QPP 函数的性质来简化交织器的硬件结构，并利用部分互联的柱形移位网络完成了 Turbo 码译码器中的数据交织操作。在此基础上，人们对柱形移位网络的控制方式进行简化，以进一步降低其硬件复杂度。这些工作均表明，将 QPP 交织器的数学特性融入其硬件结构设计中，有助于降低在高译码并行度下交织器的硬件资源开销，增强其可实现性。

本节将以平衡式调度的 Turbo 码并行译码器为背景，开展 QPP 交织器的 VLSI 结构设计研究，得到的硬件结构将可以扩展到非平衡调度的情形。这是因为在平衡调度方式下，交织器设计方案可以支持 SISO 译码器数据以解交织次序写入和以交织次序读取，通过将交织器的输入与输出端口进行互换来调整电路中的数据流流向，即可用于非平衡调度方式下的译码，实现 SISO 译码数据以解交织次序写入和以交织次序读取。

5.3.1　外信息存储模式与 QPP 交织器的数学表示

我们定义 $N\rho \times K/(N\rho)$ 的矩阵 $\boldsymbol{M}$ 来表示外信息 L_k^E 的存储模式，在物理上，它对应于由多个存储器组成的存储阵列。参数 ρ 表示 SISO 译码单元在同一时刻输出的外信息或者读取的先验信息个数，则在滑动窗译码和前后向交叉译码方式下分别有 $\rho = v$ 和 $\rho = 2v$。将 $\boldsymbol{M}$ 中的相邻 ρ 行聚合为一个子矩阵，这样它可以重新表示为分块矩阵的形式，即

$$\boldsymbol{M} = [\boldsymbol{M}_0\ \boldsymbol{M}_1\ \cdots\ \boldsymbol{M}_{N-1}]^{\mathrm{T}} \tag{5.8}$$

每个子矩阵对应于一个包含 ρ 个存储器的存储器组，我们指定 $\boldsymbol{M}_n$ 为第 $n+1$ 个存储器组，它的具体形式为

$$\boldsymbol{M}_n = [\boldsymbol{m}_{n,0}\ \boldsymbol{m}_{n,1}\ \cdots\ \boldsymbol{m}_{n,\rho-1}]^{\mathrm{T}} \tag{5.9}$$

其中 $\boldsymbol{m}_{n,i}$ 是一个 $K/(N\rho)$ 维的向量，对应于矩阵 $\boldsymbol{M}$ 的第 $n\rho+i$ 行，表示一个存储深度为 $K/(N\rho)$ 的存储器。$[\boldsymbol{M}]_{n\rho+i,j}=u$ 或者等价地写作 $[\boldsymbol{m}_{n,i}]_j=u$ 表示 Turbo 码码块中第 $u+1$ 个比特对应的外信息位于第 $n+1$ 个存储器组包含的第 $i+1$ 个存储器中，其物理地址为 j。

设计满足无冲突数据访问要求的外信息存储模式需要与具体交织器结合起来。本章考虑的是 LTE 系统中所采用的 QPP 交织器，当码块长度 K 给定时，QPP 交织器以如下方式产生地址：

$$\Pi(k) = (f_1 k + f_2 k^2) \bmod K \tag{5.10}$$

其中，$k \in \{0,1,\cdots,K-1\}$；f_1 与 f_2 是与码块长度 K 相关的交织器参数。QPP 函数 $\Pi(\cdot)$ 的逆函数为 $\Pi^{-1}(k)=(g_1k+g_2k^2)\bmod K$，可以看到 $\Pi^{-1}(\cdot)$ 仍是以 g_1、g_2 为参数的 QPP 函数，因此为了方便讨论，在下文我们不加区分地使用 $\Pi(\cdot)$ 来表示 QPP 函数及其逆函数。当 $4 \mid K$，即码块长度 K 能被 4 整除时，参数 f_1、f_2 满足如下约束：

$$f_1 \bmod 2 = 1, \quad f_2 \bmod 2 = 0$$

最大无冲突特性是 QPP 函数相比其他交织函数的主要优势，文献[32]对最大无冲突特性进行了严格描述，用以下定理给出。

定理 5.1　对于式(5.10)定义的 QPP 交织器，假设参数 S 满足 $S \mid K$，那么对于

$k \in \{0, \cdots, S-1\}$, $r_1, r_2 \in \{0, \cdots, \dfrac{K}{S}-1\}$, 有

$$r_1 \neq r_2 \Rightarrow \left\lfloor \frac{\Pi(k+r_1 S)}{s} \right\rfloor \neq \left\lfloor \frac{\Pi(k+r_2 S)}{s} \right\rfloor$$

其中 $\lfloor \cdot \rfloor$ 表示下取整运算。

5.3.2　支持无冲突访问的外信息存储模式

为了设计合理的外信息存储模式，以支持数据的无冲突存取，需要首先准确描述外信息送入存储阵列以及先验信息离开存储阵列的数据次序，而这一点与 SISO 译码单元的工作方式密切相关。具体来讲，第 $n+1$ 个执行 Radix-2^v 译码算法的译码单元在时刻 t 会处理网格中连续 ρ 级的译码数据，这些网格级数可以表示为 $r_i(t)+n\lambda S (i=0, \cdots, \rho-1)$，其中对于以滑动窗译码方式工作的 SISO 译码单元，$r_i(t)$ 具有如下的形式：

$$r_i(t) = (t \bmod \lambda)S + \left(\left\lfloor \frac{t}{\lambda W} \right\rfloor + 1 \right) W - \left\lfloor \frac{t}{\lambda} \right\rfloor v - i - 1 \qquad (5.11)$$

其中，S 和 W 分别表示子块长度和字块内每个窗口的长度；λ 表示 ACS 单元进行了 λ 级流水线设计。

当 SISO 译码单元以前后向交叉译码方式工作时，$r_i(t)$ 则应当写作

$$r_i(t) = \begin{cases} (t \bmod \lambda)S + \left\lfloor \dfrac{t}{\lambda} \right\rfloor v + i, & i \in [0, v) \bigcap \mathbb{Z} \\ (t \bmod \lambda + 1)S - \left\lfloor \dfrac{t}{\lambda} \right\rfloor v - 2v + i, & \text{其他} \end{cases} \qquad (5.12)$$

为了对上述的连续 ρ 级网格完成译码操作，SISO 译码单元需要以（解）交织次序从存储阵列中读取 ρ 个先验信息，它们可以作为读取先验信息的逻辑地址，这些先验信息对应的具体次序为

$$a_{i,n}(t) = \Pi[r_i(t) + n\lambda S], \quad i = 0, \cdots, \rho-1$$

SISO 译码单元会产生外信息来更新存储阵列里的数据。具体而言，第 $n+1$ 个 SISO 译码单元在时刻 t 处理的网格级数可以记作 $w_i(t)+n\lambda S (i=0, \cdots, \rho-1)$，对于以滑动窗译码方式工作的 SISO 译码单元，$w_i(t)$ 应当表示为

$$w_i(t) = (t \bmod \lambda)S + \left\lfloor \frac{t}{\lambda} \right\rfloor v + i \qquad (5.13)$$

当 SISO 译码单元以前后向交叉译码方式工作时，$w_i(t)$ 则应当写作

$$w_i(t) = \begin{cases} (t \bmod \lambda)S + \dfrac{S}{2} - \left\lfloor \dfrac{t}{\lambda} \right\rfloor v - v + i, & i \in [0, v) \bigcap \mathbb{Z} \\ (t \bmod \lambda)S + \dfrac{S}{2} + \left\lfloor \dfrac{t}{\lambda} \right\rfloor v - v + i, & \text{其他} \end{cases} \qquad (5.14)$$

类似于先验信息的逻辑读地址 $a_{i,n}(t)$，这里定义外信息的逻辑写地址为

$$e_{i,n}(t) = w_i(t) + n\lambda S, \quad i = 0, \cdots, \rho-1$$

$e_{i,n}(t)$ 同样描述了外信息写入存储阵列的次序。需要强调的是，式（5.12）和式（5.14）中的参数 t 分别同步于 SISO 译码单元的输入和输出数据流。

为避免发生数据访问冲突，应当保证写入存储阵列的数据或者从存储阵列中读出的数

据都对应不同的存储器。也就是说，需要设计存储模式 $\boldsymbol{M}$ 以保证对于 $i=0$，$\cdots$，$\rho-1$ 以及 $n=0$，$\cdots$，$N-1$，$N\rho$ 个逻辑读地址 $\{a_{i,n}(t)\}$ 与逻辑写地址 $\{e_{i,n}(t)\}$ 都能映射到 $\boldsymbol{M}$ 的不同行上。下面我们首先在以下算法中给出存储模式 $\boldsymbol{M}$ 的具体形式，然后再证明 $\boldsymbol{M}$ 能够支持无冲突地数据访问。

算法 5.1　支持无冲突数据访问的存储模式 $\boldsymbol{M}$

（1）具有逻辑地址 d_v 的数据首先映射到存储器组 $\boldsymbol{M}_u$，其中 $u=\lfloor d_v/\lambda S\rfloor$；

（2）在寄存器组 $\boldsymbol{M}_u$ 内，逻辑地址 d_v 对应的列序号为 $\lfloor (d_v \bmod \lambda S)/\rho\rfloor$，它将作为数据访问的物理地址；$d_v$ 对应的行序号为 $(d_v \bmod \lambda S)\bmod \rho$ 或者等价形式 $d_v \bmod \rho$，它是访问存储器在存储器组内的标号。

图 5.6 以 $K=16$，$f_1=3$，$f_2=8$ 的 QPP 交织器为例给出了不同情形下存储模式 $\boldsymbol{M}$ 的形式。对于两个逻辑写地址 $e_{i_1,n_1}(t)$ 和 $e_{i_2,n_2}(t)$，由算法 5.1 可知它们对应的存储器组序号分别为 n_1 和 n_2，在各自存储器组内对应的存储器标号分别为 $w_{i_1}(t)\bmod \rho$ 与 $w_{i_2}(t)\bmod \rho$。不论是式（5.13）还是式（5.14）所定义的 $w_i(t)$，当 $i_1\neq i_2$ 时均满足 $w_{i_1}(t)\bmod \rho\neq w_{i_2}(t)\bmod \rho$，因此当 $i_1\neq i_2$ 或者 $n_1\neq n_2$ 时，与 $e_{i_1,n_1}(t)$ 和 $e_{i_2,n_2}(t)$ 对应的外信息将被映射到 $\boldsymbol{M}$ 的不同行上，即在滑动窗译码和前后向交叉译码方式下 SISO 译码单元输出外信息的无冲突写入能够得到保证。

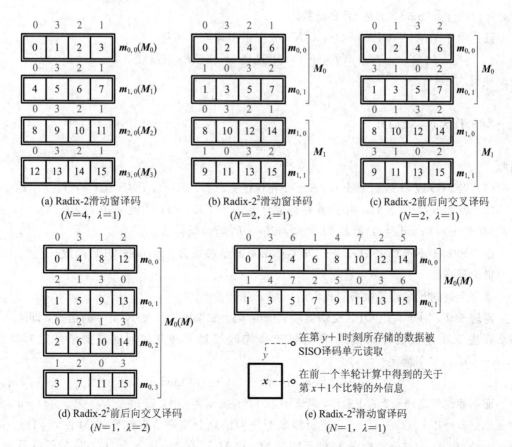

图 5.6　不同 Turbo 码并行译码器中存储模式 $\boldsymbol{M}$ 实例（QPP 交织器参数 $K=16$，$f_1=3$，$f_2=8$）

　　下面说明存储模式 M 同样能够支持先验信息的无冲突读取。首先回顾在代数学中，对于整数 x 和 y，若 y 能整除 x，则记作 $y \mid x$；若 y 不能整除 x，则记作 $y \nmid x$。设 c 是正整数，a、b 为任意整数，如果 $c \mid (a-b)$，那么称 a 与 b 模 c 同余，记作 $a \equiv b (\mathrm{mod}\ c)$。基于代数学的基本原理，下面的引理总结了同余和取模运算的两个性质。

　　引理 5.1　设 c_1、c_2 是正整数，a、b 为任意整数，则

$$c_1 \mid c_2,\ a \equiv b(\mathrm{mod}\ c_2) \Rightarrow a \equiv b(\mathrm{mod}\ c_1)$$

$$c_1 \mid c_2 \Rightarrow \left\lfloor \frac{a\ \mathrm{mod}\ c_2}{c_1} \right\rfloor = \left\lfloor \frac{a}{c_1} \right\rfloor \mathrm{mod}\ \frac{c_2}{c_1}$$

　　同时，文献 [33] 对 QPP 函数参数 f_1 和 f_2 的数学性质进行了深入研究，并得出如下结论。

　　引理 5.2　令 $P_F(x)$ 表示由整数 x 的全部素因子组成的集合，$\gcd(a, b)$ 表示整数 a、b 的最大公约数，则二次多项式函数 $\Pi(k) = f_1 k + f_2 k^2\ \mathrm{mod}\ K$ 是 QPP 函数的充要条件是：

　　(1) 当 $2 \nmid K$ 或 $4 \mid K$ 时，$\gcd(f_1, K) = 1$ 且 $P_F(K) \subseteq P_F(f_2)$；

　　(2) 当 $2 \mid K$ 且 $4 \nmid K$ 时，$\gcd(f_1, K/2) = 1$，$(f_1 + f_2)\ \mathrm{mod}\ 2 = 1$，当 f_1 为偶数时进一步要求 $P_F(K) \backslash \{2\} \subseteq P_F(f_2)$，而当 f_1 为奇数时进一步要求 $P_F(K) \subseteq P_F(f_2)$。

　　基于引理 5.2，可以得到如下推论。

　　推论 5.1　设 $4 \mid K$，$S \mid K$，f_1、f_2 是 QPP 函数 $\Pi(k) = f_1 k + f_2 k^2\ \mathrm{mod}\ K$ 的参数，则 $\pi(s) = f_1 s + f_2 s^2\ \mathrm{mod}\ S$ 也是 QPP 函数。

　　证　由于 $\Pi(k)$ 是 QPP 函数且 $4 \mid K$，故根据引理 5.2 可得

$$\gcd(f_1, K) = 1\ \text{且}\ P_F(K) \subseteq P_F(f_2)$$

$4 \mid K$ 使得

$$f_1\ \mathrm{mod}\ 2 = 1,\ f_2\ \mathrm{mod}\ 2 = 0$$

进一步由于 $S \mid K$，我们有

$$P_F(S) \subseteq P_F(K)$$

因此

　　(1) 当 $2 \nmid S$ 或 $4 \mid S$ 时，$\gcd(f_1, K) = 1$ 将保证 $\gcd(f_1, S) = 1$，$P_F(S) \subseteq P_F(K) \subseteq P_F(f_2)$；

　　(2) 当 $2 \mid S$ 且 $4 \nmid S$ 时，由于 f_1 是奇数且 $\gcd(f_1, K) = 1$，因此 $\gcd(f_1, K/2) = 1$，并且此时 $(f_1 + f_2)\ \mathrm{mod}\ 2 = 1$ 和 $P_F(S) \subseteq P_F(K) \subseteq P_F(f_2)$ 同样成立。

　　由引理 5.1 不难得出 $\pi(s) = f_1 s + f_2 s^2\ \mathrm{mod}\ S$ 是参数为 f_1、f_2 的 QPP 函数。

　　推论证毕。

　　基于上述讨论和理论准备，我们给出如下定理。

　　定理 5.2　对于采用 QPP 交织器的 Turbo 码，如果码块长度 K 是 4 的倍数，即 $4 \mid K$，那么算法 5.1 定义的存储模式 M 能够支持先验信息无冲突访问的充要条件是对任意 $i_1, i_2 \in [0, \rho) \bigcap \mathbb{Z}$ 满足

$$i_1 \neq i_2 \Rightarrow r_{i_1}(t)\ \mathrm{mod}\ \rho \neq r_{i_2}(t)\ \mathrm{mod}\ \rho \tag{5.15}$$

　　证　要说明定理 5.2 的正确性，需证明当 $i_1 \neq i_2$ 或 $n_1 \neq n_2$ 时，以 $a_{i_1, n_1}(t) = \Pi[r_{i_1}(t) + n_1 \lambda S]$ 和 $a_{i_2, n_2}(t) = \Pi[r_{i_2}(t) + n_2 \lambda S]$ 为逻辑地址的先验信息分别来自存储模式 M 的不同行。假设 $a_{i, n_1}(t)$ 和 $a_{i, n_2}(t)$ 分别指向 M 的子矩阵 M_{u_1} 和 M_{u_2}，在 M_{u_1} 内 $a_{i, n_1}(t)$ 对应的行标号为

$$a_{i_1,\,n_1}(t) \bmod \rho = \prod\,[\,r_{i_1}(t) + n_1\lambda S\,] \bmod \rho$$
$$= \{\,f_1[\,r_{i_1}(t)\,] \bmod \rho + f_2[\,r_{i_1}(t) \bmod \rho\,]^2\,\} \bmod \rho$$
$$= \pi[\,r_{i_1}(t) \bmod \rho\,]$$

对于 $a_{i_2,\,n_2}(t)$ 可以类似求得其在 $\boldsymbol{M}_{u_2}$ 内的行标号为 $\pi(r_{i_2}(t) \bmod \rho)$。根据推论 5.1 可知 $\pi(\cdot)$ 是 QPP 函数，因此要使得 $\pi[\,r_{i_1}(t) \bmod \rho\,] \neq \pi[\,r_{i_2}(t) \bmod \rho\,]$，只需保证 $r_{i_1}(t) \bmod \rho \neq r_{i_2}(t) \bmod \rho$。所以如果前提条件成立，那么 $a_{i_1,\,n_1}(t)$ 和 $a_{i_2,\,n_2}(t)$ 将对应于 $\boldsymbol{M}$ 的不同行。进一步考虑 $i_1 = i_2 = i$ 而 $n_1 \neq n_2$ 的情况，这时定理 5.1 中 QPP 函数的最大无冲突特性得到了保证，且

$$u_1 = \left\lfloor \frac{\Pi[\,r_i(t) + n_1\lambda S\,]}{\lambda S} \right\rfloor \neq \left\lfloor \frac{\Pi[\,r_i(t) + n_2\lambda S\,]}{\lambda S} \right\rfloor = u_2$$

也就是说 $a_{i,\,n_1}(t)$ 和 $a_{i,\,n_2}(t)$ 将指向不同的子矩阵。总结上面证明过程可以得出，只要 $i_1 \neq i_2$ 时 (5.15) 成立，就能保证 $a_{i_1,\,n_1}(t)$ 和 $a_{i_2,\,n_2}(t)$ 映射到 $\boldsymbol{M}$ 的不同行上。

定理证毕。

定理 5.2 中要求 $4\,|\,K$ 这一前提条件成立，事实上这对于码块长度 K 并不是一个严苛的约束。一方面是因为 LTE 系统所选用的 Turbo 码码块长度均满足该条件；另一方面是因为在 Turbo 码硬件实现中子块并行度 P 通常为 2 的幂次，而支持高并行度的 Turbo 码译码器也需要码块长度 K 是 4 或者 2 的更高幂次的倍数。对于以滑动窗译码方式工作的 SISO 译码单元，$r_i(t)$ 在式 (5.11) 中给出且 $\rho = v$。此时有 $r_i(t) \bmod \rho = v - i - 1$，满足式 (5.15) 的约束；对于以前后向交叉译码方式工作的 SISO 译码单元，$r_i(t)$ 在式 (5.12) 中给出且 $\rho = 2v$，不难验证这时式 (5.15) 的约束仍然满足。因此基于定理 5.2 可知，算法 5.1 定义的存储模式 $\boldsymbol{M}$ 能够支持以滑动窗译码和前后向交叉译码方式工作的 SISO 译码单元对先验信息的无冲突访问。

在本节的最后，我们分析提高译码器并行度 P 以及 Radix-2^v 算法阶数 v 对存储模式 $\boldsymbol{M}$ 的影响。由于 $\boldsymbol{M}$ 和行分块后的子矩阵 $\boldsymbol{M}_n$ 分别是 $N\rho$ 行和 ρ 行的矩阵，且 $N = P/\lambda$，而对于滑动窗译码和前后向交叉译码方式分别有 $\rho = v$ 和 $\rho = 2v$，因此提高并行度 P 会增加 $\boldsymbol{M}$ 内分块矩阵的个数，即存储阵列中将包含更多的存储器组。类似地，提高算法阶数 v 会增加每个存储器组内包含的存储器个数。当码块长度 K 固定时，P 或 v 的增加会减小 $\boldsymbol{M}$ 的列维度，也就是说每个存储器的存储深度会降低。由于定理 5.2 并未约束 P 和 v，故这些参数的调整不会对存储模式 $\boldsymbol{M}$ 的无冲突数据访问带来影响。

5.4　并行 QPP 交织器的硬件设计

交织器用于控制 Turbo 码译码器中相邻两个半轮迭代间的外信息交互。在硬件结构中，并行交织器被映射为与存储阵列对应的数据写入电路与数据读取电路，因此交织器的硬件结构与用来描述存储阵列中数据排列方式的存储模式 $\boldsymbol{M}$ 直接相关。本节以算法 5.1 定义的存储模式 $\boldsymbol{M}$ 为基础研究并行 QPP 交织器的硬件设计，在后面的讨论中我们认为参数 N 和 ρ 都是 2 的幂次，即 $N = 2^q$，$\rho = 2^l$。

5.4.1　数据写入电路结构

根据算法 5.1，逻辑写地址 $e_{i,n}(t)$ 对应的存储器组序号为 $\left\lfloor \dfrac{e_{i,n}(t)}{\lambda S} \right\rfloor = n$，这说明由第 n 个 SISO 译码单元产生的外信息将被分配到第 n 个存储器组。在一个存储器组内，$e_{i,n}(t)$ 进一步被转换为行标号 ϑ_i 和列标号 ζ_t，其中 ϑ_i 用于寄存器组内具体寄存器的选定，ζ_t 作为数据写入时的物理地址。

当 SISO 译码单元以滑动窗译码方式工作时，存储器行标号 ϑ_i 为

$$\vartheta_i \mid_{\text{SMAP}} = e_{i,n}(t) \bmod \rho = \left[(t \bmod \lambda)S + \left\lfloor \frac{t}{\lambda} \right\rfloor v + i + n\lambda S \right] \bmod \rho = i \quad (5.16)$$

其中 $i = 0, \cdots, v-1$。

可以看到式(5.16)建立了 SISO 译码单元输出的外信息和存储器组内 v 个存储器之间的对应关系。值得注意的是，由于 ϑ_i 与参数 t 无关，故该对应关系是时不变的。物理地址 ζ_t 可以写作

$$
\begin{aligned}
\zeta_t \mid_{\text{SMAP}} &= \left\lfloor \frac{e_{i,n}(t) \bmod \lambda S}{\rho} \right\rfloor \\
&= \left\lfloor \frac{1}{v} \left[(t \bmod \lambda)S + \left\lfloor \frac{t}{\lambda} \right\rfloor v + i + n\lambda S \right] \bmod \lambda S \right\rfloor \\
&= (t \bmod \lambda)\frac{S}{v} + \left\lfloor \frac{t}{\lambda} \right\rfloor
\end{aligned}
\quad (5.17)
$$

其中 $t = 0, \cdots, \dfrac{\lambda S}{v} - 1$。

根据式(5.17)可以看出，ζ_t 与参数 i 和 n 无关，这使得 N 个 SISO 译码单元在同一时刻输出的 $N\rho$ 个外信息可以共用同一个物理地址来完成数据存储，这一特点将有助于简化地址生成电路的复杂度。

综合上述分析，对于以滑动窗译码方式运行的子块并行译码器，我们可以得到如图 5.7(a)所示的数据写入电路设计框图。

当 SISO 译码单元工作在前后向交叉译码方式下时，ϑ_i 需要分情况讨论。

对于 $i \in [0, v) \cap \mathbb{Z}$，有

$$\vartheta_i \mid_{\text{XMAP}} = \left[(t \bmod \lambda)S + \frac{S}{2} - \left\lfloor \frac{t}{\lambda} \right\rfloor v - v + i + n\lambda S \right] \bmod 2v$$

上式可以进一步简化为

$$\vartheta_i \mid_{\text{XMAP}} = \left[\frac{S}{2} - \left\lfloor \frac{t}{\lambda} \right\rfloor v - v + i \right] \bmod 2v$$

当 $S/2 \equiv \lfloor t/\lambda \rfloor v \,(\bmod\, 2v)$ 或 $S/(2v) \equiv \lfloor t/\lambda \rfloor \,(\bmod\, 2)$，即 $S/2$ 与 $\lfloor t/\lambda \rfloor v$ 模 $2v$ 同余时，$\vartheta_i \mid_{\text{XMAP}} = (i-v) \bmod 2v$；当 $S/(2v) \equiv \lfloor t/\lambda \rfloor + 1\,(\bmod\, 2)$ 时，$\vartheta_i \mid_{\text{XMAP}} = i$。综合起来，对于 $i \in [0, v) \cap \mathbb{Z}$ 有

$$\vartheta_i \mid_{\text{XMAP}} = \begin{cases} (i-v) \bmod 2v, & \dfrac{S}{2v} \equiv \left\lfloor \dfrac{t}{\lambda} \right\rfloor (\bmod\, 2) \\ i, & \text{其他} \end{cases} \quad (5.18)$$

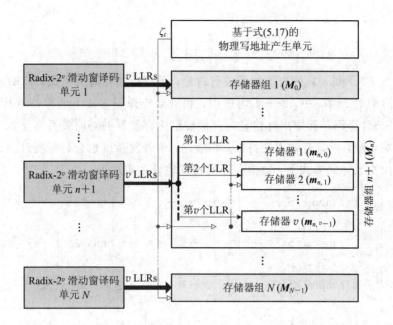

(a) Radix-2^v 滑动窗译码方式下的数据写入电路设计框图

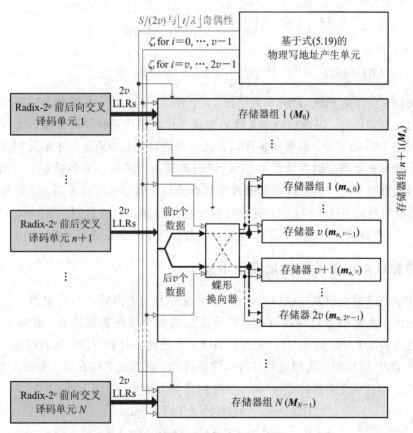

(b) Radix-2^v 前后向交叉译码方式下的数据写入电路设计框图

图 5.7　Turbo 码子块并行译码器的外信息写入电路设计框图

对于 $i \in [v\ 2v) \bigcap \mathbb{Z}$，可以类似地得到

$$\vartheta_i \mid_{\text{XMAP}} = \left[\frac{S}{2} + \left\lfloor \frac{t}{\lambda} \right\rfloor v - v + i \right] \bmod 2v$$

再对上式中 $S/(2v)$ 和 $\lfloor t/\lambda \rfloor$ 的奇偶关系进行讨论，可以将其化简为与式(5.18)相同的形式，这表明式(5.18)对 $i=0, \cdots, 2v-1$ 均适用。和滑动窗译码方式下的存储器标号计算方式相比，此时 SISO 译码单元输出外信息与存储器组内存储器的对应关系将受 $S/(2v)$ 与 $\lfloor t/\lambda \rfloor$ 的奇偶性影响，而不再具有时不变特性，相应地，硬件复杂度也会有所提升。

在前后向交叉译码方式下，数据存储的物理地址 ζ_t 表示为

$$
\zeta_t \mid_{\text{XMAP}} =
\begin{cases}
\left\lfloor \dfrac{1}{2v} \left[(t \bmod \lambda)S + \dfrac{S}{2} - \left\lfloor \dfrac{t}{\lambda} \right\rfloor v - v + i + n\lambda S \right] \bmod \lambda S \right\rfloor, & i \in [0, v) \bigcap \mathbb{Z} \\[4mm]
\left\lfloor \dfrac{1}{2v} \left[(t \bmod \lambda)S + \dfrac{S}{2} + \left\lfloor \dfrac{t}{\lambda} \right\rfloor v - v + i + n\lambda S \right] \bmod \lambda S \right\rfloor, & i \in [v, 2v) \bigcap \mathbb{Z}
\end{cases}
$$

$$
=
\begin{cases}
\left\lfloor \dfrac{1}{2v} \left[(t \bmod \lambda)S + \dfrac{S}{2} - \left\lfloor \dfrac{t}{\lambda} \right\rfloor v - v + i \right] \right\rfloor, & i \in [0, v) \bigcap \mathbb{Z} \\[4mm]
\left\lfloor \dfrac{1}{2v} \left[(t \bmod \lambda)S + \dfrac{S}{2} + \left\lfloor \dfrac{t}{\lambda} \right\rfloor v - v + i \right] \right\rfloor, & i \in [v, 2v) \bigcap \mathbb{Z}
\end{cases}
$$

$$
=
\begin{cases}
(t \bmod \lambda) \dfrac{S}{2v} + \left\lfloor \dfrac{S}{4v} \right\rfloor - \left\lfloor \dfrac{t}{2\lambda} \right\rfloor, & i \in [0, v) \bigcap \mathbb{Z} \\[4mm]
(t \bmod \lambda) \dfrac{S}{2v} + \left\lfloor \dfrac{S}{4v} \right\rfloor + \left\lfloor \dfrac{t}{2\lambda} \right\rfloor, & i \in [v, 2v) \bigcap \mathbb{Z}
\end{cases}
\tag{5.19}
$$

可以发现，当存储 SISO 译码单元输出 $2v$ 个外信息时，前一半数据和后一半数据将分别用到不同的物理地址。以前后向交叉译码方式工作的子块并行译码器中数据写入电路的设计框图如图 5.7(b)所示，和滑动窗译码方式下的设计相比，地址产生单元需要在同一时刻产生两个物理地址来分别存储每个 SISO 译码单元输出的前 v 个和后 v 个外信息，并且在存储器组内部署了一个蝶形换向器来改变数据流与存储器的对应关系。蝶形换向器的控制逻辑 c 可以通过将 $S/(2v)$ 与 $\lfloor t/\lambda \rfloor$ 的最低位比特经过同或运算得到。当 $c=0$ 时，蝶形换向器不改变 $2v$ 个外信息的次序；反之将前 v 个与后 v 个外信息进行对换。

5.4.2　数据读取电路的读地址产生单元

数据读取电路需要根据式(5.10)产生 QPP 交织地址，而式(5.10)中涉及的二次项不利于实现地址产生器的低复杂度硬件，同时还会延长电路的关键路径。在现有研究工作中，人们设计了基于交织地址 $\Pi(k)$ 来得到 $\Pi(k+v)$ 的递归计算方法，从而避免了在硬件电路中直接对 QPP 函数的二次项进行计算与取模操作，该方法总结在了下面的定理中。

定理 5.3　QPP 交织地址 $\Pi(k)$ 的 v 步递归计算方法如下：

$$\Pi(k+v) = \left[\Pi(k) + \Gamma(k) \right] \bmod K \tag{5.20}$$

$$\Gamma(k+v) = \left[\Gamma(k) + 2f_2 v^2 \right] \bmod K \tag{5.21}$$

其中，$\Gamma(k) = (f_1 v + f_2 v^2 + 2f_2 vk) \bmod K$，参数 v 既是正表示地址的前向递归生成，也是负表示地址的反向递归生成。

当 $4|K$ 时 $f_2 \bmod 2 = 0$，此时 QPP 交织地址还满足下列式子：

$$
\begin{aligned}
\Pi\left(k + \frac{rK}{4}\right) &= \left[f_1\left(k + \frac{rK}{4}\right) + f_2\left(k + \frac{rK}{4}\right)^2\right] \bmod K \\
&= \left[\Pi(k) + \Pi\left(\frac{rK}{4}\right)\right] \bmod K + \left(\frac{2f_2 krK}{4}\right) \bmod K \\
&= \left[\Pi(k) + \Pi\left(\frac{rK}{4}\right)\right] \bmod K
\end{aligned}
\tag{5.22}
$$

式(5.22)表明，一旦确定出连续的 $K/4$ 个交织地址，其余 $3K/4$ 个地址可以通过非递归的方式确定。

N 个并行工作的 SISO 译码单元在同一时刻要利用逻辑读地址 $a_{i,n}(t)$（$i = 0, \cdots, \rho-1$，$n = 0, \cdots, N-1$）从存储阵列中读取 $N\rho$ 个数据作为先验信息。根据算法 5.1 可知，$a_{i,n}(t)$ 对应的存储器组序号为 $u_{i,n} = \lfloor a_{i,n}(t)/\lambda S \rfloor$，同时在计算后产生余项 $\varepsilon_{i,n} = a_{i,n}(t) \bmod \lambda S$。由于我们已假设 SISO 译码单元数目 $N = 2^q$，故 $u_{i,n}$ 可以转化为 q bit 的二进制形式，即 $[b_{i,n}^0 b_{i,n}^1 \cdots b_{i,n}^{q-1}]_{\rm B}$。现有研究工作以 $4|K$ 为前提对存储器组序号 $u_{i,n}$ 和余项 $\varepsilon_{i,n}$ 的代数性质进行了讨论。以此为基础，在这里我们放宽对码块长度 K 的约束并在二元域对 $u_{i,n}$ 的特性展开分析，相关结论总结在了下面的定理中。

定理 5.4　对于逻辑读地址 $a_{i,n}(t) = \Pi[r_i(t) + n\lambda S]$ 对应的存储器组序号 $u_{i,n}$ 和余项 $\varepsilon_{i,n}$，固定下标 i 并令 n 遍历其取值范围 $[0, N) \cap \mathbb{Z}$，此时有

$$
\varepsilon_{i,0} = \varepsilon_{i,1} = \cdots = \varepsilon_{i,N-1}
\tag{5.23}
$$

对于 $2|K$，$n_1, n_2 \in [0, N) \cap \mathbb{Z}$，如果

$$
n_1 \equiv n_2 + \frac{N}{2^{v+1}} \left(\bmod \frac{N}{2^v}\right), \quad v \in [0, q) \cap \mathbb{Z}
$$

即 n_1 与 $n_2 + N/2^{v+1}$ 模 $N/2^v$ 同余，那么

$$
b_{i,n_2}^v = \overline{b_{i,n_1}^v}
\tag{5.24}
$$

其中 $\overline{(\cdot)}$ 表示逻辑取反操作；对于 $4|K$，如果

$$
n_1 \equiv n_2 \left(\bmod \frac{N}{2^v}\right), \quad v \in [1, q) \cap \mathbb{Z}
$$

那么

$$
b_{i,n_2}^v = b_{i,n_1}^v
\tag{5.25}
$$

证　为了简化数学表达式的形式，在下面的推导中我们令 $\tau = r_i(t) + n_1 \lambda S$，这样可以得到 $a_{i,n_1}(t) = \Pi[r_i(t) + n_1 \lambda S] = \Pi(\tau)$。根据引理 5.1 可得，

$$
\begin{aligned}
\varepsilon_{i,n_1} &= \Pi(\tau) \bmod \lambda S \\
&= \left[(f_1\tau + f_2\tau^2) \bmod K\right] \bmod \lambda S \\
&= \left[f_1 \cdot r_i(t) + f_2 \cdot (r_i(t))^2\right] \bmod \lambda S
\end{aligned}
$$

上式表明 ε_{i,n_1} 与参数 n_1 无关，因此式(5.23)成立。为验证式(5.24)与式(5.25)的正确性，首先将 b_{i,n_1}^v 重写为

$$
\begin{aligned}
b_{i,n_1}^v &= \left\lfloor \frac{\Pi(\tau)}{2^{q-v-1} \cdot \lambda S} \right\rfloor \bmod 2 = \left\lfloor \frac{f_1\tau + f_2\tau^2}{2^{q-v-1} \cdot \lambda S} \right\rfloor \bmod \left(\frac{K}{2^{q-v-1}\lambda S}\right) \bmod 2 \\
&= \left\lfloor \frac{f_1\tau + f_2\tau^2}{2^{q-v-1} \cdot \lambda S} \right\rfloor \bmod 2
\end{aligned}
$$

如果

$$n_1 \equiv n_2 + \frac{N}{2^{v+1}} \left(\bmod \frac{N}{2^v} \right), \ v \in [0, q) \bigcap \mathbb{Z}$$

那么

$$n_1 = n_2 + \frac{N}{2^{v+1}} + \zeta \frac{N}{2^v} = n_2 + (2\zeta + 1) \cdot 2^{q-v-1} = n_2 + \zeta' 2^{q-v-1}$$

其中 $\zeta' = 2\zeta + 1$。将 n_1 代入 $b_{i,\,n_1}^v$ 可以得到

$$b_{i,\,n_2}^v = \left(\left\lfloor \frac{f_1 \tau + f_2 \tau^2}{2^{q-v-1} \cdot \lambda S} \right\rfloor + f_1 \zeta' + f_2 \zeta' \vartheta \right) \bmod 2$$

其中 $\vartheta = 2^{q-v-1} \lambda S + 2[r_i(t) + n_1 \lambda S]$。下面根据 K 的取值进行分类讨论：

① 若 $4 \mid K$，则 $f_1 \bmod 2 = 1$，$f_2 \bmod 2 = 0$，此时 $f_1 \zeta'$ 是奇数而 $f_2 \zeta' \vartheta$ 是偶数；

② 若 $4 \nmid K$ 且 $2 \mid K$，则 $(f_1 + f_2) \bmod 2 = 0$，这时 N 的取值只能为 2 并使得 $v = 0$ 且 λS 为奇数，进而参数 ϑ 也是奇数。当 f_1 为偶数而 f_2 为奇数时，$f_1 \zeta'$ 为偶数且 $f_2 \zeta' \vartheta$ 为奇数；反之当 f_1 为奇数而 f_2 为偶数时，$f_1 \zeta'$ 为奇数且 $f_2 \zeta' \vartheta$ 为偶数。

对于上述任意一种情况，$f_2 \zeta' \vartheta + f_1 \zeta'$ 都是奇数，所以对于 $2 \mid K$，有

$$b_{i,\,n_2}^v = \left(\left\lfloor \frac{f_1 \tau + f_2 \tau^2}{2^{q-v-1} \cdot \lambda S} \right\rfloor + 1 \right) \bmod 2 = b_{i,\,n_1}^v + 1 \bmod 2 = \overline{b_{i,\,n_1}^v}$$

这说明式(5.24)成立。

当 $n_1 \equiv n_2 \left(\bmod \frac{N}{2^v} \right)$，$v \in [1, q) \bigcap \mathbb{Z}$ 时，可以得到

$$n_1 = n_2 + \zeta \frac{N}{2^v} = n_1 + 2\zeta \cdot 2^{q-v-1} = n_1 + \zeta'' 2^{q-v-1}$$

其中 $\zeta'' = 2\zeta$。将 n_1 代入 $b_{i,\,n_1}^v$ 可以得到

$$b_{i,\,n_2}^v = \left(\left\lfloor \frac{f_1 \tau + f_2 \tau^2}{2^{q-v-1} \cdot \lambda S} \right\rfloor + f_1 \zeta'' + f_2 \zeta'' \vartheta \right) \bmod 2$$

由于 ζ'' 是偶数，故

$$b_{i,\,n_2}^v = \left\lfloor \frac{f_1 \tau + f_2 \tau^2}{2^{q-v-1} \cdot \lambda S} \right\rfloor \bmod 2 = b_{i,\,n_1}^v$$

这说明式(5.25)成立。

定理证毕。

为了充分利用定理 5.4 中描述的数学性质，我们将 $N\rho$ 个逻辑读地址划分为 ρ 个地址组，并用 $\Xi_i = [a_{i,\,0}(t) \ a_{i,\,1}(t) \cdots a_{i,\,N-1}(t)]$ 表示第 $i+1$ 个地址组。可以看到，Ξ_i 的 N 个逻辑读地址 $a_{i,\,0}(t)$ ($N = 1, 2, \cdots N-1$) 具有相同的下标 i 且下标 n 遍历了 $[0, N) \bigcap \mathbb{Z}$，因此这 N 个逻辑读地址满足定理 5.4 中描述的数学特性。为了从存储阵列中准确地读取数据，需要利用 $a_{i,\,n}(t)$ 的余项 $\varepsilon_{i,\,n}$ 来进一步确定存储器标号 ϑ_i' 和物理读地址 $\zeta_{i,\,t}'$。地址组 Ξ_i 内包含的 N 个逻辑读地址满足如下性质。

(1) 可以利用前 $N/2$ 个逻辑读地址来确定全部 N 个存储器组序号 $u_{i,\,n}$ ($n = 0, \cdots, N-1$)，这是因为式(5.24)和式(5.25)表明同一地址组内的 N 个逻辑读地址所对应的存储器组序号具有较强的相关性；

（2）存储器标号 ϑ_i' 和物理读地址 $\zeta_{i,t}'$ 可以通过任一逻辑读地址得到，这是因为 $\zeta_{i,t}' = \lfloor \varepsilon_{i,n}/\rho \rfloor$ 且 $\vartheta_i' = \varepsilon_{i,n} \bmod \rho$，而式（5.23）表明 Ξ_i 内的 N 个逻辑读地址具有相同的余项 $\varepsilon_{i,n}$。基于这一点，在下面的讨论中我们将略去 $\varepsilon_{i,n}$ 的下标 n，从而简化 $\varepsilon_{i,n}$ 的数学表达式。

上述分析表明，根据每个地址组内的前 $N/2$ 个逻辑读地址可以确定该地址组内所有逻辑读地址的存储器组序号、存储器标号以及物理读地址。读地址生成单元顶层结构框图及其工作方式如图 5.8 所示，其中图 5.8(a) 给出了读地址生成单元的顶层结构框图，进一步在图 5.8(b) 中，我们以配置两个 SISO 译码单元的 Radix-2 前后向交叉译码器为例对读地址产生单元中各模块的功能进行说明，其中 QPP 交织器参数设置为 $K=16$，$f_1=3$，$f_2=8$。一般地，读地址产生单元内需要配置 ρ 个逻辑读地址产生单元，其中第 i 个逻辑地址产生单元负责产生地址组 Ξ_i 内的前 $N/2$ 个交织地址。当 $N \geqslant 4$ 时，逻辑读地址产生单元的硬件结构如图 5.9 所示，其中前 $N/4$ 个交织地址按照定理 5.3 描述的递归方式产生，而另外 $N/4$ 个交织地址则按照式（5.22）描述的非递归方式产生。当 $N<4$ 时，全部交织地址都按照递归方式产生，此时图 5.8(a) 所示的电路中将只包括 $N/2$ 个递归地址计算模块，每个递归地址计算模块内包含两个反馈环路，分别对应于辅助量 $\Gamma(\cdot)$ 和交织地址 $\Pi(\cdot)$ 的计算。由于 SISO 译码单元采用块交织流水线策略来提升计算资源的使用效率，因此每个反馈环路内的寄存器应当缓存 λ 个数据。具体而言，对于第 $i+1$ 个逻辑读地址产生单元内的第 $j+1$ 个递归地址计算模块，两个反馈环路内的寄存器应当分别初始化为 $\Gamma[r_i(0)+j\lambda S]$，…，$\Gamma[r_i(\lambda-1)+j\lambda S]$ 和 $\Pi[r_i(0)+j\lambda S]$，…，$\Pi[r_i(\lambda-1)+j\lambda S]$，其中对于滑动窗译码与前后向交叉译码方式，$r_i(\cdot)$ 分别按照式（5.11）和式（5.12）规定的方式来计算。

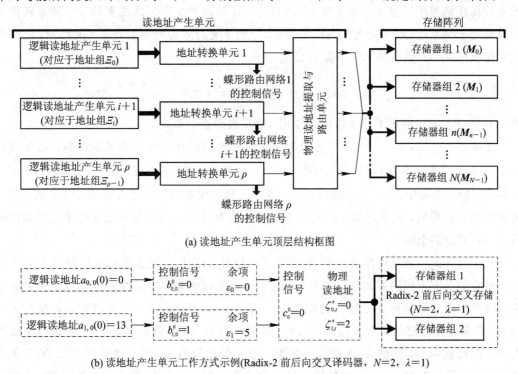

(a) 读地址产生单元顶层结构框图

(b) 读地址产生单元工作方式示例（Radix-2 前后向交叉译码器，$N=2$，$\lambda=1$）

图 5.8　读地址产生单元顶层结构框图及其工作方式示例

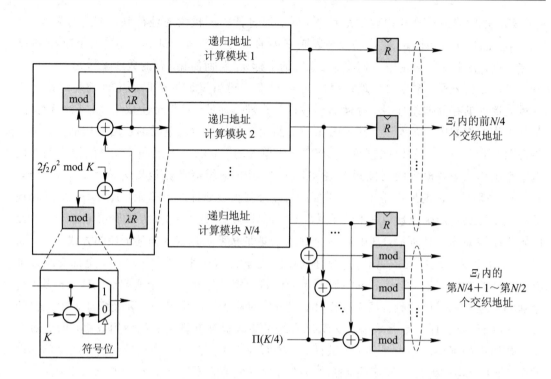

图 5.9　逻辑读地址产生单元的硬件结构

逻辑读地址产生单元输出的交织地址在真正发挥作用之前，还需要被送入地址转换单元来计算存储器组序号 $u_{i,n}$ 和余项 ε_i。同样地，读地址产生单元内配置的 ρ 个地址转换单元分别用于独立处理 ρ 个地址组 $\Xi_0,\cdots,\Xi_{\rho-1}$。为了更有效地利用定理 5.4 的结论，这里将逻辑读地址 $a_{i,n}(t)$ 重新表示为下面的形式

$$a_{i,n}(t) = \sum_{j=0}^{q-1} b_{i,n}^j \cdot \frac{K}{2^{j+1}} + \varepsilon_i \tag{5.26}$$

其中 $b_{i,n}^0,\cdots,b_{i,n}^{q-1}$ 构成了存储器组序号 $u_{i,n}$ 的二进制表示形式。

在硬件实现中，$b_{i,n}^0,\cdots,b_{i,n}^{q-1}$ 可以利用 q 级流水线的比较结构来依次确定：流水线的第 1 级以 $K/2$ 作为参考信号，如果输入 $a_{i,n}(t) > K/2$，则把 $b_{i,n}^0$ 置为 1 并将 $a_{i,n}(t) - K/2$ 送至下一级，否则令 $b_{i,n}^0 = 0$ 并输出 $a_{i,n}(t)$ 至下一级；流水线中其他各级的操作方式与第 1 级的操作方式类似，只不过第 j 级的参考信号缩减为 $K/2^j$，而最后一级比较单元的输出即为 $a_{i,n}(t)$ 对应的余项 ε_i。

对于送入同一地址转换单元的 $N/2$ 个交织地址，QPP 交织器所具有的最大无冲突特性使得它们具有不同的存储器组序号。不过在硬件实现中并不需要部署 $N/2$ 条完整的 q 级流水线的比较单元来独立处理各交织地址。从式(5.24)和式(5.25)可以看出，在二元域内，存储器组序号之间具有较强的相关性，从这一特性出发，我们只对前 $N/4$ 条流水线装配第 2 级比较单元，对前 $N/8$ 条流水线装配第 3 级比较单元，以此类推构建出 $N/2$ 条流水线。在上述分析的基础上，地址转换单元的硬件结构如图 5.10 所示，该图以 $N=8$ 的情况为例给出了地址转换单元的硬件设计方案。

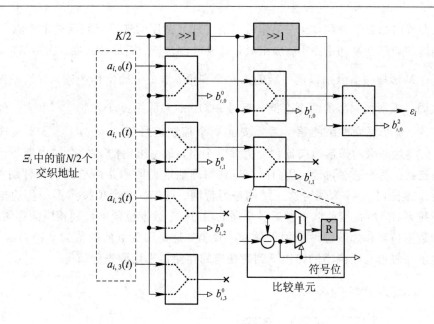

图 5.10　地址转换单元的硬件结构($N=8$)

经过 ρ 个地址转换单元处理后，$N\rho/2$ 个逻辑读地址被转换为一系列二进制信号 $\{b_{i,n}\}$ 和 ρ 个余项 $\varepsilon_0，\cdots，\varepsilon_{\rho-1}$，而存储器标号和物理读地址可以分别表示为 $\vartheta'_i=\varepsilon_i \bmod \rho$ 和 $\zeta'_{i,t}=\lfloor \varepsilon_i/\rho \rfloor$。接着需要将 ρ 个物理读地址正确地路由至相应的存储器来完成数据的读取，这一工作也可以看成是按照存储器标号的大小对 $\zeta_{0,t}，\cdots，\zeta_{\rho-1,t}$ 进行升序排序。根据公式 $a_{i_1,n_1}(t) \bmod \rho$ 可以得到

$$\vartheta'_i = \varepsilon_i \bmod \rho = \pi[r_i(t) \bmod \rho] \tag{5.27}$$

其中 $\pi(i)$ 是参数为 $(\rho，f_1，f_2)$ 的 QPP 函数，且 $\pi(i)=(f_1 i+f_2 i^2) \bmod \rho$。

这里我们可以将 $\pi(i)$ 重写为 $\pi(i)=\pi(0+i\lambda'S')$，其中 $\lambda'=S'=1$，这样它与 $a_{i,n}(t)$ 具有类似的表达形式。在定理 5.4 中，我们关注一组逻辑读地址 $a_{i,n}(t)=\Pi[r_i(t)+n\lambda S](n=0，\cdots，N-1)$ 的数学性质，其中 $r_i(t)+n\lambda S$ 对于固定参数 i 和变化参数 n 在长度为 K 的码块内以 λS 为间隔均匀分布。而对于 $\pi(0+i\lambda'S')(i=0，\cdots，\rho-1)$，其自变量可以看作在长度为 ρ 的码块内以 $\lambda'S'=1$ 为间隔均匀分布，若令 $[c_i^0 c_i^1 \cdots c_i^{l-1}]_B$ 为 $\lfloor \pi(i)/\lambda'S' \rfloor$ 的二进制表达式，则 $\lfloor \pi(i)/\lambda'S' \rfloor=\pi(i)$，这说明 $\pi(i)$ 的二进制形式满足式(5.24)和式(5.25)中描述的数学特性。

以上述分析为基础，我们分两步来实现 $\vartheta'_i(i=0，\cdots，\rho-1)$ 的升序排列并以此实现对物理地址的路由。在第一步，我们调整 $\vartheta'_i(i=0，\cdots，\rho-1)$ 的次序使其排列为 $\pi(0)，\cdots，\pi(\rho-1)$。当译码器以滑动窗译码方式工作时，$\rho=v$ 且由式(5.11)可得 $r_i(t) \bmod \rho=v-i-1$，此时仅需反转 ϑ'_i 的次序即可完成第一步排序。当译码器以前后向交叉译码方式工作时，$\rho=2v$ 且 $\lfloor t/\lambda \rfloor$ 为偶数时，由式(5.12)可以得到 $r_i(t) \bmod \rho=i$；$\rho=2v$ 且 $\lfloor t/\lambda \rfloor$ 为奇数时，对于 $i=0，\cdots v-1$ 有 $r_i(t) \bmod \rho=v+i$，而对于 $i=v，\cdots 2v-1$ 有 $r_i(t) \bmod \rho=i-v$。利用蝶形换向器可以完成前后向交叉译码情形下的第一步排序工作，即 $\varepsilon_0，\cdots，\varepsilon_{\rho/2-1}$ 和 $\varepsilon_{\rho/2}，\cdots，\varepsilon_{\rho-1}$ 对应的存储器标号分别作为蝶形换向器上下两个端口的输入数据，而 $\lfloor t/\lambda \rfloor \bmod 2$ 作为换向器的控制信号。

在完成第一步的排序后，我们在第二步里实现对 $\pi(0)，\cdots，\pi(\rho-1)$ 的升序排列。利用

$\pi(i)$ 在二元域内的数学特性,这一工作可以通过低复杂度的蝶形互联网络来完成。一般地,一个 ρ 端口的蝶形互联网络由 $\mathrm{lb}\rho$ 级组成,每级包含 $\rho/2$ 个蝶形换向器。在网络内部,第 v 级的第 u 个蝶形换向器分别以前一级的第 u 个和第 $u+\dfrac{\rho}{2}$ 个输出作为输入,这一连接方式使得进入同一蝶形换向器的两个存储器标号 $\pi(i)$、$\pi(j)$ 除第 v 个比特 c_i^{v-1} 和 c_j^{v-1} 外的其他比特都相同。蝶形互联网络的第 v 级需要 $\rho/2^v$ 个控制信号 c_0^{v-1},$\cdots$,$c_{\rho/2^v-1}^{v-1}$ 来实现数据互换,为此要将这一级的蝶形换向器划分为 2^{v-1} 个组,每一组内的 $\rho/2^v$ 个换向器与控制信号一一进行连接。基于这些讨论,我们可以得到物理地址提取和路由单元的硬件结构,如图 5.11 所示,该图以 $\rho=4$ 为例对这一结构进行说明。首先 ρ 个余项按照第一步的排序方案完成重新排列;然后直接截取重排后各余项的后 $\mathrm{lb}\rho$ 个数据位便可得到相应的存储器标号,而余下的数据位将作为物理地址用于访问存储器,这是因为 ρ 的取值为 2 的幂次;最后 ρ 个物理地址在蝶形互联网络的路由下到达相应的存储器来读取先验信息。

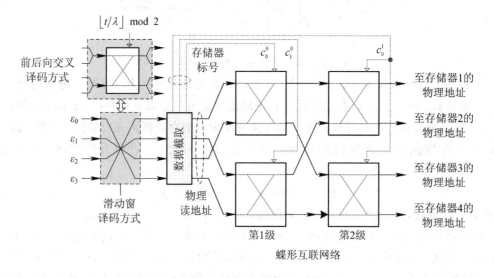

图 5.11　物理地址提取与路由单元的硬件结构($\rho=4$)

5.4.3　数据读取电路中的数据路由网络

上面介绍的读地址产生单元将逻辑读地址逐步转化为存储器组序号、存储器标号以及物理读地址来实现从存储阵列中获得所需的先验信息数据。在数据读取电路中,数据路由网络的作用是将所读取的先验信息正确分发至各 SISO 译码单元,为此需要将每个先验信息数据与其对应的逻辑读地址关联起来。数据路由网络顶层结构框图及其工作方式示例如图 5.12 所示。其中图 5.12(a)给出了数据路由网络的顶层框图结构,进一步在图 5.12(b)中,我们以配置两个 SISO 译码单元的 Radix-2 前后向交叉译码器为例对数据路由网络中各模块的功能进行说明,其中 QPP 交织器参数为 $K=16$,$f_1=3$,$f_2=8$。一般地,整个数据路由网络由两级级联而成,其中第一级将存储阵列输出的 $N\rho$ 个先验信息重新分为 ρ 组,并以组为单位对数据进行初步路由;第二级利用 ρ 个排序单元独立地对各组内的数据进行排序,每个数据组中第 i 个先验信息将作为第 i 个 SISO 译码单元的输入。下面我们对构成数据路由网络的主要模块进行介绍。

由于 5.3.2 节中设计的存储模式 M 支持对先验信息的无冲突访问，这说明同一时刻的 $N\rho$ 个逻辑读地址可以通过存储器组序号和存储器标号进行一一区分，因此我们将从存储阵列中读出的 $N\rho$ 个先验信息分成 ρ 组，其中第 i 组数据具有相同的存储器标号 i，同时存储器组序号涵盖 $1, \cdots, N$ 等取值。对于 5.4.2 节定义的地址组 Ξ_i，式(5.23)表明其包含的 N 个逻辑读地址在计算出存储器组序号后会产生相同的余项，故它们的存储器标号也相同。因此，我们首先将 ρ 个数据组与地址组 $\Xi_0, \cdots, \Xi_{\rho-1}$ 进行关联，而这一任务可以看成是将存储器标号 $0, \cdots, \rho-1$ 重新排列为 $\vartheta'_0, \cdots, \vartheta'_{\rho-1}$。这样一来，在物理读地址提取与路由单元的硬件结构基础上，通过移除数据截取模块并互换输入与输出端口，所得到的硬件结构便可用于实现上述数据重排。数据组排序单元的硬件结构如图 5.13 所示，该图以 $\rho=4$ 为例对数据组排序单元的结构进行描述。

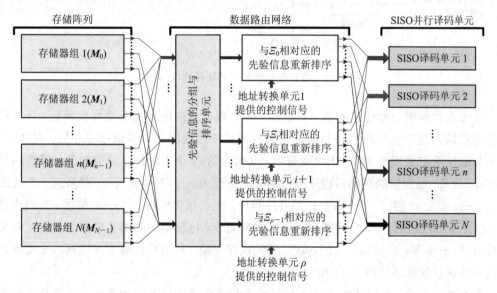

(a) 数据路由网络顶层结构框图

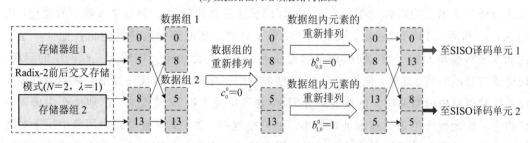

(b) 数据路由网络工作方式示例(Radix-2 前后向交叉译码器，$N=2$，$\lambda=1$)

图 5.12　数据路由网络顶层结构框图及其工作方式示例

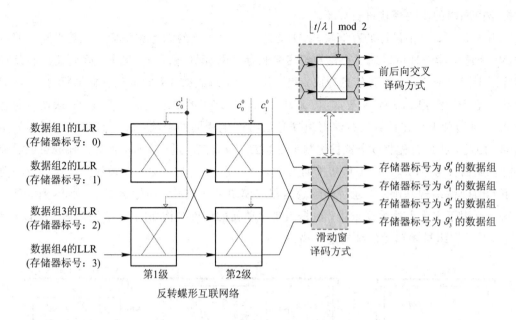

图 5.13　数据组排序单元的硬件结构($\rho=4$)

在实现数据组与地址组的相互对应后，每个数据组内的数据需要再次调整，从而使其对应的存储器组序号与相关联的地址组内各逻辑读地址的存储器组序号相同。具体而言，对于与地址组 Ξ_i 关联的第 $\vartheta_i'+1$ 个数据组，其包含的 N 个先验信息对应的存储器组序号为 $0，\cdots，N-1$，而期望的存储器组序号排列方式应当为 $u_{i,0}，\cdots，u_{i,N-1}$。如果进一步考虑由 $\{u_{i,0}，\cdots，u_{i,N-1}\}$ 到 $\{0，\cdots，N-1\}$ 的升序排序，那么根据定理 5.4 中总结的 $u_{i,n}$ 的代数性质，该操作可以利用 N 端口的蝶形互联网络来完成。将所得的蝶形互联网络进行反转便能实现由 $\{0，\cdots，N-1\}$ 到 $\{u_{i,0}，\cdots，u_{i,N-1}\}$ 的次序变换，利用反转蝶形互联网络来实现数据组内先验信息的排序如图 5.14 所示。

在本节的最后，我们分析 Turbo 码子块并行译码器主要参数的改变对数据路由网络以及读地址产生单元的影响。调整 Radix-2^v 译码算法的算法阶数 v 会带来参数 ρ 的变化，由图 5.8(a) 和图 5.11 可以看出，读地址产生单元只要改变电路中运转的逻辑读地址产生单元和地址转换单元的个数，同时调整物理读地址提取与路由单元中蝶形互联网络的规模，便能适应新的阶数。此外，根据图 5.14 调整数据组排序单元中的反转蝶形互联网络的规模能够使数据路由网络适应 v 的改变。当 SISO 译码单元个数 N 改变时，读地址产生单元要调整逻辑读地址产生单元和地址转换单元的电路规模，类似地，数据路由网络中用于对数据组内的先验信息进行排序的反转蝶形互联网络的规模也会相应变化。不论是读地址产生单元还是数据路由单元，当 $l_1>l_2$ 时，电路中所用的 2^{l_1} 端口蝶形互联网络同样能够处理 2^{l_2} 个并行输入数据。为了说明这一点，对于图 5.14 所描述的 8 端口蝶形互联网络，我们在前两级中各标记了 2 个蝶形换向器，它们构成的子网络可以对 4 个并行输入数据进行处理。一般地，在蝶形互联网络中，第 1 级选择的 2^{l_2-1} 个蝶形换向器的序号应保证其前 l_1-l_2 个比特数据位相同，而排序后的输出可以在蝶形互联网络的第 l_2 级得到。

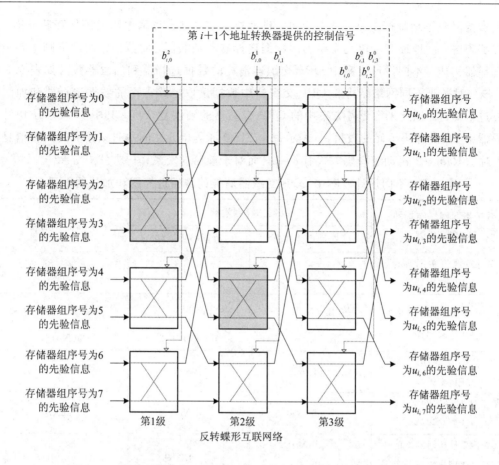

图 5.14　利用反转蝶形互联网络来实现数据组内先验信息的排序($N=8$)

5.5　理论分析与硬件测试

在 Turbo 码子块并行译码器内部，并行交织器由用于缓存外信息的数据写入电路和用于获得先验信息的数据读取电路两部分组成，而交织器的复杂度主要由数据读取电路决定。这是因为数据写入电路不涉及复杂的数据路由，同时地址产生方式也相对简单；而数据读取电路不但需要并行产生和变换多个交织地址，还要对存储阵列输出的先验信息进行再次路由，以保证它们到达正确的 SISO 译码单元，这一点从图 5.8(a)和图 5.12(a)所示的顶层结构框图就能看出。因此在后面的理论分析和硬件测试中，我们将关注不同 QPP 交织器设计方案下数据读取电路的复杂度并以此来衡量各类设计方案的有效性。

5.5.1　不同设计方案中 QPP 交织器的复杂度分析

由图 5.4(a)可以看出，交织器的数据读取电路可以划分为读地址产生单元和数据路由网络两部分，且两者在一定程度上彼此关联，即读地址产生单元在地址变换过程中要同时产生数据路由网络的控制信号，而数据路由网络的具体拓扑结构则同样影响着读地址产生单元的计算复杂度。因此对于给定的存储模式 M，数据路由网络拓扑结构的选择将同时影响其自身以及读地址产生单元的复杂度，进而决定整个数据读取电路的硬件资源开销。在硬件实现中，读地址产生单元需要利用数据选择器和加法器，而数据路由网络则主要由数据选择器构成。不同设计方案中 QPP 交织器消耗的数据选择器和加法器数目如表 5.2 所示，该表对基于不同网络结构的 QPP 交织器中数据读取电路占用的数据选择器和加法器数目进行估计，以此来衡量各方案中的 QPP 交织器的硬件复杂度，其中 N 表示子块并行译码器中 SISO 译码单元的数目，ρ 表示每个 SISO 译码单元在同一时刻读取的先验信息个数。对于 Radix-2^v 滑动窗译码方式有 $\rho=v$，而对于前后向交叉译码方式有 $\rho=2v$。

表 5.2　不同设计方案中 QPP 交织器消耗的数据选择器和加法器数目

基于不同网络结构的 QPP 交织器	数据选择器消耗		加法器消耗
	读地址产生单元	数据路由网络	
基于交叉开关网络的 QPP 交织器	$N\rho(N\rho-1)$	$2N\rho$	$\dfrac{N\rho(N\rho+7)}{2}$
基于主从 Batcher 网络的 QPP 交织器	$\dfrac{N\rho}{2}[\mathrm{lb}^2(N\rho)+4-\mathrm{lb}(N\rho)]-2$	$\dfrac{N\rho}{2}[\mathrm{lb}^2(N\rho)+8-\mathrm{lb}(N\rho)]-2$	$\dfrac{N\rho}{4}[\mathrm{lb}^2(N\rho)+20-\mathrm{lb}(N\rho)]-1$
基于 Benes 网络①的 QPP 交织器	$N\rho[2\mathrm{lb}(N\rho)-1]$	$2N\rho+2$	$4N\rho+4$
基于柱形移位网络②的 QPP 交织器	$N\rho\mathrm{lb}(N\rho)$	$2N\rho$	$4N\rho$
基于蝶形互联网络的 QPP 交织器(本章方案)	$N\rho\mathrm{lb}N+2\rho\mathrm{lb}\rho+4$	$\dfrac{7}{4}N\rho-\rho$	$\dfrac{5}{2}N\rho-\rho$

表 5.2 将本章设计的基于蝶形互联网络的 QPP 交织器与基于交叉开关网络、主从 Batcher 网络、Benes 网络和柱形移位网络的 QPP 交织器进行比较。从表中可以看出，不论选用哪一种硬件实现方案，QPP 交织器的硬件资源开销均与 SISO 译码单元数量 N 和同一时刻并行读写的先验信息数量 ρ 呈正相关。然而，基于交叉开关网络的 QPP 交织器所需的数据选择器和加法器数目正比于 $(N\rho)^2$，基于主从 Batcher 网络的 QPP 交织器所需的数据选择器和加法器数目前正比于 $N\rho[\mathrm{lb}(N\rho)]^2$，而其他方案中的 QPP 交织器所需的数据选择器数目正比于 $N\rho\mathrm{lb}(N\rho)$ 或 $N\rho\mathrm{lb}N$，所需的加法器数目仅与 $N\rho$ 线性相关。从这些表达式中不难发现，随着 Turbo 码译码器并行度的提升，基于交叉开关网络、主从 Batcher 网络等全互联网络的 QPP 交织器的硬件复杂度将会更加显著地高于其他实现方案中 QPP 交织器的硬件复杂度，其可用性会受到很大影响。不同并行度下各设计方案中 QPP 交织器对数据选择器和加法器的消耗对比分别如图 5.15 和图 5.16 所示。在图中，我们取定参数 ρ

---

① 理论上基于 Benes 网络的 QPP 交织器能够支持 radix-2^v SMAP 和 XMAP 并行译码方式，而对于后者尚未有低复杂度 Benes 网络控制方法，因此这里的硬件资源消耗估计只考虑 SMAP 的情形。

② 基于柱形移位网络的 QPP 交织器不支持 Radix-2^v XMAP 并行译码方式，因此硬件资源消耗估计只针对 Radix-2^v SMAP 并行译码结构。

来衡量在不同并行度下各类设计方案中 QPP 交织器对数据选择器和加法器的消耗。由于交叉开关网络和主从 Batcher 网络都是全互联网络，因此基于这些网络结构设计的 QPP 交织器能同时适用于 Radix-2^v 滑动窗译码和前后向交叉译码方式。不过，图 5.15 和图 5.16 的数值结果表明，这一通用性需要以较大的硬件资源开销为代价，尤其是当 Turbo 码译码器以高并行度工作时，基于交叉开关网络的 QPP 交织器将比基于非全互联网络的 QPP 交织器在硬件资源的消耗上高出一个量级以上，同样地，基于主从 Batcher 网络的 QPP 交织器也会多占用数倍的硬件资源。

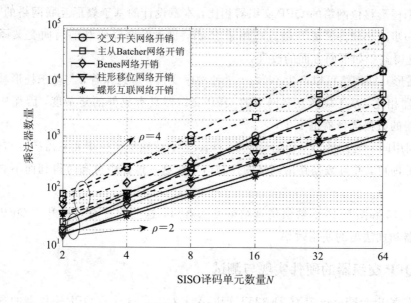

图 5.15　不同并行度下各设计方案中 QPP 交织器对数据选择器的消耗对比

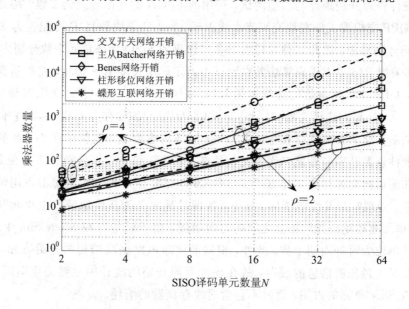

图 5.16　不同并行度下各设计方案中 QPP 交织器对加法器的消耗对比

$N\rho$ 端口柱形移位网络能够对输入数据序列进行 $(N\rho)^{N\rho/2}$ 种次序变换,因此,与产生 $(N\rho)!$ 种次序变换方式的全互联网络相比,它属于典型的非全互联网络。利用 QPP 函数的最大可分离对数环移位(Maximally Decoupled Logarithmic Ring Shift,MD – LRS)性质,当 Turbo 码译码器以滑动窗译码方式工作时,柱形移位网络能够用于设计 QPP 交织器并获得较低的硬件复杂度。而当 Turbo 码译码器以前后向交叉译码方式工作时,同一时刻产生的并行交织地址不再满足 MD – LRS 性质,因此基于柱形移位网络的 QPP 交织器对前后向交叉译码方式不适用。

与基于柱形移位网络的 QPP 交织器相比,本章设计的基于蝶形互联网络的 QPP 交织器能够进一步减小硬件资源开销且适用于 Radix-2^v 滑动窗译码和前后向交叉译码两种译码方式,这得益于如下两方面的改进:

(1) 蝶形互联网络可以产生 $N^{N/2}\rho^{\rho/2+1}$ 种次序变换,这意味着,与基于柱形移位网络的 QPP 交织器相比,基于蝶形互联网络的 QPP 交织器具有更低的复杂度,因而构建数据路由单元所需的数据选择器也更少;

(2) 利用同一时刻的 $N\rho$ 个交织地址的相关性,读地址产生单元只需产生与变换 $N\rho/2$ 个交织地址即可,并且数据路由网络的控制信号在这一过程中可同时得到而不必消耗额外计算资源。

从图 5.15 和图 5.16 的数值仿真结果可以看出,这些改进有效提升了 QPP 交织器对数据选择器和加法器的使用效率。

5.5.2 QPP 交织器的硬件实现与测试

我们在 Xilinx Kintex 7 XC7K325T FPGA 上对本章设计的 QPP 交织器的数据读取电路进行了硬件资源开销统计与性能测试,所用的 FPGA 的速度等级为 2 级,编译器版本为 ISE14.2。QPP 交织器工作在块交织流水线因子 $\lambda=2$ 且子块数目 P 可配置为 8、16 或 32 的 Turbo 码译码器中,因此三种并行度下参与译码的 SISO 译码单元个数分别为 $N=4,8$,16,译码器采用 Radix-2^2 译码算法并在测试中固定码块长度 $K=4096$,先验信息的数据位宽为 6 bit,QPP 交织器参数的选择遵循 LTE 系统中 Turbo 码 QPP 交织器参数规范,即 $f_1=31$,$f_2=64$。我们选择文献[34]和[35]中的 QPP 交织器作为对比方案,它们的数据读取电路分别基于交叉开关网络和主从 Batcher 网络构建而成,实验中在 $N=8$ 的情况下统计两者的硬件资源开销与性能来作为比较基准。表 5.3 和表 5.4 分别总结了在 Radix-2^2 滑动窗译码和前后向交叉译码工作方式下三种 QPP 交织器对 FPGA 资源的占用情况以及最大时钟频率、处理时延等性能指标。其中,处理时延定义为从读地址产生单元开始运行到 SISO 译码单元获得正确先验信息之间的时间间隔,由于该指标在 ModelSim 中进行测试,因此其衡量单位为时钟周期个数。此外,根据前面对电路底层结构的介绍可知,数据读取电路不涉及对大量先验信息的缓存,故在硬件资源开销的统计中主要关注不同 QPP 交织器对 FPGA Slice 单元的占用,而并不包含对块存储器的消耗。

表 5.3　QPP 交织器占用的 FPGA 资源与性能(Radix-2^2 滑动窗译码)

QPP 交织器	Slice 资源开销①			最大时钟频率②/ MHz	处理时延 (时钟周期)
	Slice Registers	Slice LUTs	Slice 总数		
本章设计的 QPP 交织器，$N=4$	488	612	253	333	4
本章设计的 QPP 交织器，$N=8$	802	1154	440	329	5
本章设计的 QPP 交织器，$N=16$	1467	2102	759	322	6
文献[34]设计方案中的 QPP 交织器，$N=8$	1128	3733	1278	240	3
文献[35]设计方案中的 QPP 交织器，$N=8$	1276	2864	1051	269	3
本章设计的 QPP 交织器，$N=4$	916	1076	422	333	4
本章设计的 QPP 交织器，$N=8$	1660	2319	842	328	5
本章设计的 QPP 交织器，$N=16$	2984	4300	1575	317	6
文献[34]设计方案中的 QPP 交织器，$N=8$	2320	10 958	3945	233	3
文献[35]设计方案中的 QPP 交织器，$N=8$	2644	7805	2590	266	3

对于 QPP 交织器的数据读取电路而言，其消耗的数据选择器和加法器在 FPGA 内主要由 Slice LUTs 构成，因此我们首先关注不同实现方案中 QPP 交织器在这一指标上的表现。从表 5.3 和表 5.4 的统计数据来看，本章设计方案中的 QPP 交织器所需的 Slice LUTs 资源与 SISO 译码单元数目 N 近似呈线性关系，这一趋势与表 5.2 的理论估计一致。在 $N=8$ 的情况下，通过比较滑动窗译码和前后向交叉译码方式下三种设计方案中 QPP 交织器对 Slice 资源的消耗可以发现，本章提出的基于蝶形互联网络的 QPP 交织器在 $\rho=4$ 情形下占用的硬件资源大约是 $\rho=2$ 情形下的 2 倍，而对比方案中基于交叉开关网络和主从 Batcher 网络的两种 QPP 交织器在 $\rho=2$ 至 $\rho=4$ 的变化过程中，硬件资源开销分别增加为原来的 4 倍和 3 倍左右。进一步，将三种 QPP 交织器的数据读取电路内各单元的 Slice 资源开销情况以直方图的形式展现在图 5.17 中。由于本章设计的 QPP 交织器在同一时刻只产生和变换 $N\rho/2$ 个交织地址，因此本章设计方案中的地址产生单元的硬件复杂度只是两种对比方案中的地址产生单元的硬件复杂度的一半左右。此外，与两种对比方案中所使用的全互联网络结构相比，蝶形互联网络作为非全互联网络，其在数据路由网络的构建和控制方面都具有更低的复杂度。

---

① Slice 资源开销情况的统计在布局布线操作结束后进行。

② 时钟约束由 ISE14.2 编译器自动添加。

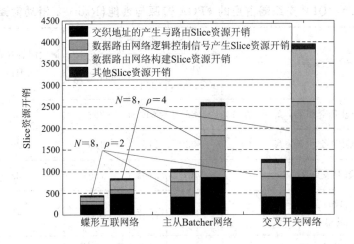

图 5.17　QPP 交织器数据读取电路中各单元的 Slice 资源开销情况统计($N=8$)

接下来我们分析 QPP 交织器的最大时钟频率,这一指标由 QPP 交织器硬件结构中的关键路径决定,而关键路径直接受设计方案中组合逻辑电路的复杂度影响,其是最复杂的组合逻辑操作所对应的时间延迟。为了减小整个数据读取电路的处理时延,数据路由网络通常以组合逻辑电路的方式来实现,从而保证存储阵列输出的先验信息及时到达 SISO 译码单元。对于给定的 N 和 ρ,先验信息在主从 Batcher 网络中要经过 $\dfrac{\mathrm{lb}(N\rho)}{2}\left[\mathrm{lb}(N\rho)+1\right]$ 级数据选择器才能到达 SISO 译码单元,而在蝶形互联网络中这一数值降至 $\mathrm{lb}(N\rho)$,因而基于蝶形互联网络设计的数据读取电路将具有更短的关键路径和更大的最大时钟频率。在测试的三种 QPP 交织器中,利用交叉开关网络进行数据路由产生的关键路径最长,相应地,基于该网络结构的数据读取电路具有的最大时钟频率也最小。在处理时延方面,由于本章设计方案中的读地址产生单元采用了图 5.9 所示的流水线结构处理交织地址,这使得整个数据读取电路的处理时延略大于两种比较方案中数据读取电路的处理时延,因此在迭代译码过程中可以提前启动读地址产生单元,且地址转换的附加计算时延将不会影响译码器的吞吐量。

本 章 小 结

Turbo 码译码器通过不断提升并行度来达到更高的吞吐量。QPP 交织器是 LTE 通信系统 Turbo 码译码器的重要组成部分。为了支持 LTE 系统的宽带高速数据传输业务,在高并行度下,低复杂度并行 QPP 交织器的设计成为了亟待解决的问题。本章首先介绍了 Turbo 码的并行译码方法以及 Turbo 码子块并行译码器的 VLSI 硬件实现结构,然后对 Turbo 码译码器中外信息的存储形式展开分析,提出了一种通用的外信息存储模式。该存储模式能将以 Radix-2^v 滑动窗译码或前后向交叉译码方式工作的并行 SISO 译码单元在同一时刻输出的外信息和读取的先验信息映射到存储阵列中不同的存储器上,以此来保证迭代译码过程中的无冲突数据访问。在此基础上,本章进一步研究了 QPP 函数的代数性质并设计了基于蝶形互联网络的 QPP 交织器。理论分析和基于 FPGA 的硬件实现与测试表明,在同样译码并行度下,本章设计的 QPP 交织器相较于已有的 QPP 交织器具有更低的硬件复杂度,并且可以同时支持滑动窗译码和前后向交叉译码两种方式。

第 6 章　卷积码的并行列表译码算法与并行列表译码器的硬件结构设计

卷积码是无线通信系统中广泛应用的短码编码方式之一。在 LTE. IEEE. 802. 16 以及 IEEE. 802. 11ac/ad 等主要无线通信标准中，卷积码均被选为控制信道的信息纠错方式。近些年，随着物联网技术的快速发展，有效实现物联网标准中的机器类型低功耗通信，满足该类设备之间低速、短促发互联互通成为学术界和工业界持续关注的基础性问题。针对这一需求，3GPP 标准化组织在 2015 年发布的 Release 13 技术报告中提出了一系列基于蜂窝网的物联网部署方案，这些方案得到了学术界和工业界的认可，并于 2016 年 6 月形成了以窄带蜂窝物联网技术为代表的最终方案。目前，得益于广泛分布的基站等蜂窝网基础设施，窄带蜂窝物联网能够为城市及工业智能设备、家用智能设备提供可靠的数据连接服务。

窄带蜂窝物联网采用 OFDM 传输体制，同时选择码率和生成多项式不同的卷积码作为物联网中的数据和控制信息的信道编码方式。不过与移动互联网的智能终端相比，单个物联网通信设备的覆盖能力极为有限，原因有以下几个方面：其一是物联网通信设备为延长电池寿命而采用较低的功率发送信号；其二是物联网通信设备的部署环境与常规蜂窝无线通信相比具有更大的信号传播损耗；其三是物联网通信设备只具备单天线传输能力，无法获得多天线下的接收分集。因此，要在不增加现有蜂窝网络基站数目的前提下完成物联网的部署，需要提升物联网通信设备的接收灵敏度以实现覆盖范围的扩展。在这一背景下，列表译码算法有望在物联网通信设备中替代 Viterbi 算法来完成对卷积码的译码，这是因为列表译码算法具有比 Viterbi 算法更强的纠错能力，这可以改善系统的灵敏度，从而提升链路的可靠性。

已有文献对卷积码的列表译码算法进行了一定研究。而在硬件资源和能量受限的物联网通信设备中，利用现有算法来设计列表译码器将面临诸多问题。对于非咬尾卷积码的列表译码，基于树形网格算法或列表扩展算法的串行列表译码器需要在执行前向递推时对网格每一级的每个编码状态记录一系列参考量来辅助路径回溯操作，因此其占用的存储资源是相同情形下 Viterbi 译码器的数十倍。传统的并行列表译码器在执行路径回溯时，译码存储开销会随着列表长度 L 的增加而线性增长，这使其往往只能应用于 L 较小的情况。尽管有部分研究工作尝试通过重新设计并行列表译码的前向递推方式来降低路径回溯的存储开销，但是这些方案中设计的并行列表译码在前向递推过程中消耗的寄存器数目却正比于 L^2。咬尾卷积码列表译码的硬件实现需要依托于低复杂度的非咬尾卷积码列表译码器，而纠错性能则直接取决于所采用的编码初始状态估计算法。从编码初始状态估计算法的研究现状来看，无论是基于路径搜索或比特似然比估计的单次状态估计算法，还是穷尽搜索整个状态空间的多次状态估计算都需要估计器通过大量计算来获得估计结果的高可靠性。

　　本章将分别针对非咬尾卷积码与咬尾卷积码设计高效的并行列表译码算法与硬件结构。首先，对于非咬尾卷积码，由于非咬尾卷积码列表译码器选择的 L 条候选信息序列之间存在很强的相关性，因此，下文将引入"路径标识"来对 $L-1$ 条非最大似然信息序列进行描述，并设计并行列表译码的前向递推方案来同时完成路径搜索与路径标识的计算。基于路径标识的并行列表译码器执行路径回溯的存储开销将接近于同情形下的 Viterbi 译码器，并且存储开销不受列表长度的影响。其次，对于咬尾卷积码，本章基于其网格循环特性来设计编码初始状态估计算法，该算法能够有效地为列表译码提供初始状态的一组似然估计，而在复杂度和计算时延上远低于穷尽搜索。在硬件结构设计方面，我们利用归并排序和跨步置换的原理来优化列表译码器中加比选（Add-Compare-Select，ACS）单元和度量缓存单元的电路结构，同时给出所提初始状态估计器的低复杂度实现方案。

　　本章主要内容安排如下：6.1 节对卷积码的并行列表译码算法进行介绍；6.2 节介绍基于路径标识的非咬尾卷积码并行列表译码算法，并着重介绍基于咬尾卷积码网格循环特性的初始状态估计算法；6.3 节按照自顶向下的方式给出并行列表译码器的高效硬件设计方案；相应的理论分析、硬件测试结果以及与现有实现方案的比较在 6.4 节中给出；最后对本章内容进行总结。

6.1　卷积码的并行列表译码算法

　　对于一个表示为 $(c,1,u)$ 的卷积码，其编码器中包含一个 u 级移位寄存器，并对每一个输入比特相应产生 c 个输出比特，因此编码码率为 $1/c$。卷积码编码器结构与相应的译码网格如图 6.1 所示，该图以 $(2,1,2)$ 卷积码为例，对卷积码编码器结构以及译码网格图进行了说明。

　　$(2,1,2)$ 卷积码的编码器结构如图 6.1(a)所示。用 $a=[a_0,\cdots,a_{N-1}]$ 表示长度为 N 的 M 进制信息序列，其中 $M=2^m$，每个发送符号 a_i 由 m 个比特组成。在发送端将信息序列 a 用 $(c,1,u)$ 的卷积码编码并经过信道传输至接收端后，译码器通过 M 进制的网格来恢复发送序列，其中网格由 $N+1$ 级组成且每一级包含 2^u 个状态，每个状态 s 与网格前一级的 M 个前序状态 $s_0,\cdots,s_{M-1}$ 相连，对状态 s 的译码操作按照基于符号的 Radix-M 译码算法进行。非咬尾卷积码在编码之前将移位寄存器初始化为全 0 状态，并在信息序列编码结束后通过 u 个尾比特使移位寄存器再一次恢复至全 0 状态。相应地，非咬尾卷积码的网格起始于第 0 级的状态 0 并终止于第 N 级的状态 0。图 6.1(b)给出了一个包含 4 个状态的二进制非咬尾卷积码网格结构。咬尾卷积码利用信息序列的最后 u 个比特来初始化编码寄存器，这样保证了编码器在信息序列编码结束后不依靠额外的尾比特即可恢复至初始状态，故其相较于非咬尾卷积码具有更高的编码效率。然而，由于译码器无法确知编码的初始状态，咬尾卷积码的网格将涵盖 2^u 个初始状态及 2^u 个终止状态，这使其可以用图 6.1(c)所示的环形结构来描述。图 6.1(d)表明，如果进一步取定初始状态，那么可以将咬尾卷积码的环形网格等效地转化为 2^u 个非咬尾卷积码形式的子网格。

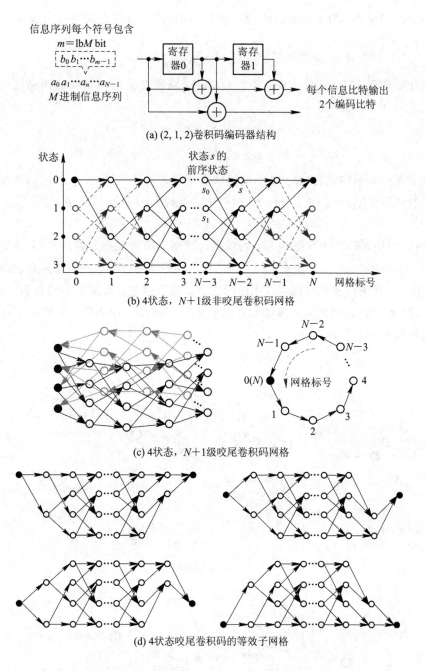

信息序列每个符号包含
$m=\mathrm{lb}M$ bit
$\boxed{b_0\,b_1\cdots b_{m-1}}$
$a_0\,a_1\cdots a_n\cdots a_{N-1}$
M 进制信息序列

(a) (2, 1, 2)卷积码编码器结构

(b) 4状态，$N+1$级非咬尾卷积码网格

(c) 4状态，$N+1$级咬尾卷积码网格

(d) 4状态咬尾卷积码的等效子网格

图 6.1　卷积码编码器结构与相应的译码网格图

6.1.1　非咬尾卷积码的列表译码

为了在路径回溯阶段并行输出多条信息序列，并行列表译码在前向递推过程中需要保留到达每个网格每一级每个状态的 L 条最优路径，其中，L 为列表长度。用 $\gamma_n(s_k,\,s)$ 表示连结网格第 $n-1$ 级状态 s_k 与第 n 级状态 s 的分支度量，其中 $s_k,\,s\in\{0,\,\cdots,\,2^u-1\}$；用 $\alpha_{l,\,n}(s)$ 表示连接初始状态与网格第 n 级状态 s 的第 $l+1$ 条最优路径的路径度量。在非咬尾

卷积码对应的网格中，初始状态确定为 0 状态，因此路径度量在网格第 0 级初始化为

$$\alpha_{l,0}(s) = \begin{cases} 0, & s = 0, l = 0 \\ -\infty, & \text{其他} \end{cases} \tag{6.1}$$

完成初始化操作后，对于 $1 \leqslant n \leqslant N$，$0 \leqslant l \leqslant L-1$，路径度量 $\alpha_{l,n}(s)$ 在前向递推过程中按照如下方式进行计算：

$$\alpha_{l,n}(s) = \max_{k,j}\{\alpha_{j,n-1}(s_k) + \gamma_n(s_k, s)\} \tag{6.2}$$

$$(k_l^*, j_l^*) = \arg\max_{k,j}\{\alpha_{j,n-1}(s_k) + \gamma_n(s_k, s)\} \tag{6.3}$$

其中 k 表示第 n 级网格状态 s 的 M 个前序状态索引，$0 \leqslant k \leqslant M-1$；$j$ 表示到达每个状态的 L 条路径的路径次序，$0 \leqslant j \leqslant L-1$。当 $l>0$ 时，参数 k、j 进一步满足

$$(k, j) \notin \{(k_0^*, j_0^*), \cdots, (k_{l-1}^*, j_{l-1}^*)\}$$

在式(6.3)中，k_l^* 作为状态序号，表示到达网格第 n 级状态 s 的第 $l+1$ 条最优路径在网格第 $n-1$ 级经过 s 的前序状态 $s_{k_l^*}$，而 j_l^* 作为路径次序序号，对应于路径在该前序状态的路径次序。上述前向递推过程可以用图示的方式进行描述，如图 6.2(a)所示。定义 $2^u \times L$ 阶矩阵 $\boldsymbol{K}_n$ 和 $\boldsymbol{R}_n$ 分别为网格第 n 级的状态索引矩阵和路径次序矩阵，分别用于存储前向递推过程中计算得到的参数 k_l^* 和 j_l^*，即

$$\boldsymbol{K}_n[s, l] = k_l^*, \quad \boldsymbol{R}_n[s, l] = j_l^* \tag{6.4}$$

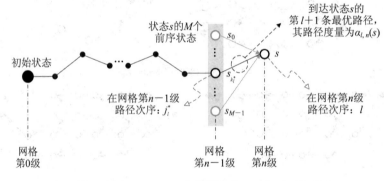

(a) 前向递推

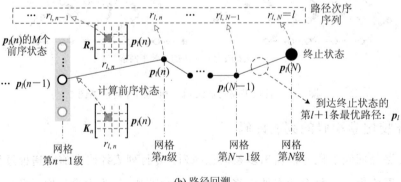

(b) 路径回溯

图 6.2　并行列表译码算法的前向递推与路径回溯操作

令 $\boldsymbol{p}_l$ 表示网格中连结初始状态与终止状态的第 $l+1$ 条最优路径。$\boldsymbol{p}_l$ 包含 $N+1$ 个元素，它们分别记录了路径 $\boldsymbol{p}_l$ 从网格第 0 级到第 N 级所经历的状态。在网格第 n 级，$\boldsymbol{p}_l$ 经历的状态和在该状态对应的路径次序分别表示为 $\boldsymbol{p}_l(n)$ 和 $r_{l,n}$。$\boldsymbol{p}_l$ 的路径回溯起始于网格第 N 级，这时 $\boldsymbol{p}_l(N)$ 为网格的终止状态且 $r_{l,N}=l$。当 $1\leqslant n\leqslant N$ 时，基于 $\boldsymbol{p}_l(n)$、$r_{l,n}$ 和网格第 n 级的状态索引矩阵 $\boldsymbol{K}_n$ 与路径次序矩阵 $\boldsymbol{R}_n$ 的路径回溯如图 6.2(b)所示，此时，状态 $\boldsymbol{p}_l(n-1)$ 与路径次序 $r_{l,n-1}$ 按如下方式计算得到

$$\boldsymbol{p}_l(n-1) = \{M\boldsymbol{p}_l(n) + \boldsymbol{K}_n[\,p_l(n),\,r_{l,n}\,]\} \bmod 2^u \tag{6.5}$$

$$r_{l,n-1} = \boldsymbol{R}_n[\,p_l(n),\,r_{l,n}\,] \tag{6.6}$$

将与路径 $\boldsymbol{p}_l$ 对应的信息序列记作 $\hat{\boldsymbol{a}}_l$，它是发送信息序列 $\boldsymbol{a}$ 的第 $l+1$ 个最优估计。由于 $\boldsymbol{K}_n$、$\boldsymbol{R}_n$ 的维度均与列表长度 L 有关，且并行列表译码的路径回溯需要存储网格每一级的状态索引矩阵和路径次序矩阵，故其存储开销将正比于 L。

6.1.2 咬尾卷积码的列表译码

咬尾卷积码只满足网格起始状态与结束状态相同，但具体的起始状态或终止状态是未知的。因此，在咬尾卷积码网格中，连接未知初始状态与终止状态的最优路径需要从 2^u 个子网格包含的所有路径中选出。根据这一定义，对咬尾卷积码执行列表长度为 L 的列表译码时，首先应当搜索出每个子网格中的 L 条最优路径，然后再从所得的全部 $2^u L$ 条候选路径中选出最优的 L 条路径，并输出其对应的信息序列。为了降低译码复杂度，单次与多次状态估计方案通过给出初始状态的一个或一组估计值来使译码操作只涉及少数子网格，以此来减小信息序列的搜索空间。这样一来，咬尾卷积码列表译码器可以在非咬尾卷积码列表译码器的基础上通过添加初始状态估计单元来实现。用 $s_l^{\dagger}$ 表示未知初始状态的第 $l+1$ 个最优估计，这里的"第 $l+1$ 个最优"表示以 $s_l^{\dagger}$ 为初始状态的咬尾路径是全部 2^u 条咬尾路径中的第 $l+1$ 条最优路径。进一步用 $\boldsymbol{p}_{s,0},\cdots,\boldsymbol{p}_{s,L-1}$ 表示在以 s 为初始状态的子网格中通过列表译码确定的 L 条最优路径，用 $\boldsymbol{p}_{\mathrm{TB},l}$ 表示咬尾卷积码网格中的第 $l+1$ 条全局最优路径，则

$$\{\boldsymbol{p}_{\mathrm{TB},0},\cdots,\boldsymbol{p}_{\mathrm{TB},L-1}\} = \max_{\substack{s\in\{0,\cdots,2^u-1\}\\0\leqslant j\leqslant L-1}}^{(L)}\{\boldsymbol{p}_{s,j}\} = \max_{0\leqslant j\leqslant L-1}^{(L)}\{\boldsymbol{p}_{s_i^{\dagger},j}\} \tag{6.7}$$

式(6.7)表明，基于初始状态 $s_0^{\dagger},\cdots,s_{L-1}^{\dagger}$ 的 L 个子网格对咬尾卷积码执行列表长度为 L 的列表译码，不会带来纠错性能的损失。

6.2 基于路径标识的非咬尾卷积码并行列表译码算法

在递归执行式(6.6)来完成对 $\boldsymbol{p}_l$ 的路径回溯过程中，可以得到路径次序序列 $\{r_{l,0},\cdots,r_{l,N}\}$，它描述了 $\boldsymbol{p}_l$ 在网格每一级的路径次序。对路径次序序列进行进一步研究，可以发现其具有非递减的数学性质，总结在下面的定理中。

定理 6.1 路径 $\boldsymbol{p}_l(0\leqslant l\leqslant L-1)$ 对应的路径次序序列 $\{r_{l,0},\cdots,r_{l,N}\}$ 是非递减序列并满足 $r_{l,0}=0$，$r_{l,N}=l$。

证 根据式(6.1)知，网格第 0 级只保留从初始状态出发的第 1 条最优路径，这使得到达终止状态的任意路径都起始于初始状态的第 1 条路径，因而 $r_{l,0}=0$。因为 $\boldsymbol{p}_l$ 是到达终止状态的第 $l+1$ 条最优路径，所以 $r_{l,N}=l$。

在网格第 n 级，$\boldsymbol{p}_l$ 作为第 $r_{l,n}+1$ 条最优路径经过状态 $\boldsymbol{p}_l(n)$；在网格第 $n+1$ 级，$\boldsymbol{p}_l$ 到达状态 $\boldsymbol{p}_l(n+1)$ 并且相应的路径次序为 $r_{l,n+1}$，故状态 $\boldsymbol{p}_l(n)$ 的前 $r_{l,n}$ 条路径也会经过状态 $\boldsymbol{p}_l(n+1)$，这使得 $r_{l,n+1}\geqslant r_{l,n}$，即 $\{r_{l,0},\cdots,r_{l,N}\}$ 是非递减序列。

定理证毕。

路径次序序列能够用于揭示卷积码网格中非最大似然路径之间的关系。具体而言，利用路径次序序列可以将非最大似然路径 $\boldsymbol{p}_l$ 与前 l 条路径 $\boldsymbol{p}_0,\cdots,\boldsymbol{p}_{l-1}$ 中的一条相关联，这使得在得到前 l 条路径之后，不必回溯整个网格即可确定 $\boldsymbol{p}_l$，有利于降低列表译码器并行路径回溯的复杂度。下面的定理对两条路径之间的关系进行了描述。

定理 6.2 对于路径 $\boldsymbol{p}_l(l>0)$，如果其在网格第 n^* 级出现第一个非零的路径次序，即 $r_{l,n^*}>0$，而对于 $0\leqslant n\leqslant n^*-1$ 有 $r_{l,n}=0$，那么在 $\boldsymbol{p}_0,\cdots,\boldsymbol{p}_{l-1}$ 中存在唯一路径 $\boldsymbol{p}_{l'}$ 满足下列约束：

① 路径 $\boldsymbol{p}_{l'}$ 在网格第 n^* 级的路径次序为 0，即 $r_{l',n^*}=0$；

② 在网格第 n^* 级与之后的各级，路径 $\boldsymbol{p}_l$ 与 $\boldsymbol{p}_{l'}$ 重合，即对于 $n^*\leqslant n\leqslant N$ 有 $\boldsymbol{p}_l(n)=\boldsymbol{p}_{l'}(n)$。

证 为了证明上述定理，首先根据约束条件构造路径 $\boldsymbol{p}_{l'}$ 并证明其唯一性，其次证明 $\boldsymbol{p}_{l'}$ 是 $\boldsymbol{p}_0,\cdots,\boldsymbol{p}_{l-1}$ 当中的一条路径。

根据约束①，$r_{l',n^*}=0$ 表明路径 $\boldsymbol{p}_{l'}$ 的前 n^*+1 个状态构成了连接初始状态与状态 $\boldsymbol{p}_l(n^*)$ 的最大似然路径，由于该最大似然路径在网格搜索过程中被唯一确定，因此路径 $\boldsymbol{p}_{l'}$ 的前 n^*+1 状态在满足约束①的条件下是唯一的①。进一步根据约束②，路径 $\boldsymbol{p}_{l'}$ 余下的 $N-n^*$ 个状态也唯一确定，综上所述，根据约束条件可以构造出唯一的路径 $\boldsymbol{p}_{l'}$。

在网格第 n^* 级中，路径 $\boldsymbol{p}_{l'}$ 有比 $\boldsymbol{p}_l$ 更小的路径次序；根据约束②，$\boldsymbol{p}_l$ 和 $\boldsymbol{p}_{l'}$ 在到达网格第 N 级的终止状态时，$\boldsymbol{p}_{l'}$ 的路径次序仍会小于 $\boldsymbol{p}_l$ 的路径次序，所以 $\boldsymbol{p}_{l'}$ 一定是 $\boldsymbol{p}_0,\cdots,\boldsymbol{p}_{l-1}$ 当中的一条路径。

定理证毕。

列表译码算法确定出的多条最优路径之间的关联性如图 6.3 所示，该图对定理 6.2 描述的路径间关联性进行了更为具体的说明。对于路径 $\boldsymbol{p}_{l'}$，同样能得到与之相对应的路径次序序列 $\{r_{l',0},\cdots,r_{l',N}\}$。特别地，当 $l'>0$ 时，定理 6.2 表明，存在参数 n'^* 使得路径 $\boldsymbol{p}_{l'}$ 在网格的第 n'^* 级出现首个非零路径次序。因为路径 $\boldsymbol{p}_l$ 的非零路径次序出现于网格的第 n^* 级，所以

$$n'^* > n^* \tag{6.8}$$

这是由于 $\boldsymbol{p}_{l'}$ 满足 $r_{l',n^*}=0$，因此根据定理 6.2 知，对于 $i\leqslant n^*$ 均有 $r_{l',i}=0$。

---

① 需要指出的是，在网格中也可能找到其他路径到达 $\boldsymbol{p}_l(n^*)$ 并与 ML 路径的路径度量相同，不过其对应的路径次序是非零的。

　　根据上面的分析可知，通过少量参数可以唯一确定每一条非最大似然路径，且这些参数构成了该条路径的路径标识。

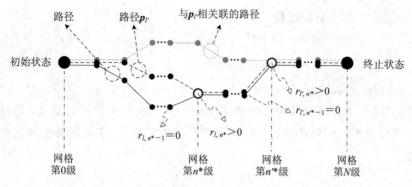

图 6.3　列表译码算法确定出的多条最优路径之间的关联性

6.2.1　基于路径标识的前向递推运算

　　对于网格第 n 级的状态 s，如果将其看作网格的终止状态，那么定理 6.2 也可以用来描述到达状态 s 的 L 条最优路径之间的关联性。具体而言，对于到达状态 s 的第 $l+1$ 条最优路径，当 $l>0$ 时，定义与之相对应的路径标识为 $[\bar{r}_{l,n}(s),\bar{t}_{l,n}(s),\bar{k}_{l,n}(s)]$，其中 $\bar{r}_{l,n}(s)$ 表示与第 $l+1$ 条最优路径相关联的路径在状态 s 的路径次序；$\bar{t}_{l,n}(s)$ 表示第 $l+1$ 条最优路径的路径次序变为非零时所在的网格级数；$\bar{k}_{l,n}(s)$ 表示第 $l+1$ 条最优路径在网格第 $\bar{t}_{l,n}(s)$ 级所经历状态的前序状态索引。

　　路径标识的计算可以在前向递推过程中完成。首先在网格第 0 级，对于 $s\in\{0,\cdots,2^u-1\}$ 以及 $1\leqslant l\leqslant L-1$，路径标识初始化为

$$[\bar{r}_{l,0}(s),\bar{t}_{l,0}(s),\bar{k}_{l,0}(s)]=[0,-\infty,-\infty] \tag{6.9}$$

对于网格第 1 级至第 N 级，在通过式（6.2）和式（6.3）得到路径度量 $\alpha_{l,n}(s)$ 及其相关参数 (k_l^*,j_l^*) 后开始计算路径标识。对于到达网格第 n 级的状态 s 的第 $l+1$ 条路径，若 $j_l^*=0$ 且 $l>0$，则该路径的路径次序在网格第 n 级变为非零值。如果将第 n 级看作整个网格的最后一级，那么按照定理（6.2）知，与到达状态 s 的第 $l+1$ 条最优路径相关联的路径只需在网格第 n 级保证路径次序为 0 即可。因此，状态 s 的第 $l+1$ 条最优路径对应的路径标识应为

$$[\bar{r}_{l,n}(s),\bar{t}_{l,n}(s),\bar{k}_{l,n}(s)]=[0,n,k_l^*],\quad j_l^*=0 \tag{6.10}$$

　　如果 $j_l^*\neq0$，那么状态 s 的第 $l+1$ 条最优路径在状态 s 的前序状态 $s_{k_l^*}$ 具有非零的路径次序，对应的路径标识可以表示为 $[\bar{r}_{j_l^*,n-1}(s_{k_l^*}),\bar{t}_{j_l^*,n-1}(s_{k_l^*}),\bar{k}_{j_l^*,n-1}(s_{k_l^*})]$。在该路径标识中，$\bar{t}_{j_l^*,n-1}(s_{k_l^*})$ 与 $\bar{k}_{j_l^*,n-1}(s_{k_l^*})$ 表明状态 $s_{k_l^*}$ 的第 j_l^*+1 条最优路径在网格第 $\bar{t}_{j_l^*,n-1}(s_{k_l^*})$ 级产生首个非零的路径次序，以及在这一级所经历状态的前序状态索引。由于状态 s 的第 $l+1$ 条最优路径可以看作是状态 $s_{k_l^*}$ 的第 j_l^*+1 条最优路径在网格上的延伸，故 $\bar{t}_{j_l^*,n-1}(s_{k_l^*})$ 和 $\bar{k}_{j_l^*,n-1}(s_{k_l^*})$ 应当保留在网格第 n 级的路径标识中。进一步，$\bar{r}_{j_l^*,n-1}(s_{k_l^*})$ 说明状态 s 的第 $l+1$ 条最优路径在网格的第 $n-1$ 级与状态 $s_{k_l^*}$ 的第 $\bar{r}_{j_l^*,n-1}(s_{k_l^*})+1$ 条路

径相关联。其中状态 $s_{k_l^*}$ 的第 $\overline{r}_{j_l^*, (n-1)}(s_{k_l^*})+1$ 条路径可以用参数对 $\{k_l^*, \overline{r}_{j_l^*, n-1}(s_{k_l^*})\}$ 来标记，它延伸到状态 s 后会将路径次序更新为 $\overline{w}$。为了确定 $\overline{w}$，需要将 $\{k_l^*, \overline{r}_{j_l^*, n-1}(s_{k_l^*})\}$ 与 $\{k_w^*, j_w^*\}(0 \leqslant w < l)$ 逐个进行比较，即

$$\overline{w} = \arg \min_{0 \leqslant w < l} \{ | k_l^* - k_w^* | + | \overline{r}_{j_l^*, n-1}(s_{k_l^*}) - j_w^* | \} \tag{6.11}$$

根据以上分析，$j_l^* \neq 0$ 情况下路径标识应表示为

$$[\overline{r}_{l, n}(s), \overline{t}_{l, n}(s), \overline{k}_{l, n}(s)] = [\overline{w}, \overline{t}_{j_l^*, n-1}(s_{k_l^*}), \overline{k}_{j_l^*, n-1}(s_{k_l^*})], \quad j_l^* \neq 0 \tag{6.12}$$

由于到达状态 s 的非最大似然路径都有对应的路径标识对其进行描述，因此只需在状态索引矩阵中保留最大似然路径所对应的前序状态索引参数 k_0^* 便能够支撑后续的路径回溯操作，即

$$K_n[s, 0] = k_0^* \tag{6.13}$$

当前向递推运算执行到网格的第 N 级时，可以得到路径 p_l 对应的路径标识 $[\overline{r}_{l, N}(0), \overline{t}_{l, N}(0), \overline{k}_{l, N}(0)]$。由于网格级数 N 与终止状态均是确知的，因此，为了简便起见，在后面的讨论中我们将路径 p_l 的路径标识简记为 $[\overline{r}_l, \overline{t}_l, \overline{k}_l]$。将状态标识的计算考虑在内，并行列表译码算法的前向递推过程在下面的算法中进行了总结。

算法 6.1　基于路径标识的并行列表译码算法前向递推运算

(1) 初始化：$\alpha_{l, 0}(s)$ 和 $[\overline{r}_{l, 0}(s), \overline{t}_{l, 0}(s), \overline{k}_{l, 0}(s)]$ 分别基于式(6.1)和式(6.9)进行赋值；

(2) For $n = 1$ to N do

(3) 　For $s = 0$ to $2^u - 1$ do

(4) 　　执行式(6.2)和式(6.3)来计算 $\alpha_{l, n}(s)$，k_l^*，j_l^*（$0 \leqslant l \leqslant L-1$）；

(5) 　　执行式(6.10)～式(6.12)来计算 $[\overline{r}_{l, 0}(s), \overline{t}_{l, 0}(s), \overline{k}_{l, 0}(s)]$（$1 \leqslant l \leqslant L-1$）；

(6) 　　依据式(6.13)存储参数 k_0^*；

(7) 　end For

(8) end For

(9) 输出：路径前序状态索引 $K_n[s, 0]$（$1 \leqslant n \leqslant N, s \in \{0, \cdots, 2^u - 1\}$）以及路径标识 $[\overline{r}_l, \overline{t}_l, \overline{k}_l]$（$1 \leqslant l \leqslant L-1$）。

6.2.2　基于路径标识的路径回溯

由定理 6.1 知，最大似然路径 p_0 对应的路径次序序列 $\{r_{0, 0}, \cdots, r_{0, N}\}$ 是全零序列。故根据式(6.5)可知，用于确定 p_0 的路径回溯操作从网格第 N 级的终止状态开始以如下方式进行，即

$$p_0(n-1) = \{ Mp_0(n) + K_n[p_0(n), 0] \} \bmod 2^u \tag{6.14}$$

通过路径回溯来确定非最大似然路径 p_l 要用到相应的路径标识 $[\overline{r}_l, \overline{t}_l, \overline{k}_l]$。具体而言，路径回溯起始于状态 $p_{\overline{r}_l}(\overline{t}_l)$，即路径 $p_{\overline{r}_l}$ 在网格第 $\overline{t}_l$ 级经过的状态。在网格第 $\overline{t}_l - 1$ 级，需要利用 $\overline{k}_l$ 计算 $p_{\overline{r}_l}(\overline{t}_l)$ 的前序状态，即

$$p_l(\overline{t}_l - 1) = \{ Mp_{\overline{r}_l}(\overline{t}_l) + \overline{k}_l \} \bmod 2^u \tag{6.15}$$

当 $1 \leqslant n \leqslant \overline{t}_l - 1$ 时有 $r_{l, n} = 0$，此时 p_l 的路径回溯与式(6.14)类似，可以表示为

$$\boldsymbol{p}_l(n-1)=\{M\boldsymbol{p}_l(n)+\boldsymbol{K}_n[\boldsymbol{p}_l(n),0]\}\bmod 2^u \tag{6.16}$$

基于式(6.15)和式(6.16)，路径 $\boldsymbol{p}_l$ 的前 $\bar{t}_l+1$ 个状态在路径回溯结束后便可以得到，而其余 $N-\bar{t}_l$ 个状态则可以从路径 $\boldsymbol{p}_{\bar{r}_l}$ 中得到，这是因为两条路径在网格第 $\bar{t}_l+1$ 级至第 N 级重合。路径 $\boldsymbol{p}_l$ 和 $\boldsymbol{p}_{\bar{r}_l}$ 的路径回溯可以并行执行，因为式(6.8)保证了 $\bar{t}_{\bar{r}_l}>\bar{t}_l$，也就是说 $\boldsymbol{p}_{\bar{r}_l}$ 的路径回溯将先于 $\boldsymbol{p}_l$ 开始。这使得当 $\boldsymbol{p}_l$ 需要执行路径回溯时，其起始状态 $\boldsymbol{p}_{\bar{r}_l}(\bar{t}_l)$ 是已知的。基于路径标识的并行列表译码算法执行过程如图 6.4 所示，该图以列表长度 $L=4$ 为例对基于路径标识的并行列表译码算法进行了进一步说明。

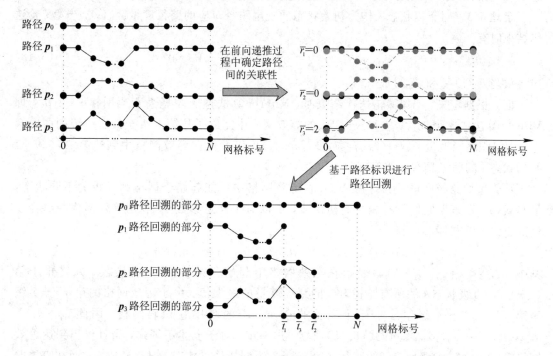

图 6.4　基于路径标识的并行列表译码算法执行过程

6.2.3　基于网格循环性的咬尾卷积码初始状态估计器

在前面我们提到，列表长度为 L 的咬尾卷积码列表译码需要基于网格未知初始状态的 L 个最优估计 $s_0^{\dagger},\cdots,s_{L-1}^{\dagger}$ 来达到最优纠错性能。在已有的研究工作中，有的方案首先通过穷尽搜索全部子网格来确定 2^u 条咬尾路径的路径度量，然后再对路径度量排序得到 $s_0^{\dagger}$，$\cdots,s_{L-1}^{\dagger}$，该方案具有极高的计算复杂度。本节我们将从咬尾卷积码网格的循环性入手，以低运算复杂度来实现对初始状态的有效估计。

为了利用网格循环性，我们需要在咬尾卷积码的网格中循环执行 Viterbi 算法，每一次遍历网格称作一轮迭代。Viterbi 算法在前向递推时，会在网格的每一级确定出到达 2^u 个不同状态的最优路径，将到达网格第 n 级状态 s 的路径在网格第 0 级对应的初始状态记作 $b_n(s)$。按照这一定义，起始于网格第 0 级并终止于第 N 级的咬尾路径应当满足 $b_N(s)=s$，相应的路径度量记作 $\alpha_{\mathrm{TB}}(s)$。在第 i 轮迭代中，用 $A_n^i(s)$ 表示网格第 n 级状态 s 对应的累积路径度量，它表示从首轮迭代开始分支度量的总累积量。用集合 Ω_{TB} 表示按次序存储迭代过程中得到的 L 条最优咬尾路径的初始状态，且相应的路径度量记录在集合 Ξ_{TB} 中。为了方便起见，用 $\Omega_{\text{TB}}(l)$ 和 $\varXi_{\text{TB}}(l)$ 分别表示集合 Ω_{TB} 与 $\varXi_{\text{TB}}$ 中的第 $l+1$ 个元素，因此 $\varXi_{\text{TB}}$ 满足 $\varXi_{\text{TB}}(0) \geqslant \cdots \geqslant \varXi_{\text{TB}}(L-1)$。

对于首轮迭代，$\Omega_{\text{TB}} = \varnothing$ 且 $\varXi_{\text{TB}} = \{0, \cdots, 0\}$，此时网格第 0 级的 2^u 个状态以相同的概率作为初始状态，所以累积路径度量应初始化为

$$A_0^0(s) = 0, \quad s \in \{0, \cdots, 2^u - 1\} \tag{6.17}$$

当第 i 轮迭代在网格第 N 级结束时，可以得到相应的累积路径度量 $A_N^i(s)$。下面的定理描述了咬尾路径的路径度量与累积路径度量之间的关系。

定理 6.3 对于以状态 s 作为初始状态的咬尾路径对应的路径度量 $\alpha_{\text{TB}}(s)$，当第 i 轮迭代结束时有

$$\alpha_{\text{TB}}(s) \leqslant \hat{\alpha}(s) = \min_{j \leqslant i}\{A_N^i(s) - A_0^j(s)\} \tag{6.18}$$

当且仅当 $b_N(s) = s$ 时等号成立。

证 根据定义，当第 i 轮迭代结束时，Viterbi 算法遍历咬尾卷积码网格 $i+1$ 次，即 Viterbi 算法在一个包含 $(i+1)N+1$ 级的等效网格中完成了从第 0 级至最后一级的前向递推，而累积路径度量 $A_n^j(s)(0 \leqslant j \leqslant i, 0 \leqslant n \leqslant N)$ 可以看作在等效网格中到达第 $jN+n+1$ 级的状态 s 的路径具有的路径度量。

尽管累积路径度量 $A_N^i(s)$ 和 $A_0^j(s)$ 在等效网格中可能起始于网格第 0 级的不同状态，但是式(6.17)表明它们具有相同的初始值，所以对于任意参数 j，利用等效网格中路径度量的三角不等式能够得到

$$A_N^i(s) \geqslant A_0^j(s) + d_{\max}(s|_{jN+1} \to s|_{(j+1)N+1})$$

其中 $d_{\max}(s|_{jN+1} \to s|_{(j+1)N+1})$ 表示在等效网格中起始于第 $jN+1$ 级状态 s 并终止于第 $(j+1)N+1$ 级状态 s 的所有路径对应的路径度量的最大值。由于等效网格的第 $jN+1$ 级至第 $(j+1)N+1$ 级组成了一个完整的 $N+1$ 级的咬尾卷积码网格，因此 $\alpha_{\text{TB}}(s) = d_{\max}(s|_{jN+1} \to s|_{(j+1)N+1})$，即式(6.18)成立。进一步，对于上述不等式，当且仅当到达等效网格第 $(j+1)N+1$ 级状态 s 的路径在第 $jN+1$ 级同样经过状态 s 时等号成立。而在咬尾卷积码网格中，这等价于要求 $b_N(s) = s$。

定理证毕。

在式(6.18)中，$\hat{\alpha}(s)$ 可以看作是对 $\alpha_{\text{TB}}(s)$ 的估计，在第 i 轮迭代结束后可以利用新计算的累积路径度量实现对 $\hat{\alpha}(s)$ 的一次更新。同时，通过 $b_N(s) = s$ 这一约束能够筛选出咬尾路径，此时 $\alpha_{\text{TB}}(s) = \hat{\alpha}(s)$。咬尾路径的初始状态及路径度量用于更新集合 $\varXi_{\text{TB}}$、Ω_{TB}。特别地，如果在第 i 轮迭代中未获得咬尾路径，那么需要在以 $b_N(s^*)$ 为初始状态的子网格中计算路径度量 $\alpha_{\text{TB}}[b_N(s^*)]$，其中 s^* 为

$$s^* = \arg \max_{s \in \{0, \cdots, 2^u - 1\}} \{A_N^i(s)\} \tag{6.19}$$

而后状态 $b_N(s^*)$ 及路径度量 $\alpha_{\text{TB}}[b_N(s^*)]$ 用于更新集合 $\varXi_{\text{TB}}$、Ω_{TB}。更新后的集合为

$$\Gamma_l = \{s \mid s \notin \Omega_{\text{TB}}, \hat{\alpha}(s) > \varXi_{\text{TB}}(l)\} \tag{6.20}$$

如果 $\Gamma_l = \varnothing$，则根据定理 6.3，对于任意的状态 $s \notin \Omega_{\text{TB}}$，其对应的路径度量满足 $\alpha_{\text{TB}}(s) \geqslant \varXi_{\text{TB}}(l)$。此外，对于 $s \in \{\Omega_{\text{TB}}(l+1), \cdots, \Omega_{\text{TB}}(L-1)\}$，相应的路径度量同样不会超过 $\varXi_{\text{TB}}(l)$。这样一来，以 $\Omega_{\text{TB}}(l)$ 作为初始状态的咬尾路径将是所有 2^u 条咬尾路径中的第 $l+1$ 条最优路径，从而有

$$s_l^\dagger = \Omega_{TB}(l), \quad \Gamma_l = \varnothing \tag{6.21}$$

得到状态 $s_l^\dagger$ 之后需要递增参数 l 并再一次计算式(6.20)与验证式(6.21)。当 $\Gamma_l \neq \varnothing$ 时，继续执行第 $i+1$ 轮迭代操作，其中初始度量 $A_0^{i+1}(s)$ 赋值为

$$A_0^{i+1}(s) = \begin{cases} A_N^i(s), & s \in \Gamma_l \\ -\infty, & 其他 \end{cases} \tag{6.22}$$

式(6.22)表明，第 $i+1$ 轮迭代只涉及起始状态包含在 Γ_l 内的咬尾路径。这是因为以状态 $s \in \Omega_{TB}$ 作为初始状态的咬尾路径的路径度量 $\alpha_{TB}(s)$ 已经在前 i 轮迭代中获得。而对于状态 $s \notin \Gamma_l \cup \Omega_{TB}$，由于相应的路径度量满足 $\alpha_{TB}(s) \leqslant \Xi_{TB}(l)$，因此这些状态不影响集合 Γ_l 的计算与状态 $s_l^\dagger$ 的确定。基于网络循环性的初始状态估计算法流程图如图6.5所示，该图以流程图的形式对上述操作进行总结，这一过程中状态 $s_0^\dagger, \cdots, s_{L-1}^\dagger$ 被依次确定并输出。

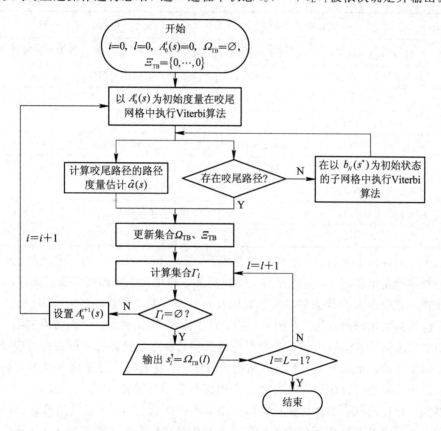

图 6.5　基于网格循环性的初始状态估计算法流程图

实际上，如果对式(6.20)至式(6.22)进行简单修改，那么上述算法也可以并行输出状态 $s_0^\dagger, \cdots, s_{L-1}^\dagger$。具体而言，式(6.20)不再与参数 l 有关，并修改为如下形式：

$$\Gamma = \{s \mid s \notin \Omega_{TB}, \hat{\alpha}(s) > \min\{\Xi_{TB}\}\}$$

相应地，式(6.22)中对 $A_0^{i+1}(s)$ 的赋值也参照 Γ 进行，即当 $\Gamma = \varnothing$ 时，$\Omega_{TB} = \{s_0^\dagger, \cdots, s_{L-1}^\dagger\}$。在给定分组错误率(Block Error Rate, BLER)的实际系统中，与并行计算方式相比，以串行计算方式确定 $s_0^\dagger, \cdots, s_{L-1}^\dagger$ 更实用。为了说明采用串行计算方式确定初始状态的优势，将不同初始状态估计值的计算时延和基于其实现正确译码的概率总结于表6.1，该表统计了

在串行计算方式下得到 $s_0^\dagger$ 时需要在网格中执行的 Viterbi 搜索次数，并进一步研究了基于不同的初始状态估计值来实现正确译码的概率。测试所用卷积码的生成多项式为 $G_0 = 133$，$G_1 = 171$ 与 $G_2 = 145$，这是 3GPP 提出的物联网通信系统 EC‑GSM 中采用的数据信道编码方案。在仿真验证过程中，码块长度设定为 $N = 96$ 和 $N = 512$，列表译码算法的列表长度 $L = 8$，CRC 校验位长度为 16 bit，AWGN 信道的信噪比 $E_b/N_0 = 3.2$ dB，这样对于测试的两种码块长度，系统 BLER 均能达到 10^{-4} 量级，可以满足物联网系统的实际应用要求。沿用上面仿真所用的咬尾卷积码参数配置方案和 CRC 长度，不同初始状态估计算法下列表译码器的 BLER 性能随 E_b/N_0 变换曲线如图 6.6 所示，其中图（a）和图（b）分别考虑了码块长度 N 和列表长度 L 等参数的配置对性能的影响。

表 6.1　不同初始状态估计值的计算时延和基于其实现正确译码的概率

初始状态估计值	码块长度 $N=96$		码块长度 $N=512$	
	计算得到 $s_i^\dagger$ 的概率	基于 $s_i^\dagger$ 正确译码的概率	计算得到 $s_i^\dagger$ 的概率	基于 $s_i^\dagger$ 正确译码的概率
$s_0^\dagger$	0.915/0.999/1.000①	0.9993	0.924/1.000/1.000	0.9992
$s_1^\dagger$	0.992/0.999/1.000	5.7×10^{-4}	0.990/1.000/1.000	5.8×10^{-4}
$s_2^\dagger$	0.974/0.999/1.000	1.0×10^{-4}	0.978/0.999/1.000	1.3×10^{-4}
$s_3^\dagger$	0.982/0.999/1.000	$\approx2\times10^{-5}$	0.999/0.999/1.000	$\approx4\times10^{-5}$
$s_4^\dagger$	0.978/0.998/1.000	$\approx1\times10^{-5}$	0.986/0.999/1.000	$\approx1\times10^{-5}$
$s_5^\dagger$	0.986/0.998/1.000	—	0.989/0.999/1.000	—
$s_6^\dagger$	0.987/0.998/1.000	—	0.992/0.999/1.000	$\approx1\times10^{-5}$
$s_7^\dagger$	0.991/0.998/0.999	—	0.993/0.999/1.000	$\approx1\times10^{-5}$

表 6.1 的统计结果说明，在串行计算方式下，Viterbi 算法仅需遍历网格两至三次便能以很高的概率确定出状态 $s_i^\dagger$，同时在绝大多数情况下利用状态 $s_0^\dagger$ 即可实现正确译码。因此，以串行计算方式确定 L 个状态的估计值能够及时得到状态 $s_0^\dagger$ 并启动列表译码操作，从而缩短列表译码器的实际译码延迟。在图 6.6 中，对于固定的 N 和 L，仿真结果表明，本节所设计的初始状态估计算法可以与基于穷尽搜索的初始状态估计算法一样使得列表译码器达到最优的纠错性能，而基于穷尽搜索的初始状态估计算法在计算复杂度方面明显高于本节所设计的初始状态估计算法。与这两种最优初始状态估计算法相比，利用循环 Viterbi 算法可以得到一组初始状态的次优估计并以此缩减网格搜索空间，不过这给列表译码算法的路径确定引入了误差并导致了纠错性能的损失。在单次状态估计算法中，有的译码器通过加窗 MAP 算法来提供初始状态的一个估计值。为了进一步提升估计值的可靠性，还有设计方案在 MAP 算法执行过程中利用了码块内的全部数据，这样得到的状态估计结果可使列表译码器获得准最优的性能。然而，与基于穷尽搜索的初始状态估计算法和本节设计的算法相比，这些单次状态估计算法基于 MAP 算法而非 Viterbi 算法，这会带来更高的计算复杂度。

---

① 0.915/0.999/1.000 分别表示当 $s_0^\dagger$，$\cdots$，$s_{i-1}^\dagger$ 等初始状态估计值已知的情况下，在网格中执行第 1 至第 3 轮 Viterbi 算法后得到 $s_i^\dagger$ 的概率。

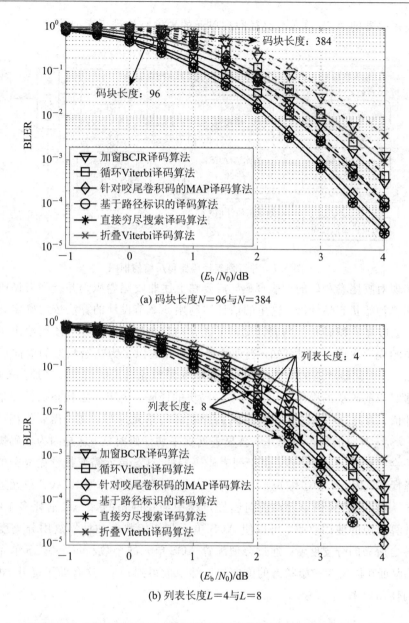

(a) 码块长度$N=96$与$N=384$

(b) 列表长度$L=4$与$L=8$

图 6.6　不同初始状态估计算法下咬尾卷积码列表译码器的 BLER 性能随 E_b/N_0 变化曲线

6.3　并行列表译码器的硬件结构设计

在硬件实现方面，基于路径标识的非咬尾卷积码并行列表译码器具有如图 6.7 所示的顶层结构。具体而言，译码器需要利用计算资源构建分支度量计算单元、用于执行前向递推的加比选（ACS）单元和确定输出信息序列的路径回溯单元。同时，译码器要消耗存储器或寄存器来缓存输入软信息、路径度量与路径标识以及路径回溯辅助信息。与 Viterbi 算法相比，列表译码算法的前向递推和路径回溯均采用了不同的计算方式，因此针对 Viterbi 译码器的 ACS 单元和路径回溯单元的硬件优化方法在此处不再适用。在后续的讨论中，我们会对列表译码器的 ACS 单元与路径回溯单元的硬件结构进行详细阐述。

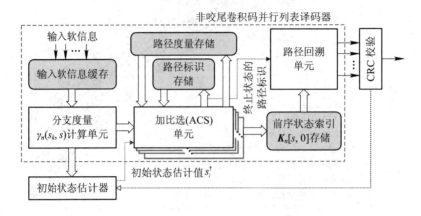

图 6.7　并行列表译码器顶层结构框图

　　为了实现对咬尾卷积码的列表译码，需要在上述非咬尾卷积码并行列表译码器的基础上进一步配置初始状态估计器。这里的估计器利用 6.2 节设计的算法依次确定并输出状态 $s_0^\dagger, \cdots, s_{L-1}^\dagger$。咬尾卷积码并行列表译码器的工作时序如图 6.8 所示。该图给出了译码器执行各类操作的先后次序。由图可知，当列表译码器完成以 $s_l^\dagger$ 为初始状态的前向递推运算后立即开始以 $s_{l+1}^\dagger$ 为初始状态的前向递推，当路径回溯单元输出的信息序列通过 CRC 校验时终止译码器对当前码块的操作并启动对下一码块的译码。由于初始状态估计器依次输出 L 个状态估计值，因此这些状态可以共用同一列表译码单元进行译码。需要指出的是，依次执行 $s_0^\dagger, \cdots, s_{L-1}^\dagger$ 对应的列表译码并不会显著增加平均译码时延，这是因为译码操作在绝大多数情况下会终止于 $s_0^\dagger$。进一步，由于列表译码器的 ACS 单元需要执行更复杂的路径度量累积与选择操作，因此，为了缩短整个设计的关键路径，通常需要对 ACS 单元进行流水线设计。这样一来，列表译码单元在前向递推过程中会在网格的每一级消耗多个时钟周期。为了提升计算资源的使用效率，可以使 ACS 单元与初始状态估计器复用分支度量计算单元来得到各自所需的分支度量。通过合理配置 ACS 单元的个数和每个 ACS 单元的流水线级数，能够保证在以 $s_l^\dagger$ 为初始状态的前向递推结束前得到 $s_{l+1}^\dagger$，这有助于提升 ACS 单元内计算资源的使用效率。

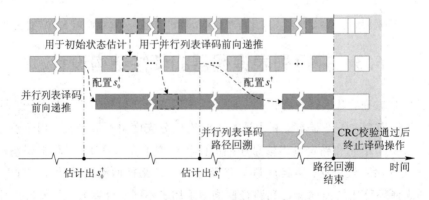

图 6.8　咬尾卷积码并行列表译码器工作时序图

6.3.1　并行列表译码器的 ACS 单元

在列表长度为 L 的并行列表译码器中，执行 Radix-M 算法的 ACS 单元需要从 LM 个来自前序状态的路径度量中确定出 L 个最优的路径度量。并行列表译码器中执行 Radix-M 算法的 ACS 单元结构如图 6.9 所示。该图中的电路需要消耗 LM 个加法器来实现路径度量与相应的分支度量累积。随后，路径标识与相应的路径度量合并后通过由 lb M 级树形连接的比较器组成的选择网络，而选择网络输出的路径标识进一步通过 $L-1$ 个路径标识计算单元进行更新。最后将更新后的路径度量和路径标识送至寄存器进行缓存，并用于网格下一级的 ACS 单元。

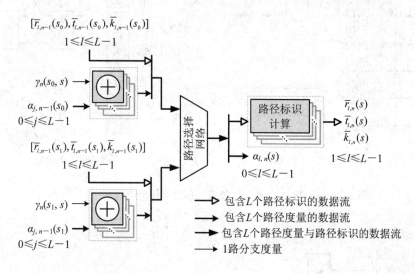

图 6.9　并行列表译码器中执行 Radix-M 算法的 ACS 单元结构（$M=2$）

与 Viterbi 译码器中的 ACS 单元使用的 2 输入 1 输出比较器不同，并行列表译码器中的 ACS 单元使用的是 $2L$ 输入 L 输出比较器：比较器接收的 $2L$ 个路径度量被分为 2 组，每组度量已按大小次序排列，经比较后选择其中 L 个最优度量并排序后作为输出。由于输入比较器的路径度量形成了分段有序序列，因此可以采用归并排序的策略来设计低复杂度的比较器。$2L$ 输入 L 输出比较器的流号流图与电路结构框图如图 6.10 所示，该图以 $L=4$ 的情形为例给出了比较器的数据流图与电路结构框图。具体而言，首先利用归并网络从输入中选出 L 个最优路径度量，它们构成一个双调序列；然后利用双调排序器对输出路径度量进行排序。在硬件实现上，$2L$ 输入 L 输出比较器需要消耗 L 个最大值选择器和 $\dfrac{L}{2}\cdot\text{lb}L$ 个换向器，并通过 lb$L+1$ 轮比较操作来完成计算任务。

路径标识计算单元的电路结构如图 6.11 所示，该图以 $[\overline{r}_{3,n}(s)，\overline{t}_{3,n}(s)，\overline{k}_{3,n}(s)]$ 的计算为例说明了路径标识计算单元的电路结构。一般地，$\overline{t}_{l,n}(s)$ 与 $\overline{k}_{l,n}(s)$ 的计算只用到 2 个数据选择器和 1 个相等比较器，其中相等比较器通过按比特异或的方式来判别两个输入数据是否相同。基于式（6.11）计算 $\overline{r}_{l,n}(s)$ 要用到 $2l+1$ 个相等比较器和 1 个 l 输入的二进制编码器，其中二进制编码器的输入在任一时刻有且仅有一路信号维持高电平，编码器的输出为该路高电平信号的次序。

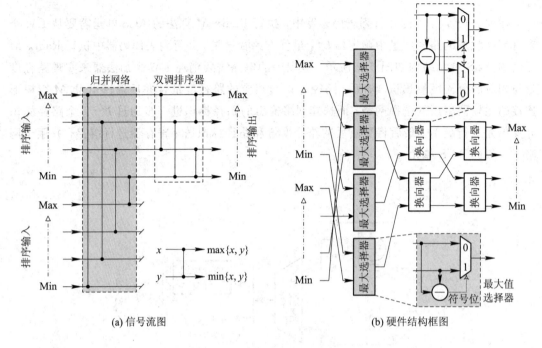

(a) 信号流图　　　　　　　　　　　　　(b) 硬件结构框图

图 6.10　2L 输入 L 输出比较器的信号流图与电路结构（L＝4）

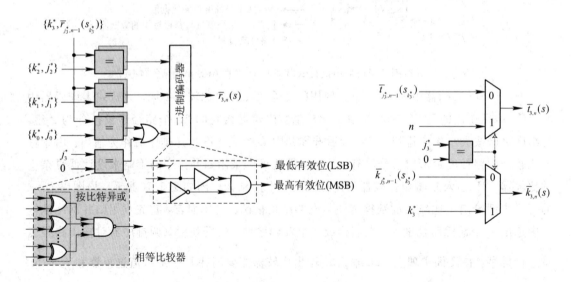

图 6.11　路径标识计算单元的电路结构

6.3.2　并行列表译码器的路径回溯单元

为了并行恢复路径 p_0，…，p_{L-1} 及相应的信息序列 $\hat{a}_0$，…，$\hat{a}_{L-1}$，图 6.12(a) 所示的路径回溯单元的顶层结构中部署了 L 个路径回溯单元。路径回溯单元 l 一方面利用存储的前序状态索引递归计算路径 p_l 的状态并将结果传递给之后的 $L-l-1$ 个路径回溯单元，另一方面接收前 $l-1$ 个路径回溯单元所传递的状态值。

路径回溯单元 0 的硬件结构如图 6.12(b)所示，该图中路径回溯单元 0 用于完成路径 $\boldsymbol{p}_0$ 的恢复，它从网格第 N 级开始执行回溯操作，通过相邻两个状态值可以得到该状态转移所对应的信息符号，并将其缓存在先入后出（Last Input First Output，LIFO）单元中。路径 $\boldsymbol{p}_l(l>0)$ 对应的路径回溯单元 l 的硬件结构如图 6.12(c)所示，该图中的路径回溯单元从网格第 $\bar{t}_l$ 级开始执行回溯操作，并在这一级利用参数 $\bar{t}_l$ 从 $l-1$ 个传递来的状态值中选出状态 $\boldsymbol{p}_{\bar{t}_l}(\bar{t}_l)$ 作为回溯的起始状态。由于回溯操作涉及网格的第 0 级至第 $\bar{t}_l$ 级，故在理论上，用于缓存路径回溯单元 l 所产生的信息符号的 LIFO 单元深度应达到 $\bar{t}_l$。然而，由于路径 $\boldsymbol{p}_l$ 对应的路径次序满足 $r_{l,n}=0(0\leqslant n\leqslant\bar{t}_l-1)$，即路径 $\boldsymbol{p}_l$ 在网格的第 0 级至第 $\bar{t}_l-1$ 级是一条最大似然路径，因此如果卷积码的判决深度为 D 且 $D<\bar{t}_l$，那么路径 $\boldsymbol{p}_l$ 在网格的第 $\bar{t}_l-D$ 级会以很高的概率与路径 $\boldsymbol{p}_0$ 重合。利用这一性质，可以将路径回溯单元 l 对应的 LIFO 单元深度进一步减小至 $\min\{\bar{t}_l-1,D\}$。

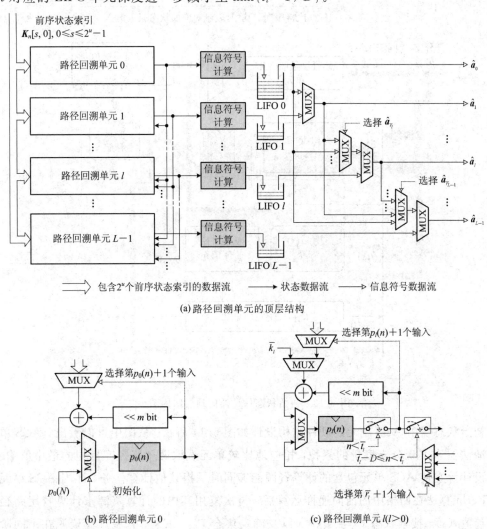

(a) 路径回溯单元的顶层结构

(b) 路径回溯单元 0

(c) 路径回溯单元 $l(l>0)$

图 6.12　路径回溯单元的硬件结构

通过简单的数据流选择操作，可以利用缓存在 L 个 LIFO 单元内的信息符号恢复出信息序列 $\hat{a}_0$，$\cdots$，$\hat{a}_{L-1}$。具体而言，将 LIFO 0 内的信息符号依次读出便能获得 $\hat{a}_0$；恢复信息序列 $\hat{a}_1$ 时需要利用一个数据选择器将 $\hat{a}_0(\bar{t}_1-D)$，$\cdots$，$\hat{a}_0(\bar{t}_1)$ 替换为 LIFO 1 中存储的信息符号；恢复信息序列 $\hat{a}_l(l>1)$ 时首先要用数据选择器从 $\hat{a}_0$，$\cdots$，$\hat{a}_{l-1}$ 中选出序列 $\hat{a}_{\bar{\tau}_l}$，然后再利用另一个数据选择器将 $\hat{a}_{\bar{\tau}_l}(\bar{t}_1-D)$，$\cdots$，$\hat{a}_{\bar{\tau}_l}(\bar{t}_1)$ 替换为 LIFO l 中存储的信息符号。

6.3.3　初始状态估计器

初始状态估计器的顶层结构如图 6.13 所示。为了降低估计时延，估计器配备了 2^u 个 Radix-2 ACS 单元来执行 Viterbi 算法，这使得每轮迭代运算只消耗 $N \cdot \mathrm{lb}M$ 个时钟周期，从而能够快速完成状态度量的递推操作。当然，在硬件资源受限的情况下，ACS 单元的数量可以根据硬件承受能力进行调整，并相应地延长状态估计时间。

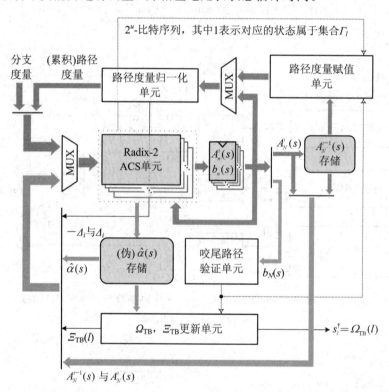

图 6.13　初始状态估计器的顶层结构图

初始状态器中 ACS 单元的硬件结构设计如图 6.14 所示。从图中可以看出，ACS 单元选用减法器来实现分支度量的累积，相应地比较单元选取两个路径度量中的最小值输出。这些设计旨在使 ACS 单元包含的计算资源能够同时承担其他计算任务，即当 ACS 单元完成 Viterbi 算法在网格中的前向递推运算后，再次复用其中的计算资源来计算咬尾路径度量估计值 $\hat{\alpha}(s)$、搜索状态 s^* 与 $b_N(s^*)$ 以及确定集合 Γ_l。ACS 单元中计算资源在不同阶段执行的操作如图 6.15 所示。

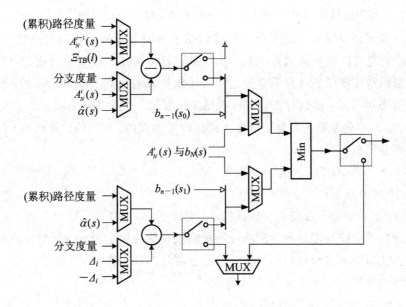

图 6.14　初始状态估计器中 ACS 单元的硬件结构

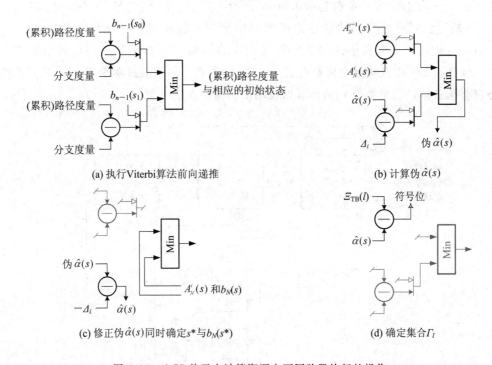

(a) 执行Viterbi算法前向递推

(b) 计算伪$\hat{\alpha}(s)$

(c) 修正伪$\hat{\alpha}(s)$同时确定s^*与$b_N(s^*)$

(d) 确定集合Γ_l

图 6.15　ACS 单元中计算资源在不同阶段执行的操作

　　为了在迭代结束时确定出网格第 N 级各条路径的初始状态 $b_N(s)$，传统 Viterbi 算法需要消耗额外的计算和存储资源来构建路径反向回溯单元。为了减小资源开销，可以采用前向回溯的方式来确定每条路径的初始状态值。具体来说，每一轮迭代开始时，对于网格第 0 级的状态 $s \in \{0，\cdots，2^u-1\}$，设定 $b_0(s)=s$；在前向递推过程中对于网格第 n 级的状态 s，如果 ACS 单元选择前序状态 s_0 对应的路径度量输出，则 $b_n(s)=b_{n-1}(s_0)$，反之 $b_n(s)=b_{n-1}(s_1)$。通过这种方式，在前向递推执行第 N 级后可以同时得到参数 $b_N(s)$ 并确定咬尾路径。

为了估计咬尾路径度量，在第 $i-1$ 轮迭代结束时需要缓存累积路径度量 $A_N^{i-1}(s)$，在第 i 轮迭代结束后可以计算 $A_N^i(s)-A_N^{i+1}(s)$[①]来更新咬尾路径度量估计值 $\hat{a}(s)$。在定点计算方式下，累积路径度量的计算需要通过归一化操作来避免数据溢出，而每一轮迭代对应的归一化基数不尽相同，这会对正确估计咬尾路径度量产生影响。用 Δ_i 表示首轮迭代和第 i 轮迭代对应的归一化基数的差异值，将 Δ_i 的影响考虑在内，$\hat{a}(s)$ 的计算在第 i 轮迭代结束后应分以下两步完成：

（1）复用 ACS 单元完成 $\min\{A_N^{i-1}(s)-A_N^i(s),\hat{a}(s)-\Delta_i\}$ 的计算，得到的结果称为伪 $\hat{a}(s)$，如图 6.15(b) 所示；

（2）从伪 $\hat{a}(s)$ 中减去 $-\Delta_i$ 得到实际的 $\hat{a}(s)$，完成更新，如图 6.15(c) 所示。

如果在译码器中路径度量和累积路径度量均被量化为位宽为 w_s bit 的定点数，并采用固定移位的方式对路径度量进行归一化，那么 Δ_i 将只存在 -2^{w_s-2}、0 和 2^{w_s-2} 三种取值，这有助于简化路径度量归一化单元对 Δ_i 的确定。

集合 Ω_{TB} 和 Ξ_{TB} 更新单元的硬件结构如图 6.16 所示。在初始状态估计器开始工作前，将 $\Xi_{TB}(0)$，…，$\Xi_{TB}(L-1)$ 全部初始化为 0，而 $\Omega_{TB}(0)$，…，$\Omega_{TB}(L-1)$ 可以初始化为任意值。每一轮迭代完成后得到的咬尾路径的初始状态与路径度量首先与缓存的 $\Xi_{TB}(0)$ 与 $\Omega_{TB}(0)$ 进行比较，其中较小的路径度量及相应的初始状态被送到下一更新单元来更新 $\Xi_{TB}(1)$ 与 $\Omega_{TB}(1)$，以此类推完成集合 Ω_{TB} 与 Ξ_{TB} 的更新。另外通过两个 L 选 1 的数据选择器分别选择 $\Xi_{TB}(l)$ 用于集合 Γ_l 的计算以及输出初始状态估计值 $s_l^\uparrow=\Omega_{TB}(l)$。

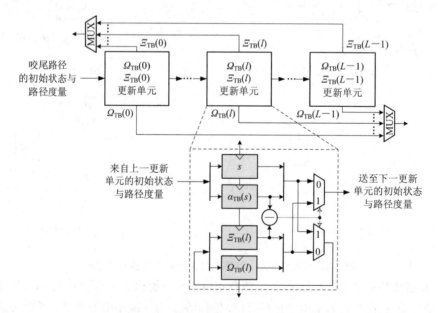

图 6.16　集合 Ω_{TB} 和 Ξ_{TB} 更新单元的硬件结构

---

① 需要注意硬件结构中的 ACS 单元使用减法器来累积分支度量，故相应地通过计算 $A_N^i(s)-A_N^{i+1}(s)$ 来得到 $\hat{a}(s)$，而非直接按照式(6.18)的定义计算 $A_N^{i+1}(s)-A_0^{i+1}(s)$，即 $A_N^{i+1}(s)-A_N^i(s)$。

6.4　理论分析与硬件测试

本节首先对非咬尾卷积码列表译码器的存储开销进行理论分析，然后基于 FPGA 对非咬尾卷积码和咬尾卷积码列表译码器的硬件资源开销与主要性能指标进行测试，最后基于 TSMC-130nm CMOS 工艺下的综合与布局布线结果研究不同列表长度下本章提出的基于路径标识的并行列表译码器占用的电路面积、吞吐量与功耗。

6.4.1　非咬尾卷积码列表译码算法所需的存储开销分析

对于非咬尾卷积码列表译码算法，表 6.2 总结了基于列表扩展算法和树形网格算法的两种串行列表译码算法、传统并行列表译码算法、改进并行列表译码算法以及本章提出的基于路径标识的并行列表译码算法所需的存储开销，其中 $(c, 1, u)$ 卷积码的判决深度为 D，M 进制信息符号序列长度为 N，译码器列表长度为 L，输入软信息和路径度量分别量化为 w_c bit 和 w_s bit。译码器中输入软信息的缓存、前向递推中路径度量及相关参数的存储、路径回溯所需的辅助参数存储及 LIFO 构建均纳入表中统计的数据里。进一步，不同列表长度下非咬尾卷积码列表译码算法所需的存储开销如图 6.17 所示，该图选用 EC－GSM 系统的卷积码码型 $G_0 = 133$，$G_1 = 171$，$G_2 = 145$ 并固定信息序列长度为 512 bit，即 N lb $M = 512$，在这些前提条件下研究了 $D = 64$，M 分别取 2 和 4 的情况下非咬尾卷积码列表译码算法所需的存储开销与列表长度 L 的关系。

表 6.2　非咬尾卷积码的不同列表译码算法所需的存储开销

列表译码算法	输入软件信息缓存	前向递推	路径回溯
基于列表扩展算法的串行列表译码算法		$2^u \cdot w_s$	lb$M \cdot 2^u N + (M-1)2^u w_s N$ $+$ lb$M \cdot NL$
基于树形网格算法的串行列表译码算法[37]		$2^u \cdot w_s$	lb$M \cdot 2^u N + M2^u w_s N$ $+$ lb$M \cdot NL$
传统并行列表译码算法[38]	$cN \cdot w_c$	$2^u L \cdot w_s$	(lb$M +$lb$L) \cdot 2^u NL$ $+$ lb$M \cdot NL$
改进并行列表译码算法[39]		$2^u L(w_s + L \lceil lbN \rceil$ $+ L$lb$M)$	lb$M \cdot 2^u N +$ lb$M \cdot NL$
基于路径标识的并行列表译码算法		$2^u L(w_s +$lb$L +$ $\lceil lbN \rceil +lbM)$	lb$M \cdot 2^u N$ $+$ lb$M \cdot [N + (L-1)D]$

从表 6.2 的统计结果与图 6.17 的数值分析可以看出，列表长度 L 对两类串行列表译码算法所需的存储开销的影响较小，这是因为串行列表译码算法中只有 LIFO 单元所需的存储开销与参数 L 有关。不过，由于串行列表译码算法的路径回溯需要存储大量辅助信息，故对于给定的译码器参数配置，串行列表译码算法所需的总存储开销仍维持在 10^5 量

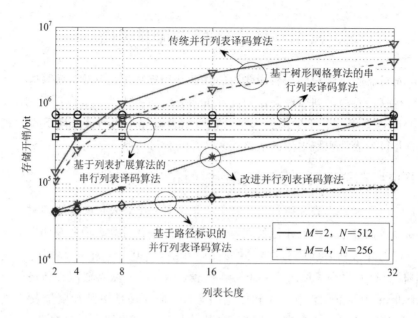

图 6.17　不同列表长度下非咬尾卷积码列表译码算法所需的存储开销

级。与串行列表译码算法相比，传统并行列表译码算法对于较小的列表长度在存储开销上有一定的优势；而由于其路径回溯中辅助信息的存储开销与 $L \text{ lb } L$ 正相关，因此，随着 L 的增大，该算法所需的存储开销将会迅速提升。文献[39]对传统并行列表译码算法进行改进得到了改进并行列表译码算法，使得路径回溯中辅助信息的存储开销不受列表长度的影响，这显著降低了改进并行列表译码算法对存储资源的需求；而在该算法中，前向递推操作所需的寄存器开销大致与 L^2 成正比，所以当译码器以 $L = 16$ 和 $L = 32$ 等较大的列表长度工作时，这一算法所需的总存储开销将接近于传统串行列表译码算法所需的存储开销。本章设计的基于路径标识的并行列表译码算法在路径回溯的存储开销上比文献[39]中给出的算法有了进一步降低，同时由于其前向递推操作所需的寄存器开销只与 L 成正比，故随着列表长度的增加，本章设计的列表译码算法对存储器的消耗能够始终低于已有算法。

6.4.2　基于 FPGA 的列表译码器硬件实现与性能测试

我们在 FPGA 上对不同的列表译码器设计方案进行了硬件实现与性能测试。所用的 FPGA 型号为具有速度等级为 3 级的 Xilinx Kintex 7 XC7K325T，编译器版本为ISE14.2。对于非咬尾卷积码的译码，我们选用 Viterbi 译码器作为基准方案来衡量不同列表译码器的硬件复杂度与性能，实验中测试了基于树形网格算法的串行列表译码器、传统并行列表译码器及其改进结构以及本章提出的基于路径标识的并行列表译码器。对于咬尾卷积码的译码，我们选取循环 Viterbi 译码器作为基准方案，所测试的两个列表译码器分别采用了文献[40]和本章 6.4 节提出的初始状态估计算法，而在给定初始状态下的列表译码均利用本章设计的非咬尾卷积码列表译码器来完成。测试用(3，1，6)卷积码的生成多项式为 $G_0 = 133$，$G_1 = 171$ 与 $G_2 = 145$，信息序列最大长度为 512 bit 并采用 16 位 CRC 进行校验；译码器的输入软信息、分支度量和路径度量分别量化为 5 bit、8 bit 和 11 bit；列表译码器配置 16 个 ACS 单元，每个 ACS 单元采用 3 级流水线结构来缩短电路的关键路径。

不同类型卷积码译码器对 FPGA 资源的消耗情况统计和不同类型卷积码译码器在 FPGA 上的测试性能分别如表 6.3 和表 6.4 所示。从表中可以看出，对于非咬尾卷积码的译码，表 6.3 与表 6.4 的上半部分分别统计了不同类型卷积码译码器对 FPGA 资源的消耗情况与最大时钟频率、译码时延、最大吞吐量以及编码增益提升量等性能指标。实验过程中选取码块长度为 128 bit 并假定系统的 BLER 性能为 1×10^{-4}。对于 Viterbi 译码器以及各类并行列表译码器，译码时延定义为首个译码输入和相应的首个译码输出之间的时间间隔；而对于串行列表译码器，由于译码过程只有在某个信息序列通过 CRC 校验或第 L 个信息序列输出完毕时结束，因此译码时延定义为首个译码输入和最后一个信息序列的首个输出之间的时间间隔。在给定 E_b/N_0 的情况下，通过 Matlab 软件产生 10^4 个码块用以对译码器性能进行测试。对于 Viterbi 译码器，实验中设定 $E_b/N_0 = 4.5$ dB 以保证系统具有 1×10^{-4} 的 BLER 性能。在此基础上，其他译码器 E_b/N_0 的设定可以在这一数值(1×10^{-4})的基础上减去相应的编码增益提升量来得到。此外，由于在串行列表译码器下不同码块的译码时延会有差别，因此可以将所有测试码块的译码时延取平均来作为串行列表译码器的译码时延，并基于该结果计算译码器的吞吐量。

表 6.3　不同类型卷积码译码器对 FPGA 资源的消耗情况统计

卷积码译码器结构		Slice 资源开销			RAM 消耗 (18k×1 bit)
		Slice Registers	Slice LUTs	Slice 总数	
Viterbi 译码器①		1864	4420	1476	2
基于树形网格算法的串行列表译码器[37]	$L=4$	2450	5228	1792	47
	$L=16$	3661	5854	2001	47
传统并行列表译码器[38]	$L=4$	4290	9528	3094	25
	$L=16$	14 052	30 094	9609	161
改进并行列表译码器[39]	$L=4$	9379	12 210	4684	3
	$L=16$	107 946	37 174	50 058	3
本章设计的基于路径标识的并行列表译码器	$L=2$	3255	6208	1955	3
	$L=4$	5618	10 556	3310	3
	$L=8$	10 250	18 132	5296	3
	$L=16$	18 776	33 900	11 007	3
循环 Viterbi 译码器②		2499	4508	1493	3

---

① Viterbi 译码器的判决深度 $D = 64$。

② 循环 Viterbi 译码器的最大迭代次数为 6 次。

卷积码译码器结构		Slice 资源开销			RAM 消耗 (18k×1 bit)
		Slice Registers	Slice LUTs	Slice 总数	
基于文献[40]提出的基于初始状态估计算法的列表译码器	$L=4$	8583	16 398	4822	3
	$L=16$	24752	39 816	12 014	3
本章设计的基于初始状态估计算法的列表译码器	$L=2$	6365	12 254	3813	3
	$L=4$	8730	16976	4854	3
	$L=8$	13 360	24 432	7608	3
	$L=16$	21 892	40 228	12 060	3

表 6.4　不同类型卷积码译码器在 FPGA 上的测试性能

卷积码译码器		最大时钟频率/MHz	译码时延(时钟周期)	最大吞吐量/(Mb/s)	$1×10^{-4}$ BLER 下编码增益提升量
Viterbi 译码器		316.4	722	61.55	—
基于树形网格算法的串行列表译码器[37]	$L=4$	290.1	807	39.71	1.15
	$L=16$	254.6	834	33.87	1.65
传统并行列表译码器[38]	$L=4$	286.5	1030	40.66	1.15
	$L=16$	226.2	1038	31.67	1.65
改进并行列表译码器[39]	$L=4$	267.6	1034	37.80	1.15
	$L=16$	203.8	1038	28.66	1.65
本章设计的基于路径标识的并行列表译码器	$L=2$	302.5	1036	42.64	0.65
	$L=4$	277.0	1038	38.96	1.15
	$L=8$	259.4	1042	36.32	1.45
	$L=16$	226.2	1048	31.33	1.65
循环 Viterbi 译码器		316.4	804	50.37	—
文献[40]中的基于初始状态估计算法的列表译码器	$L=4$	277.0	1464	22.27	0.8
	$L=16$	226.2	1502	17.68	1.05
本章设计的基于初始状态估计算法的列表译码器	$L=2$	294.2	1176	28.88	0.8
	$L=4$	268.8	1192	26.06	1.25
	$L=8$	259.4	1210	24.82	1.5
	$L=16$	226.2	1220	21.38	1.65

在表 6.3 中,块 RAM 单元主要用于译码器输入数据的缓存以及路径回溯辅助信息的

存储。在该指标上，文献[39]中设计的改进并行列表译码器与本章设计的基于路径标识的并行列表译码器对块 RAM 单元的消耗在所有测试的列表译码器中是最小的，且与作为基准方案的 Viterbi 译码器的存储开销接近。由于文献[39]中设计的改进并行列表译码器在前向递推时需要消耗大量的寄存器，这导致其比其他译码器要占用更多的 Slice 资源。本章设计的基于路径标识的并行列表译码器在前向递推过程中需要同时计算路径度量与路径标识，虽然这使得译码器占用的 Slice 资源与传统并行列表译码器相比有所提升，但却显著降低了存储开销。从表 6.4 统计的吞吐量来看，各类列表译码器都不及作为基准方案的 Viterbi 译码器，原因主要有以下两点：

（1）Viterbi 译码器中用于提升吞吐量的分段路径回溯策略对列表译码器不再适用；

（2）串行列表译码器的路径回溯需要依次确定并输出各信息序列，而并行列表译码器的 ACS 单元在经过流水线设计后需要消耗更多的时钟周期来完成前向递推操作，这都导致译码器的吞吐量下降。

对于咬尾卷积码的译码，表 6.3 与表 6.4 的下半部分统计了不同列表译码器对 FPGA 资源的消耗情况与测试性能。由于对循环 Viterbi 译码器译码时延的衡量与 Viterbi 译码器相同，因此对两种列表译码器译码时延的衡量遵循与串行列表译码器相同的方式。在利用 Matlab 软件产生 10^4 个码块用以对译码器性能进行测试时，将循环 Viterbi 译码器的 E_b/N_0 设定为 6.0 dB 以保证系统具有 1×10^{-4} 的 BLER 性能，其他方案对 E_b/N_0 的设置可以在这一数值的基础上减去相应的编码增益提升量来得到。与前面类似，将全部测试码块的译码时延取平均来作为两种列表译码器的译码时延，并进一步基于该结果计算译码器的吞吐量。从硬件开销来看，两种咬尾卷积码列表译码器在对 FPGA 的 Slice 资源和块 RAM 单元等硬件资源的消耗上具有相近的表现，这说明文献[40]中的基于初始状态估计算法的列表译码器与本章设计的基于初始状态估计算法的列表译码器具有相近的硬件复杂度。从测试性能来看，虽然使用列表译码器会使系统吞吐量在一定程度上有所降低，但与作为基准方案的循环 Viterbi 译码器相比，列表译码器可以显著提升系统的编码增益。同时对于同样的列表长度，本章设计的基于初始状态估计算法的列表译码器相较于文献[40]中的基于初始状态估计算法的列表译码器能够带来更高的编码增益提升量。

6.4.3　列表译码器的 VLSI 结构实现

利用 TSMC-130 nm CMOS 工艺，我们对前面在 FPGA 上测试的基于路径标识的并行列表译码器进行了综合与布局布线操作，实验所用的编译器为 Synopsys。TSMC-130 nm CMOS 工艺下基于路径标识的并行列表译码器在布局布线后的电路面积如图 6.18 所示。其中，图6.18(a)统计了不同列表长度下基于路径标识的并行列表译码器内的主要组件占用的电路面积，作为对比，图 6.18(b)统计了传统并行列表译码器与基于树形网格算法的串行列表译码器的路径回溯单元占用的存储器所对应的电路面积。从图 6.18(a)的比较可以看出，在基于路径标识的并行列表译码器中，前向状态递推单元、前向状态递推数据存储单元以及路径回溯单元对应的电路面积正比于列表长度 L。特别是在 L 较大时，与前向递推操作有关的电路面积开销将成为影响整个译码器电路面积开销的主要因素。将图 6.18

(b)的三种列表译码器进行比较不难发现，本章设计的基于路径标识的并行列表译码器占用的电路面积明显低于传统并行列表译码器占用的电路面积，这是因为路径标识的引入使得译码器对存储资源的消耗显著降低。与复杂度较低的基于树形网格算法的串行列表译码器相比，基于路径标识的并行列表译码器在电路面积上也表现出较明显的优势。因此，虽然在列表长度较大时，基于路径标识的列表译码器也需要消耗一定的硬件资源来执行前向递推，但总的资源开销仍低于现有译码器。

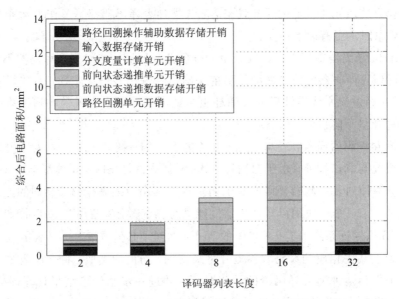

(a) 基于路径标识的并行列表译码器内的主要组件所占用的电路面积

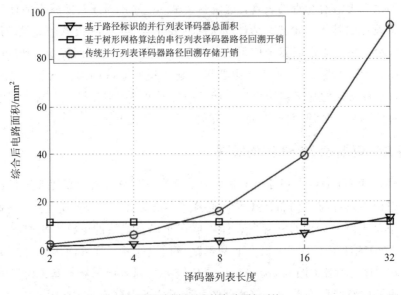

(b) 不同列表译码器的电路面积对比

图 6.18　TSMC-130 nm CMOS 工艺下基于路径标识的并行列表译码器在布局布线后的电路面积

在列表长度 $L=4$ 和 $L=32$ 两种配置下，利用 Cadence 软件可以得到基于路径标识的并行列表译码器在布局布线后的底层电路结构，结果如图 6.19 所示，相应的主要参数指标总结在表 6.5 中。对于两种不同的列表长度，译码器的存储开销均为 40 Kb，其中 8 Kb 用于缓存译码器的输入数据，另外 32 Kb 用于存储路径回溯的辅助参数。存储单元在列表长度 $L=4$ 和 $L=32$ 两种情况分别占整个电路面积的 18.4％和 2.8％，这也说明在列表长度较大时，并行列表译码器的主要面积开销来源于译码器中的算术运算单元。对于 80 MHz 的工作时钟频率，并行列表译码器在两种列表长度下都能达到约 10 Mb/s 的吞吐量，不过更大的列表长度将带来更高的功耗。对于接入物联网的物联网通信设备而言，吞吐量和译码时延等指标处于次要地位，而列表译码器的功耗及其带来的编码增益提升量则是需要考虑的首要因素。所以结合 6.4.2 节与本节的测试结果来看，对于物联网通信设备中非咬尾卷积码的译码，选取列表长度 $L=4$ 的基于路径标识的并行列表译码器可以实现编码增益与译码器复杂度的有效折中；对于物联网通信设备中咬尾卷积码的译码，利用本章设计的基于初始状态估计算法的列表译码器可以在列表长度 $L=2$ 的情况下以较低的硬件复杂度来有效提升系统的编码增益。

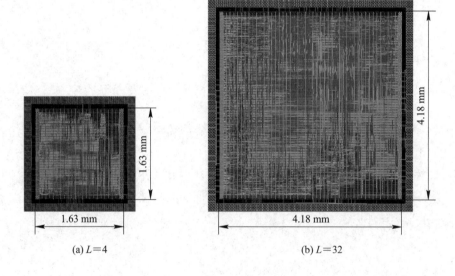

(a) $L=4$ (b) $L=32$

图 6.19 基于路径标识的并行列表译码器在布局布线后的底层电路结构

表 6.5 TSMC-130 nm CMOS 工艺下基于路径标识的并行列表译码器在布局布线后主要参数指标统计

主要参数指标	设计 1 ($L=4$)	设计 2 ($L=32$)
逻辑门数	47k	399k
存储器 /Kb	40	40
布局布线后电路面积/mm²	2.66	17.47
电路面积利用率	74.8％	76.2％
80 MHz 的工作时钟频率下吞吐量/(Mb/s)	10.72	9.69
80 MHz 的工作时钟频率下功耗/mW	22.8	98.6

本 章 小 结

　　本章研究了卷积码的并行列表译码算法及其硬件结构设计。首先，针对编码初始状态已知的非咬尾卷积码，本章设计了基于路径标识的并行列表译码算法及其硬件结构。在本章设计的方案中，路径标识的引入使得译码器的存储开销不受列表长度的影响，这使得其在保证译码性能的同时比现有的并行列表译码器消耗更少的存储资源。其次，针对编码初始状态未知的咬尾卷积码，本章从网格的循环特性出发设计了初始状态估计算法及相应的列表译码器的硬件实现方案。和对状态空间进行穷尽搜索或基于 MAP 算法进行状态估计的现有译码器相比，本章设计的译码器能够以较低的计算复杂度和硬件资源开销来确定初始状态的最优估计。理论分析、FPGA 测试与 VLSI 实现结果表明，在提供相同编码增益的前提下，本章设计的非咬尾卷积码和咬尾卷积码列表译码器相较于现有的列表译码器能够消耗更少的硬件资源，这提升了列表译码器对硬件资源与功耗受限的物联网通信设备的可用性。

第 7 章　无人机通信系统 VLSI 结构设计

我们在前几章重点研究了无线通信系统中 FFT 与信道译码单元的 VLSI 实现结构，它们作为各类无线通信系统的共同的基础性模块，可以在各类场景下根据需求集成应用。除此之外，一套完整的通信系统还包括数字前端滤波、信号时频同步、无线信道均衡等各类操作，针对这些操作开展 VLSI 结构设计，需要结合具体信号体制、通信环境和硬件参数来展开，具有高度定制化的特点。本章将以无人机通信系统为例，对其中关键单元的 VLSI 设计方案进行详细描述。

无人机诞生于 20 世纪 20 年代，是利用无线电遥控设备和自备的程序控制装置操纵的不载人飞机。无人机上无驾驶舱，但安装有自动驾驶仪、程序控制装置等设备。地面、舰艇上或母机遥控站人员通过雷达、数传电台等设备对其进行跟踪、定位、遥控、遥测和数据传输。20 世纪 90 年代海湾战争后，无人机开始飞速发展，在军事和民用领域都得到了广泛的应用。在军事上，无人机可作为空中侦察平台和武器平台，通过携带不同的设备，执行侦察监视、对地攻击、电子干扰、通信中继、目标定位等任务；在民用领域，无人机可应用于场区监控、气象探测、公路巡视、勘探测绘、水灾监视、森林火灾防救等。由此可以看出，无人机在军事和民用领域都具有广阔的应用前景。

一个典型的无人机系统主要由飞行器、地面控制站、有效载荷及通信链路四大部分组成。其中，飞行器（即无人机平台本身）是执行任务的载体，它携带遥控遥测设备和有效载荷到达目标区域并完成既定任务；有效载荷是无人机的任务执行设备，例如拍照无人机会将高分辨率广角相机作为有效载荷。地面控制站利用上下行通信链路实现人机交互，通过上行通信链路实现对无人机的遥控；通过下行通信链路获取对无人机状态参数的遥测，同时回传图像和数据用于地面进行存储、处理、分析和显示。可以发现，无人机与地面控制站存在着大量的数据交换，这些数据通过一定的方式和规则进行传输，将无人机系统连接成为一个整体。无人机与地面控制站之间的数据通信主要传输地面遥控指令及控制参数，获取飞行状态信息和传感器信息，其在无人机系统中扮演非常重要的作用。通信链路是无人机对外联系的神经网络，维系着空中的无人机与地面控制站之间的信息交换，并提供有效可靠的通信技术，是无人机系统的核心所在。

本章研究的无人机通信场景如图 7.1(a) 所示，其中地面控制站通过通信链路与 m 架无人机进行低速指令交换和高速数据传输。用于指令交换的测控链路采用双向扩频通信体制；每架无人机配置了独立的扩频码序列；地面控制站通过码分多址的方式同时向多架无人机发送指令，或同时接收多架无人机的下行测控信号。高速数据传输链路是无人机到地面控制站的单向链路，其采用 OFDM 多载波传输体制下传无人机获取的图像等数据，不同无人机的下行数传信号通过频分多址的方式同时传向地面控制站。无人机与地面控制站的通信收发端框图如图 7.1(b) 所示。

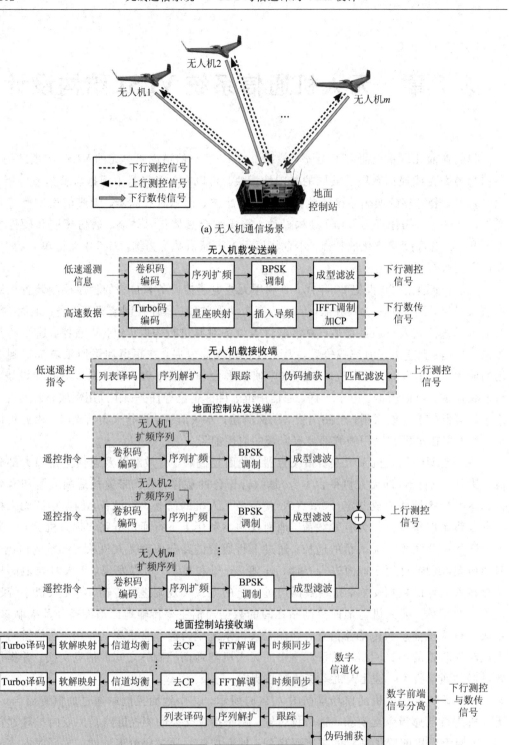

(a) 无人机通信场景

(b) 无人机与地面控制站的通信收发端框图

图 7.1　无人机通信场景及收发端框图

　　从图 7.1 可以看出，每架无人机主要进行扩频信号的收发与 OFDM 信号的发送；地面控制站并行发送多路上行测控信号，并且同时接收与处理多路下行测控信号与数传信号。特别地，地面控制站接收端首先在数字前端完成下行测控信号与数传信号的分离，然后再通过数字信道化的方式进一步分离不同无人机的数传信号，最后才能实现多路信号的并行处理。在前几章研究工作的基础上，本章对上述无人机通信系统中的定制化通信模块开展 VLSI 设计，其中 7.1 节介绍数字前端方案设计；7.2 节至 7.5 节分别介绍直接数字频率合成器、数字信道化接收装置、伪码并行捕获装置和 OFDM 信道均衡装置的 VLSI 结构设计，提出了低复杂度、低硬件开销的解决方案；最后对本章内容进行总结。

7.1　数字前端方案设计

　　对于地面接收设备得到的基带数字信号，其基带频谱划分如图 7.2 所示。接收信号的宽度为 BW，频率分布范围为 $\left[-\dfrac{\mathrm{BW}}{2}, \dfrac{\mathrm{BW}}{2}\right]$。模数转换芯片以 f_s 的采样频率对信号进行 U 倍过采样，即 $f_s = U \cdot \mathrm{BW}$。在宽度为 BW 的信号频带内，无人机下行数传信号所占的全部带宽为 BW_1，在信号频带内占用的频率范围为 $[-\mathrm{BW}_1 - \Delta_1, -\Delta_1]$；无人机下行测控信号所占的带宽为 BW_2，在信号频带内占用的频率范围为 $[\Delta_2, \Delta_2 + \mathrm{BW}_2]$。

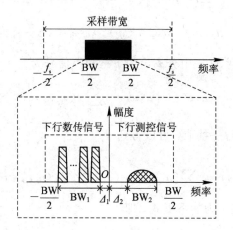

图 7.2　接收信号基带频谱划分示意图

7.1.1　信号分离装置

　　下面我们设计一个阶数为 $N-1$ 并且满足如下要求的数字低通滤波器 $h(n)(n=0, 1, \cdots, N-1)$。

　　（1）通带截止频率 ω_c 满足

$$\frac{\dfrac{f_s}{4} - \min\{\Delta_1, \Delta_2\}}{f_s} \cdot 2\pi \leqslant \omega_c \leqslant \frac{\pi}{2}$$

　　（2）过渡带宽度不超过

$$\min\left\{\frac{2\pi\Delta_1}{f_s} + \frac{\pi}{2} - \omega_c, \frac{2\pi\Delta_2}{f_s} + \frac{\pi}{2} - \omega_c\right\}$$

用 $x(n)$ 表示接收到的基带信号，$y_0(n)$ 表示从 $x(n)$ 中分离出的下行数传信号，令 $\omega_0 = -\dfrac{\pi}{2}$，则

$$y_0(n) = x(n)\mathrm{e}^{-\mathrm{j}\omega_0 n} * h(n) = \sum_{i=0}^{N-1} x(n-i)\mathrm{e}^{-\mathrm{j}\omega_0(n-i)}h(i) \tag{7.1}$$

其中"$*$"表示卷积运算。滤除下行测控信号后，在 $\left[-\dfrac{f_s}{2}, \dfrac{f_s}{2}\right]$ 的频带范围内只有下行数传信号，因此可以对 $y_0(n)$ 进行 $\dfrac{1}{2}$ 抽取，从而得到

$$
\begin{aligned}
\overline{y}_0(m) &= y_0(n)\big|_{n=2m} = \sum_{i=0}^{N-1} x(2m-i)\mathrm{e}^{-\mathrm{j}\omega_0(2m-i)}h(i) \\
&= \sum_{p=0}^{1} \sum_{i=0}^{\frac{N}{2}-1} x(2m-2i-p)\mathrm{e}^{-\mathrm{j}\omega_0(2m-2i-p)}h(2i+p) \\
&= \sum_{p=0}^{1} \left[\sum_{i=0}^{\frac{N}{2}-1} x_p(m-i)\mathrm{e}^{-\mathrm{j}\omega_0 \cdot 2(m-i)}h_p(i)\right] \cdot \mathrm{e}^{\mathrm{j}\omega_0 p} \\
&= \sum_{p=0}^{1} \left[x_p(m) \cdot (-1)^m * h_p(m)\right] \cdot \mathrm{e}^{\mathrm{j}\omega_0 p}
\end{aligned}
\tag{7.2}
$$

其中，$x_p(m) = x(2m-p)$；$h_p(m) = h(2m+p)$。将 $\omega_0 = -\dfrac{\pi}{2}$ 替换为 $\omega_1 = \dfrac{\pi}{2}$，其余保持不变，仿照上述过程可以得到 $x(n)$ 中分离出的下行测控信号为

$$y_1(n) = x(n)\mathrm{e}^{-\mathrm{j}\omega_1 n} * h(n) = \sum_{i=0}^{N-1} x(n-i)\mathrm{e}^{-\mathrm{j}\omega_1(n-i)}h(i) \tag{7.3}$$

同样也对下行测控信号进行 $\dfrac{1}{2}$ 抽取，可以得到

$$\overline{y}_1(m) = \sum_{p=0}^{1} \left[x_p(m) \cdot (-1)^m * h_p(m)\right] \cdot \mathrm{e}^{\mathrm{j}\omega_1 p} \tag{7.4}$$

$\overline{y}_0(m)$ 与 $\overline{y}_1(m)$ 可以统一表示为如下形式，即

$$\overline{y}_k(m) = \sum_{p=0}^{1} \left\{\left[x_p(m) \cdot (-1)^m * h_p(m)\right] \cdot \mathrm{e}^{-\mathrm{j}\frac{\pi p}{2}}\right\} \cdot \mathrm{e}^{\mathrm{j}\pi pk} \tag{7.5}$$

由于采样频率 f_s 是通信或者导航频带宽度 $\dfrac{\mathrm{BW}}{2}$ 的 $2U$ 倍，因此在 $\overline{y}_0(m)$ 与 $\overline{y}_1(m)$ 的基础上，还可以对信号进行 $\dfrac{1}{U}$ 抽取而不带来信号失真。用 $y_k^*(m)$ 表示在 $\overline{y}_k(m)$ 基础上进一步进行 $\dfrac{1}{U}$ 抽取得到的信号，则

$$
\begin{aligned}
y_k^*(l) &= \overline{y}_k(m)\big|_{m=Ul} \\
&= \sum_{p=0}^{1} \left\{\left[x_p(m) \cdot (-1)^m * h_p(m)\right]\big|_{m=Ul} \cdot \mathrm{e}^{-\mathrm{j}\frac{\pi p}{2}}\right\} \cdot \mathrm{e}^{\mathrm{j}\pi pk}
\end{aligned}
\tag{7.6}
$$

其中 $z(l) = \left[x_p(m) \cdot (-1)^m * h_p(m)\right]\big|_{m=Ul}$ 可以进一步表示为

$$z(l) = \left[x_p(m) \cdot (-1)^m * h_p(m) \right] \big|_{m=Ul} = \sum_{i=0}^{\frac{N}{2}-1} x_p(Ul-i)(-1)^{(Ul-i)} h_p(i)$$

$$= \sum_{d=0}^{U-1} \sum_{i=0}^{\frac{N}{2U}-1} x_p(Ul-Ui-d)(-1)^{(Ul-i-d)} h_p(Ui+d)$$

$$= \sum_{d=0}^{U-1} \sum_{i=0}^{\frac{N}{2U}-1} x_{p,d}(l-i) h_{p,d}(i) \tag{7.7}$$

其中，$x_{p,d}(i) = x_p(Ui-d)$，$h_{p,d}(i) = h_p(Ui+d)$。

基于上述信号分离方法设计的数字前端信号分离装置如图 7.3 所示，整个装置分为输入加权单元、滤波器及后处理单元，下面对工作流程进行介绍。

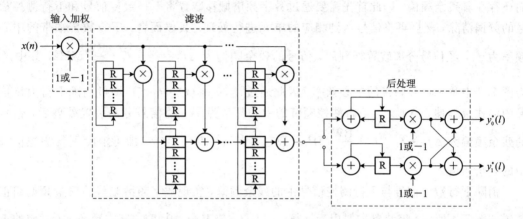

图 7.3 数字前端信号分离装置

(1) 输入加权：将数据 $x(4n)$ 和 $x(4n+1)$($n=0,1,2,\cdots$)直接输入滤波器，并且将数据 $x(4n+2)$ 和 $x(4n+3)$($n=0,1,2,\cdots$)乘 -1 后输入滤波器。

(2) 滤波：将 $h(n)$($n=0,1,\cdots,N-1$)重组为如下 $2U$ 行：

$$\begin{array}{cccc} h(0) & h(2U) & \cdots & h(N-2U) \\ h(1) & h(2U+1) & \cdots & h(N-2U+1) \\ \vdots & \vdots & & \vdots \\ h(2U-1) & h(4U-1) & \cdots & h(N-1) \end{array}$$

进而按照如下顺序调整行次序，即

$$2U-1 \to 2U \to 2U-3 \to 2U-2 \to 2U-5 \to 2U-4 \to \cdots \to 3 \to 4 \to 1 \to 2$$

行次序调整完毕后，将 $N/(2U)$ 列系数分别储存在滤波器的 $N/(2U)$ 个乘法器对应的抽头系数寄存器组中。此外，在每个加法器的输入端也分别配置一个长度为 $2U$ 的数据寄存器组，用于储存中间计算结果。在滤波器工作过程中，每输入一个有效数据便对抽头系数和数据寄存器组循环移位一次。

(3) 后处理：滤波器输出的奇数序号数值(第 1 个，第 3 个，……)送入后处理单元的下支路，偶数序号数值(第 2 个，第 4 个，……)送入后处理单元的上支路。每个支路首先利用 U 个输入数据计算一个累加结果，然后两个支路的累加结果并行加权后执行 Radix-2 蝶形运算，得到 $y_0^*(l)$ 与 $y_1^*(l)$。累加结果的加权规则是奇数序号的累加结果保持不变，直接用于蝶形运算；偶数序号的累加结果乘 -1 后再进行蝶形运算。

由于对输入数据的加权和后处理单元中的数据加权都可以通过减法器和逻辑判断来实现，因此，信号分离装置的主要资源开销是滤波器占用的 $\frac{N}{2U}$ 个乘法器和 $\frac{N}{2U}-1$ 个加法器以及后处理单元占用的 4 个加法器，总共开销是 $\frac{N}{2U}$ 个乘法器和 $\frac{N}{2U}+3$ 个加法器。而如果直接利用 $h(n)$ 对 $x(n)\mathrm{e}^{-\mathrm{j}\omega_0 n}$ 和 $x(n)\mathrm{e}^{-\mathrm{j}\omega_1 n}$ 进行并行滤波，则需要 $2N$ 个乘法器和 $2N-2$ 个加法器，资源开销大约为本方案的 $4U$ 倍。

7.1.2　残余频偏纠正装置

虽然信号分离装置的下行数传信号与下行测控信号的采样频率均变为 BW/2，不过它们还存在着残余频偏，因此首先需要通过数字频谱搬移装置将下行数传信号和下行测控信号的频偏消除，然后再将信号送到相应的单元进行处理。具体而言，下行数传频带的中心频率为 f_0，经信号分离装置处理后，信号的残余频偏为 $\Delta f_0=f_0-f_{\mathrm{c}}+\frac{\mathrm{BW}}{2}\mathrm{MHz}$，其中 f_{c} 为图 7.2 中整个信号频带的中心频率。因此通过计算 $y_0^*(l)\cdot\mathrm{e}^{\frac{-\mathrm{j}2\pi\Delta f_0 l}{\mathrm{BW}/2}}$ 即可消除下行数传信号中的残余频偏。类似地，下行测控频带的中心频率为 f_1，经信号分离装置处理后，信号的残余频偏为 $\Delta f_1=f_1-f_{\mathrm{c}}+\frac{\mathrm{BW}}{2}\mathrm{MHz}$，通过计算 $y_1^*(l)\cdot\mathrm{e}^{\frac{-\mathrm{j}2\pi\Delta f_1 l}{\mathrm{BW}/2}}$ 即可消除下行测控信号中的残余频偏。

消除下行数传信号与下行测控信号中的残余频偏，实现数字频谱搬移的残余频偏纠正装置如图 7.4 所示，该装置主要用于计算 $y_i^*(l)\cdot\mathrm{e}^{\frac{-\mathrm{j}2\pi\Delta f_i l}{\mathrm{BW}/2}}(i=0,1)$，其中频率 Δf_i 对应的正弦和余弦信号通过直接数字频率合成器来产生。直接数字频率合成器的工作时钟频率设定为 $f_{\mathrm{clk}}=\mathrm{BW}/2$，与信号 $y_i^*(l)$ 的采样时钟频率一致。当直接数字频率合成器的累加位宽为 K bit 时，生成频率 Δf_i 的近似误差不超过其频率分辨率 $f_{\mathrm{clk}}/2^K$ 的一半，这一频率近似误差可以在后续信号处理过程中被当作信号多普勒频偏的一部分，通过相应算法可以完全消除。因此，直接数字频率合成器的累加位宽越大，产生的数字频率的准确度越高。

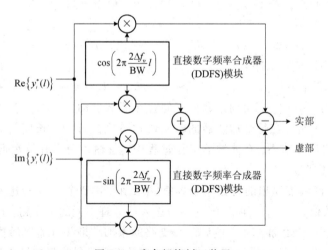

图 7.4　残余频偏纠正装置

7.1.3　信号功率控制方案

不论是采用数传链路的频分多址方案来支持多架无人机数据的同时回传，还是采用测控链路的码分多址来实现多架无人机的同时测控，都需要无人机对下行测控信号与导航信号的功率进行适当控制，以保证在不同空域位置上发出的信号到达地面接收站时具有大致相当的功率谱密度。这使得信号经过低噪声放大器时不会出现强信号对弱信号放大倍数的抑制问题，保证了不同的链路具有相近的通信效果。由于地面接收站的位置通常固定且已知，因此，无人机可以通过计算自身相对于地面接收站的通信仰角 α 来控制通信信号的等效全向辐射功率（Effective Isotropic Radiated Power，ERIP）。首先，当无人机飞行高度为 h（单位为 km）、通信仰角为 α（单位为°）时，与地面接收站的通信距离可以表示为

$$d = \sqrt{(R_e + h)^2 - \left[R_e \cos\left(\frac{2\pi}{360} \cdot \alpha\right)\right]^2} - R_e \sin\left(\frac{2\pi}{360} \cdot \alpha\right) \text{km}$$

其中 $R_e = 6371$ km 表示地球半径。按照自由空间传播损耗模型，距离 d 对应的信号传播衰减为

$$L_s = 32.45 + 20 \lg(f_c) + 20 \lg(d) \text{dB}$$

其中 f_c 的单位为 MHz。

如果用 E_r（单位为 dBm）表示地面设备接收的信号强度，G_r 表示接收天线增益，L_{rain} 表示降雨、水汽等因素带来的额外链路损耗，δ 表示链路余量，那么发射 ERIP 可以表示为

$$\text{ERIP} = E_r + L_s + L_{rain} - G_r + \delta \text{ dBm}$$

在上述表达式中，E_r 的选取取决于相应通信体制具有的接收灵敏度，且除空间传播损耗 L_s 外的其他变量均为定值。由于 L_s 直接受传输距离 d 影响，而 d 又与通信仰角 α 相关，因此可以建立发射 ERIP 与通信仰角 α 的对应关系。发射 ERIP 随通信仰角的控制方案如图 7.5 所示，该图中的虚线以 $E_r = -100$ dBm，$L_{rain} = 0$ dB，$G_r = -5$ dB，$\delta = 3$ dB，载波频率 $f_c = 1540$ MHz，无人机飞行高度 $h = 5$ km 为例，描述了发射 ERIP 与通信仰角的关系。为降低控制复杂度，在实际应用中，当通信仰角变化超过一定范围时，可以按照梯次对 ERIP 进行调整，如图 7.5 中阶梯状实线所示。

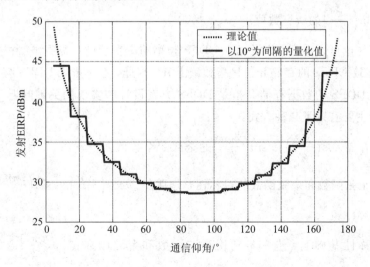

图 7.5　发射 ERIP 随通信仰角的控制方案

7.2　直接数字频率合成器 VLSI 结构设计

直接数字频率合成器(Direct Digital Frequency Synthesizer，DDFS)是一种基础的信号产生模块，用于在数字电路中按照设定频率产生离散余弦和正弦信号，是数字上变频/下变频器的核心组成部分，在认知无线电、射频直接采样收发机等新体制通信系统中有着广泛应用。DDFS 受工作时钟频率 f_{clk} 驱动，其基本操作是根据设定的信号频率 f 来调整相位步进 C_f，使相位累加值在每个时钟周期内以 C_f 为单位进行累加，同时在每个时钟周期内根据当前相位累加值读取预先存储的正(余)弦数值并输出。这些相位累加值在每个时钟周期内的输出数据便组成了给定频率的正弦和余弦信号在 f_{clk} 下的离散采样。相位步进 C_f 也称为频率控制字，当相位累加器位宽为 λ bit 时，频率 f 对应的频率控制字 C_f 表示为

$$C_f = \text{round}\left(\frac{f}{f_{clk}}2^\lambda\right)$$

其中 round(·)表示四舍五入运算，这是由于 DDFS 可产生的频率只能是频率分辨率 $\frac{f_{clk}}{2^\lambda}$ 的整数倍。例如，当 f_{clk} 为 10 MHz、相位累加器位宽为 $\lambda=16$ bit 时，如果期望产生的频率为 500 kHz，那么根据上式可得 $C_f=3277$，DDFS 输出的实际频率为 $\frac{3277 \cdot f_{clk}}{2^{16}}$ Hz，即 500.03 kHz，信号表示误差达到了 30 Hz。对于给定的频率 f，DDFS 输出的正弦及余弦离散采样分别表示为

$$\sin\left(2\pi f \cdot \frac{n}{f_{clk}}\right) = \sin\left(2\pi C_f \frac{f_{clk}}{2^\lambda} \cdot \frac{n}{f_{clk}}\right) = \sin\left(2\pi C_f \frac{n}{2^\lambda}\right), \ n=0,1,\cdots$$

$$\cos\left(2\pi C_f \frac{n}{2^\lambda}\right), \ n=0,1,\cdots$$

因此为满足任意频率控制字 C_f 下的信号产生要求，需要存储当 $n=0,1,\cdots,2^\lambda-1$ 时，$\cos\left(\frac{2\pi n}{2^\lambda}\right)$ 和 $\sin\left(\frac{2\pi n}{2^\lambda}\right)$ 的所有数值。

综合以上讨论可以看到，为了提升 DDFS 频率的产生精度，需要增加相位累加器位宽 λ，但这也会导致 DDFS 的存储开销呈指数级上升。因此，在不影响 DDFS 频率产生精度的前提下，降低 DDFS 的数据存储开销是 DDFS 方案设计和实现的关键问题。目前，DDFS 中的数据存储主要有以下几种方式：

(1) 直接存储 $\cos\left(\frac{2\pi n}{2^\lambda}\right)$ 和 $\sin\left(\frac{2\pi n}{2^\lambda}\right)$ 的全部 2^λ 个数值。

(2) 利用正弦函数和余弦函数的对称性，分别存储 $\cos\left(\frac{2\pi n}{2^\lambda}\right)$ 和 $\sin\left(\frac{2\pi n}{2^\lambda}\right)$ 在 $\left[0,\frac{\pi}{2}\right]$ 范围内的数值。

(3) 在对称性基础上，进一步利用正弦函数和余弦函数在 $\left[0,\frac{\pi}{2}\right]$ 内的对偶性，即 $\sin(x)=\cos\left(\frac{\pi}{2}-x\right)$，存储 $\cos\left(\frac{2\pi n}{2^\lambda}\right)$ 和 $\sin\left(\frac{2\pi n}{2^\lambda}\right)$ 在 $\left[0,\frac{\pi}{4}\right]$ 范围内的数值用于产生信号。

（4）采用数据差分的方式，不直接存储 $\cos\left(\dfrac{2\pi n}{2^\lambda}\right)$ 和 $\sin\left(\dfrac{2\pi n}{2^\lambda}\right)$，而是存储差分值 $\cos\left[\dfrac{2\pi(n+1)}{2^\lambda}\right]-\cos\left(\dfrac{2\pi n}{2^\lambda}\right)$ 和 $\sin\left[\dfrac{2\pi(n+1)}{2^\lambda}\right]-\sin\left(\dfrac{2\pi n}{2^\lambda}\right)$，以降低数据存储位宽。

一方面，随着数字集成电路工作频率的不断提升和接收频带范围的持续扩展，在主流通信系统中，DDFS 的工作频率通常在 100 MHz 以上。另一方面，为了保证数字下变频信号的正确性，DDFS 的频率分辨率往往需要小于 1 Hz，这样才能使得产生的正余弦信号精度达到 Hz 量级。这样一来，相位累加器位宽 λ 需要大于 27 bit。在这种情况下，目前技术方案的不足之处主要表现在以下几个方面：

（1）不论是直接存储 $\cos\left(\dfrac{2\pi n}{2^\lambda}\right)$ 和 $\sin\left(\dfrac{2\pi n}{2^\lambda}\right)$ 的全部 2^λ 个数值，还是利用正弦函数或是余弦函数的对称性与对偶性存储在 $\left[0,\dfrac{\pi}{4}\right]$ 范围内的 $2^{\lambda-3}$ 个数值，当相位累加器位宽 λ 较大时，都需要消耗大量的存储资源。

（2）虽然通过数据差分可以显著降低数据存储位宽，但随着频率控制字 C_f 的变化，需要同时读取多组差分数据来恢复出实际的正弦或余弦数值，这使得存储器的工作时钟频率远高于 DDFS 的工作时钟频率，不仅增加系统功耗，而且数据恢复方式复杂，实现难度大。

由于 DDFS 产生的数据主要为余弦值和正弦值，类似于旋转因子的实部和虚部，因此基于前面章节介绍的旋转因子压缩存储方法，本节开展 DDFS 的 VLSI 结构设计，并给出其高精度、低存储的开销实现方案。

7.2.1　直接数字频率合成器存储压缩方案

假设设计的 DDFS 的工作时钟频率为 f_{clk}，相位累加器位宽为 λ bit，则频率分辨率为 $\dfrac{f_{clk}}{2^\lambda}$ Hz。输出正弦和余弦信号的幅度分辨率为 $(\mu+2)$ bit，即表示将幅度区间为 $[-1,1]$ 的正弦和余弦信号放大到 $[-2^\mu,2^\mu]$。若需产生的正弦和余弦信号的初始相位为 $\theta\in[0,2\pi)$，频率控制字为 C_f，则相位累加器在每个时钟周期内的输出为

$$\varphi=\left[C_f\cdot n+\text{round}\left(\dfrac{\theta}{2\pi}\cdot 2^\lambda\right)\right]\bmod 2^\lambda,\ n=0,1,2,\cdots \tag{7.8}$$

其中 round(·) 表示四舍五入运算。这是因为在定点运算中，$\dfrac{\theta}{2\pi}\cdot 2^\lambda$ 只能以位宽 λ 进行有限精度的定点表示。将 φ 表示为 λ 比特二进制形式，可以得到

$$\varphi=a_{\lambda-1}\cdot 2^{\lambda-1}+a_{\lambda-2}\cdot 2^{\lambda-2}+\cdots+a_0,\ a_i\in\{0,1\} \tag{7.9}$$

对应的正弦值和余弦值分别为 $2^\mu\sin\left(\dfrac{2\pi\varphi}{2^\lambda}\right)$ 和 $2^\mu\cos\left(\dfrac{2\pi\varphi}{2^\lambda}\right)$，信号频率为 $\dfrac{f_{clk}\cdot C_f}{2^\lambda}$。在 $(\mu+2)$ bit 幅度分辨率的定点表示方式下，系统输出可记作 $\text{round}\left[2^\mu\sin\left(\dfrac{2\pi\varphi}{2^\lambda}\right)\right]$ 和 $\text{round}\left[2^\mu\cos\left(\dfrac{2\pi\varphi}{2^\lambda}\right)\right]$。

为降低存储开销，这里并不存储 $2^\mu \sin\left(\dfrac{2\pi\varphi}{2^\lambda}\right)$ 和 $2^\mu \cos\left(\dfrac{2\pi\varphi}{2^\lambda}\right)$ 在一个完整周期上的数值，而通过如下几个步骤优化数据存储。

（1）利用正弦函数和余弦函数的对称性和对偶性，只存储 $\varphi \in \left[0, 2^{\lambda-3}\right]$（即 $\dfrac{2\pi\varphi}{2^\lambda} \in \left[0, \dfrac{\pi}{8}\right]$）范围内的正弦值和余弦值。当 φ 取其他值时，可通过表 7.1 给出的变换规则来进行数据恢复。

表 7.1　相位累加值压缩及正余弦数据恢复表

相位累加值 φ	压缩相位累加值 φ'	输出余弦值	输出正弦值
$0 \leqslant \varphi < 2^{\lambda-3}$	$\varphi' = \varphi$	$2^\mu \cos\left(\dfrac{2\pi\varphi'}{2^\lambda}\right)$	$2^\mu \sin\left(\dfrac{2\pi\varphi'}{2^\lambda}\right)$
$2^{\lambda-3} \leqslant \varphi < 2^{\lambda-2}$	$\varphi' = 2^{\lambda-2} - \varphi$	$2^\mu \sin\left(\dfrac{2\pi\varphi'}{2^\lambda}\right)$	$2^\mu \cos\left(\dfrac{2\pi\varphi'}{2^\lambda}\right)$
$2^{\lambda-2} \leqslant \varphi < 3 \cdot 2^{\lambda-3}$	$\varphi' = \varphi - 2^{\lambda-2}$	$-2^\mu \sin\left(\dfrac{2\pi\varphi'}{2^\lambda}\right)$	$2^\mu \cos\left(\dfrac{2\pi\varphi'}{2^\lambda}\right)$
$3 \cdot 2^{\lambda-3} \leqslant \varphi < 2^{\lambda-1}$	$\varphi' = 2^{\lambda-1} - \varphi$	$-2^\mu \cos\left(\dfrac{2\pi\varphi'}{2^\lambda}\right)$	$2^\mu \sin\left(\dfrac{2\pi\varphi'}{2^\lambda}\right)$
$2^{\lambda-1} \leqslant \varphi < 5 \cdot 2^{\lambda-3}$	$\varphi' = \varphi - 2^{\lambda-1}$	$-2^\mu \cos\left(\dfrac{2\pi\varphi'}{2^\lambda}\right)$	$-2^\mu \sin\left(\dfrac{2\pi\varphi'}{2^\lambda}\right)$
$5 \cdot 2^{\lambda-3} \leqslant \varphi < 3 \cdot 2^{\lambda-2}$	$\varphi' = 3 \cdot 2^{\lambda-2} - \varphi$	$-2^\mu \sin\left(\dfrac{2\pi\varphi'}{2^\lambda}\right)$	$-2^\mu \cos\left(\dfrac{2\pi\varphi'}{2^\lambda}\right)$
$3 \cdot 2^{\lambda-2} \leqslant \varphi < 7 \cdot 2^{\lambda-3}$	$\varphi' = \varphi - 3 \cdot 2^{\lambda-2}$	$2^\mu \sin\left(\dfrac{2\pi\varphi'}{2^\lambda}\right)$	$-2^\mu \cos\left(\dfrac{2\pi\varphi'}{2^\lambda}\right)$
$7 \cdot 2^{\lambda-3} \leqslant \varphi < 2^\lambda$	$\varphi' = 2^\lambda - \varphi$	$2^\mu \cos\left(\dfrac{2\pi\varphi'}{2^\lambda}\right)$	$-2^\mu \sin\left(\dfrac{2\pi\varphi'}{2^\lambda}\right)$

在表 7.1 中，相位累加值 φ 根据所在区间转换为 $[0, 2^{\lambda-3}]$ 范围内的压缩相位累加值 φ' 并得到 $2^\mu \cos\left(\dfrac{2\pi\varphi'}{2^\lambda}\right)$ 及 $2^\mu \sin\left(\dfrac{2\pi\varphi'}{2^\lambda}\right)$。进而利用正弦函数和余弦函数的对称性和对偶性恢复出 $[0, 2^\lambda)$ 范围内的余弦值及正弦值，如表 7.1 中第 3 列和第 4 列所示。

（2）对于 $0 \leqslant \varphi' \leqslant 2^{\lambda-3}$，优化 $2^\mu \cos\left(\dfrac{2\pi\varphi'}{2^\lambda}\right)$ 及 $2^\mu \sin\left(\dfrac{2\pi\varphi'}{2^\lambda}\right)$ 的产生方式。当 $\varphi' = 2^{\lambda-3}$ 时，$2^\mu \cos\left(\dfrac{2\pi\varphi'}{2^\lambda}\right) = 2^\mu \sin\left(\dfrac{2\pi\varphi'}{2^\lambda}\right) = 2^\mu \cdot \dfrac{\sqrt{2}}{2}$；当 $0 \leqslant \varphi' < 2^{\lambda-3}$ 时，令 $\varphi' = \varphi'_A + \varphi'_B$，根据三角函数和差化积公式，可以得到

$$2^{\mu}\sin\left(\frac{2\pi}{2^{\lambda}}\varphi'\right) = 2^{\mu}\sin\left[\frac{2\pi}{2^{\lambda}}(\varphi'_A+\varphi'_B)\right]$$

$$= 2^{\mu}\left[\sin\left(\frac{2\pi}{2^{\lambda}}\varphi'_A\right)\cos\left(\frac{2\pi}{2^{\lambda}}\varphi'_B\right)+\cos\left(\frac{2\pi}{2^{\lambda}}\varphi'_A\right)\sin\left(\frac{2\pi}{2^{\lambda}}\varphi'_B\right)\right]$$

$$2^{\mu}\cos\left(\frac{2\pi}{2^{\lambda}}\varphi'\right) = 2^{\mu}\cos\left[\frac{2\pi}{2^{\lambda}}(\varphi'_A+\varphi'_B)\right]$$

$$= 2^{\mu}\left[\cos\left(\frac{2\pi}{2^{\lambda}}\varphi'_A\right)\cos\left(\frac{2\pi}{2^{\lambda}}\varphi'_B\right)-\sin\left(\frac{2\pi}{2^{\lambda}}\varphi'_A\right)\sin\left(\frac{2\pi}{2^{\lambda}}\varphi'_B\right)\right]$$

根据公式(7.9)，将 φ'_A 和 φ'_B 分别表示为

$$\varphi'_A = a_{\lambda-4}\cdot 2^{\lambda-4}+a_{\lambda-5}\cdot 2^{\lambda-5}+\cdots+a_M\cdot 2^M \tag{7.10a}$$

$$\varphi'_B = a_{M-1}\cdot 2^{M-1}+a_{M-2}\cdot 2^{M-2}+\cdots+a_0 \tag{7.10b}$$

其中 M 表示 φ'_B 的二进制位宽。

随着比特值 $a_{\lambda-4}$，$a_{\lambda-5}$，$\cdots$，a_0 的变化，$\varphi'_A+\varphi'_B$ 能够遍历 $[0,2^{\lambda-3})$ 范围内的所有整数值。这里位宽 M 需满足对任意的 $\varphi'_B\in[0,2^{M-1})$，有

$$\frac{1}{2^{\mu}}\text{round}\left[\cos\left(\frac{2\pi}{2^{\lambda}}\varphi'_B\right)\cdot 2^{\mu}\right]=1 \tag{7.11}$$

式(7.11)表明，$\cos\left(\frac{2\pi\varphi'_B}{2^{\lambda}}\right)$ 在 $(\mu+2)\text{bit}$ 分辨率的定点表示方式下，其数值恒为 1，也就是说 φ'_B 在 $[0,2^{M-1})$ 范围内的变化引起 $\cos\left(\frac{2\pi\varphi'_B}{2^{\lambda}}\right)$ 的数值波动小于定点量化误差。因此

$$2^{\mu}\sin\left(\frac{2\pi}{2^{\lambda}}\varphi'\right)\approx 2^{\mu}\left[\sin\left(\frac{2\pi}{2^{\lambda}}\varphi'_A\right)+\cos\left(\frac{2\pi}{2^{\lambda}}\varphi'_A\right)\sin\left(\frac{2\pi}{2^{\lambda}}\varphi'_B\right)\right] \tag{7.12a}$$

$$2^{\mu}\cos\left(\frac{2\pi}{2^{\lambda}}\varphi'\right)\approx 2^{\mu}\left[\cos\left(\frac{2\pi}{2^{\lambda}}\varphi'_A\right)-\sin\left(\frac{2\pi}{2^{\lambda}}\varphi'_A\right)\sin\left(\frac{2\pi}{2^{\lambda}}\varphi'_B\right)\right] \tag{7.12b}$$

进一步考虑定点量化的影响，若对所有正弦值和余弦值按照 $(\mu+2)\text{bit}$ 分辨率进行定点量化，则

$$2^{\mu}\sin\left(\frac{2\pi}{2^{\lambda}}\varphi'\right)\approx \text{round}\left[2^{\mu}\sin\left(\frac{2\pi}{2^{\lambda}}\varphi'_A\right)\right]+$$

$$\text{round}\left[2^{\mu}\cos\left(\frac{2\pi}{2^{\lambda}}\varphi'_A\right)\right]\cdot\text{round}\left[2^{\mu}\sin\left(\frac{2\pi}{2^{\lambda}}\varphi'_B\right)\right]\cdot\frac{1}{2^{\mu}} \tag{7.13a}$$

$$2^{\mu}\cos\left(\frac{2\pi}{2^{\lambda}}\varphi'\right)\approx \text{round}\left[2^{\mu}\cos\left(\frac{2\pi}{2^{\lambda}}\varphi'_A\right)\right]-$$

$$\text{round}\left[2^{\mu}\sin\left(\frac{2\pi}{2^{\lambda}}\varphi'_A\right)\right]\cdot\text{round}\left[2^{\mu}\sin\left(\frac{2\pi}{2^{\lambda}}\varphi'_B\right)\right]\cdot\frac{1}{2^{\mu}} \tag{7.13b}$$

其中 $\frac{1}{2^{\mu}}$ 表示对定点乘法器输出进行 μ 比特截位，使公式(7.13a)和公式(7.13b)右侧加法和减法的两个操作数位宽保持一致。

令 $a_{\lambda-4}a_{\lambda-5}\cdots a_M$ 从"$00\cdots0$"递增至"$11\cdots1$"，构造 $\text{round}\left[2^{\mu}\cos\left(\frac{2\pi\varphi'_A}{2^{\lambda}}\right)\right]$ 的查找表公式，即

$$\text{round}\left[2^{\mu}\cos\left(\frac{2\pi}{2^{\lambda}}\varphi'_A\right)\right] = \text{round}\left\{2^{\mu}\cos\left[\frac{2\pi}{2^{\lambda}}(a_{\lambda-4}\cdot 2^{\lambda-4}+a_{\lambda-5}\cdot 2^{\lambda-5}+\cdots+a_M\cdot 2^M)\right]\right\}$$

$$= \text{round}\left\{2^{\mu}\cos\left[\frac{2\pi}{2^{\lambda-M}}(a_{\lambda-4}\cdot 2^{\lambda-4-M}+a_{\lambda-5}\cdot 2^{\lambda-5-M}+\cdots+a_M)\right]\right\}$$

$$(7.14)$$

类似地，$\text{round}\left[2^{\mu}\sin\left(\frac{2\pi\varphi'_A}{2^{\lambda}}\right)\right]$ 对应的查找表公式为

$$\text{round}\left[2^{\mu}\sin\left(\frac{2\pi}{2^{\lambda}}\varphi'_A\right)\right] = \text{round}\left\{2^{\mu}\sin\left[\frac{2\pi}{2^{\lambda-M}}(a_{\lambda-4}\cdot 2^{\lambda-4-M}+a_{\lambda-5}\cdot 2^{\lambda-5-M}+\cdots+a_M)\right]\right\}$$

$$(7.15)$$

式(7.14)和式(7.15)对应的两个查找表(查找表可以理解为一个存储器)的数据位宽为 $(\mu+2)$ bit，深度均为 $2^{\lambda-M-3}$，因此总存储开销为 $2(\mu+2)\cdot 2^{\lambda-M-3}$。

(3) 除(2)中构造的两张查找表外，还需 $\text{round}\left[2^{\mu}\sin\left(\frac{2\pi\varphi'_B}{2^{\lambda}}\right)\right]$ 的数值来完成公式 (7.13)的计算。为降低存储开销，所提方案不用查找表，而是基于 $\text{round}\left[2^{\mu}\sin\left(\frac{2\pi\varphi'_B}{2^{\lambda}}\right)\right]$ 的数值特性来设计逻辑判断单元，从而产生相应的数值。由于 $\varphi'_B\ll 2^{\lambda}$，因此 $\text{round}\left[2^{\mu}\sin\left(\frac{2\pi\varphi'_B}{2^{\lambda}}\right)\right]\approx \text{round}\left(\frac{2\pi\varphi'_B}{2^{\lambda-\mu}}\right)$。在 φ'_B 由 0 到 2^M-1 的递增过程中，$\text{round}\left[2^{\mu}\sin\left(\frac{2\pi\varphi'_B}{2^{\lambda}}\right)\right]$ 的取值从 0 递增到最大值 K，具体如下：

$$\text{round}\left[2^{\mu}\sin\left(\frac{2\pi\varphi'_B}{2^{\lambda}}\right)\right] = \begin{cases} 0, & 0\leqslant\varphi'_B\leqslant F_0 \\ 1, & F_0<\varphi'_B\leqslant F_1 \\ 2, & F_1<\varphi'_B\leqslant F_2 \\ 3, & F_2<\varphi'_B\leqslant F_3 \\ \vdots & \\ K, & F_{K-1}<\varphi'_B\leqslant F_K \end{cases} \quad (7.16)$$

令 $K_e>K$ 表示最靠近 K 的 2 的整数次幂，且 $F_{K+1}=F_{K+2}=\cdots=F_{K_e-1}=F_K$。依据公式(7.16)，通过逻辑判断单元确定 $\text{round}\left[2^{\mu}\sin\left(\frac{2\pi\varphi'_B}{2^{\lambda}}\right)\right]$ 的操作如下：

① 若 $\varphi'_B\leqslant F_{\frac{K_e}{2}-1}$，则 $b_0=0$，否则 $b_0=1$；

② 令 $c=2b_0+1$，若 $\varphi'_B\leqslant F_{\frac{cK_e}{4}-1}$，则 $b_1=0$，否则 $b_1=1$；

③ 令 $c=4b_0+2b_1+1$，若 $\varphi'_B\leqslant F_{\frac{cK_e}{8}-1}$，则 $b_2=0$，否则 $b_2=1$；

④ 令 $c=8b_0+4b_1+2b_2+1$，若 $\varphi'_B\leqslant F_{\frac{cK_e}{16}-1}$，则 $b_3=0$，否则 $b_3=1$；

$$\vdots$$

⑤ 令 $c=\sum_{k=0}^{i-2}2^{i-1-k}b_k+1$，若 $\varphi'_B\leqslant F_{\frac{cK_e}{2^{i-1}}-1}$，则 $b_{i-1}=0$，否则 $b_{i-1}=1$；

$$\vdots$$

当 $i=\text{lb}K_e$ 时，操作结束，此时利用 $b_0,b_1,\cdots,b_{\text{lb}K_e-1}$ 可得到

$$\text{round}\left[2^{\mu}\sin\left(\frac{2\pi\varphi_B'}{2^{\lambda}}\right)\right]=\sum_{k=0}^{\text{lb}K_e-1}2^{\text{lb}(K_e-1-k)}b_k \tag{7.17}$$

基于以上 3 个步骤，利用给定的相位累加值 φ 产生正弦值 $2^{\mu}\sin(2\pi\varphi)$ 和余弦值 $2^{\mu}\cos(2\pi\varphi)$ 的流程如图 7.6 所示。具体流程是：首先根据表 7.1 将 φ 转换为压缩相位累加值 φ'，若 $\varphi'=2^{\lambda-3}$，则 $2^{\mu}\cos\left(\dfrac{2\pi\varphi'}{2^{\lambda}}\right)=2^{\mu}\sin\left(\dfrac{2\pi\varphi'}{2^{\lambda}}\right)=2^{\mu}\cdot\dfrac{\sqrt{2}}{2}\approx\text{round}\left(\sqrt{2}\,2^{\mu-1}\right)$，否则根据公式 (7.10) 将 φ' 分解为 φ_A' 和 φ_B'，并通过查找表公式计算 $\text{round}\left[2^{\mu}\cos\left(\dfrac{2\pi\varphi_A'}{2^{\lambda}}\right)\right]$ 和 $\text{round}\left[2^{\mu}\sin\left(\dfrac{2\pi\varphi_A'}{2^{\lambda}}\right)\right]$ 以及通过逻辑判断单元确定 $\text{round}\left[2^{\mu}\sin\left(\dfrac{2\pi\varphi_B'}{2^{\lambda}}\right)\right]$；然后再利用公式 (7.13a) 和公式 (7.13b) 确定 $2^{\mu}\sin\left(\dfrac{2\pi\varphi'}{2^{\lambda}}\right)$ 和 $2^{\mu}\cos\left(\dfrac{2\pi\varphi'}{2^{\lambda}}\right)$；最后基于 φ 所在区间，参照表 7.1 中第 3 列和第 4 列的数值变换操作恢复出 $2^{\mu}\cos\left(\dfrac{2\pi\varphi}{2^{\lambda}}\right)$ 和 $2^{\mu}\sin\left(\dfrac{2\pi\varphi}{2^{\lambda}}\right)$。

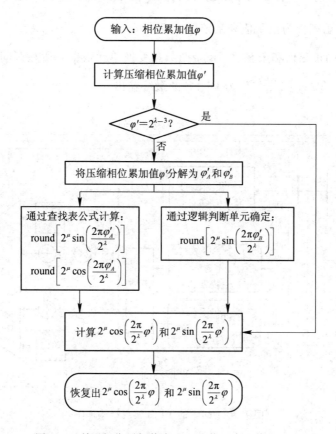

图 7.6　利用相位累加值产生正弦值和余弦值的流程

7.2.2　直接数字频率合成器 VLSI 实现结构

DDFS 的 VLSI 顶层实现结构框图如图 7.7 所示。由图可知，在频率为 f_{clk} 的工作时钟的驱动下，以频率控制字 C_f 为步进累加的相位累加值 φ 送入压缩相位累加值计算单元。压缩相位累加值计算单元根据表 7.1 求解压缩相位累加值 φ'，并输出以下数据：

(1) 位宽为 $(\lambda-2)$ bit 的压缩相位累加值 φ'，其取值为 $[0, 2^{\lambda-3}]$ 范围内的整数；

(2) 位宽为 3 bit 的 φ 所在区间指示，记作 $q_2 q_1 q_0$。若 $q_2 q_1 q_0$ 在十进制下的数值为 Q，则表示 φ 位于表 7.1 中第 $Q+1$ 行的区间。

在二进制表示形式下，将 φ' 的后 M 比特位送入 $2^\mu \sin\left(\dfrac{2\pi\varphi'_B}{2^\lambda}\right)$ 逻辑判断单元，将 φ' 的第 $\lambda-3$ 至第 $M+1$ 比特位用于索引查找表，将 φ' 的最高比特位（第 $\lambda-2$ 位）保留并用作后续的逻辑判断。查找表输出的 $2^\mu \sin\left(\dfrac{2\pi\varphi'_A}{2^\lambda}\right)$ 和 $2^\mu \cos\left(\dfrac{2\pi\varphi'_A}{2^\lambda}\right)$ 经过延迟，与逻辑判断单元输出的 $2^\mu \sin\left(\dfrac{2\pi\varphi'_B}{2^\lambda}\right)$ 时序对齐后，按照公式（7.13a）和公式（7.13b），通过乘加运算得到 $2^\mu \sin\left(\dfrac{2\pi\varphi'}{2^\lambda}\right)$ 和 $2^\mu \cos\left(\dfrac{2\pi\varphi'}{2^\lambda}\right)$。当 φ' 的最高比特位为 0 时，此时 $\varphi' < 2^{\lambda-3}$，则将乘加运算得到的正弦值和余弦值输出；当 φ' 的最高比特位为 1 时，此时 $\varphi' = 2^{\lambda-3}$，则将预先存储在寄存器中的 $2^\mu \cdot \dfrac{\sqrt{2}}{2}$ 输出来作为正弦值和余弦值。

利用 φ' 对应的正弦值和余弦值，正余弦数据变换单元根据 φ 所在区间，按照表 7.1 恢复出 $2^\mu \sin\left(\dfrac{2\pi\varphi}{2^\lambda}\right)$ 和 $2^\mu \cos\left(\dfrac{2\pi\varphi}{2^\lambda}\right)$ 作为 DDFS 的最终输出。

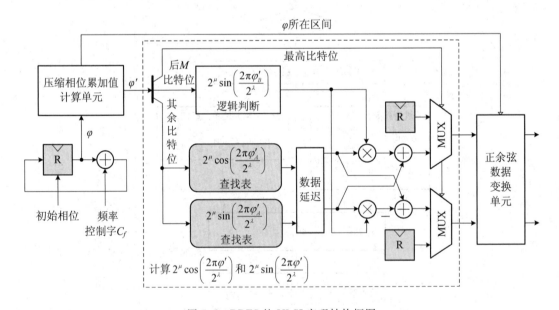

图 7.7　DDFS 的 VLSI 实现结构框图

用于产生 $2^\mu \sin\left(\dfrac{2\pi\varphi'_B}{2^\lambda}\right)$ 数值的逻辑判断单元结构如图 7.8 所示。该逻辑判断单元由 $\mathrm{lb}K_e$ 级组成，每一级的比较器将输入的 φ' 的后 M 比特位与一个给定的门限值比较，比较器输出 0 表示输入数据未超过门限值，输出 1 表示输入数据超过门限值。将第 1 级比较器的门限固定为 $F_{\frac{K_e}{2}-1}$，第 1 级比较器的输出 b_0 控制数据选择器，选取 $F_{\frac{K_e}{4}-1}$，$c=2b_0+1$ 作为第 2 级比较器的门限。第 2 级比较器的输出 b_1 与 b_0 一同控制数据选择器，选取 $F_{c\frac{K_e}{8}-1}$，$c=4b_0+2b_1+1$ 作为第 3 级比较器的门限。以此类推，前 $i-1$ 级比较器的输出共同控制数据选择器，选取 $F_{c\frac{K_e}{2^i}-1}$，$c=\sum\limits_{k=0}^{i-2}2^{i-1-k}b_k+1$ 作为第 i 级比较器的门限。最后，将第 i 级比较器的输出比特作为输出数据的第 $\mathrm{lb}(K_e-i+1)$ 比特位（第 1 比特位表示最低比特位），并按此方式排列全部 $\mathrm{lb}K_e$ 级比较器的输出，得到 $2^\mu\sin\left(\dfrac{2\pi\varphi'_B}{2^\lambda}\right)$ 的对应数值。

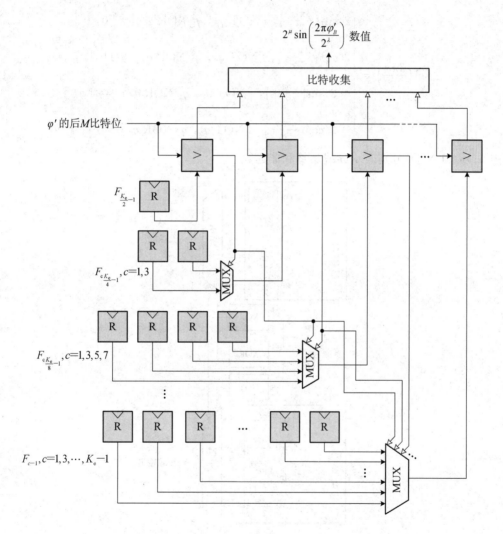

图 7.8　用于产生 $2^\mu\sin\left(\dfrac{2\pi\varphi'_B}{2^\lambda}\right)$ 数值的逻辑判断单元结构

　　正余弦数据变换单元结构如图 7.9 所示，其核心是根据 $q_2q_1q_0$ 指示的 φ 所在区间，从 $2^\mu\cos\left(\dfrac{2\pi\varphi'}{2^\lambda}\right)$、$2^\mu\sin\left(\dfrac{2\pi\varphi'}{2^\lambda}\right)$、$-2^\mu\cos\left(\dfrac{2\pi\varphi'}{2^\lambda}\right)$ 及 $-2^\mu\sin\left(\dfrac{2\pi\varphi'}{2^\lambda}\right)$ 中选择正确数据作为 DDFS 的正余弦输出。根据表 7.1 推导得到的选择方式如下：

$$2^{\mu}\cos\left(\frac{2\pi\varphi}{2^{\lambda}}\right) = \begin{cases} 2^{\mu}\cos\left(\dfrac{2\pi\varphi'}{2^{\lambda}}\right), & [q_2 \text{ XOR } q_1, q_1 \text{ XOR } q_0] = [0,0] \\ 2^{\mu}\sin\left(\dfrac{2\pi\varphi'}{2^{\lambda}}\right), & [q_2 \text{ XOR } q_1, q_1 \text{ XOR } q_0] = [0,1] \\ -2^{\mu}\cos\left(\dfrac{2\pi\varphi'}{2^{\lambda}}\right), & [q_2 \text{ XOR } q_1, q_1 \text{ XOR } q_0] = [1,0] \\ -2^{\mu}\sin\left(\dfrac{2\pi\varphi'}{2^{\lambda}}\right), & [q_2 \text{ XOR } q_1, q_1 \text{ XOR } q_0] = [1,1] \end{cases} \tag{7.18}$$

$$2^{\mu}\sin\left(\frac{2\pi\varphi}{2^{\lambda}}\right) = \begin{cases} 2^{\mu}\sin\left(\dfrac{2\pi\varphi'}{2^{\lambda}}\right), & [\text{NOT } q_2, q_1 \text{ XOR } q_0] = [0,0] \\ 2^{\mu}\cos\left(\dfrac{2\pi\varphi'}{2^{\lambda}}\right), & [\text{NOT } q_2, q_1 \text{ XOR } q_0] = [0,1] \\ -2^{\mu}\sin\left(\dfrac{2\pi\varphi'}{2^{\lambda}}\right), & [\text{NOT } q_2, q_1 \text{ XOR } q_0] = [1,0] \\ -2^{\mu}\cos\left(\dfrac{2\pi\varphi'}{2^{\lambda}}\right), & [\text{NOT } q_2, q_1 \text{ XOR } q_0] = [1,1] \end{cases} \tag{7.19}$$

其中 XOR 和 NOT 分别表示异或运算和非运算。

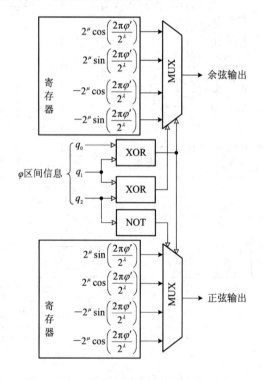

图 7.9 正余弦数据变换单元结构

7.2.3 直接数字频率合成器实现实例

基于前面介绍的 DDFS 实现方案，本节结合无人机系统的具体应用要求，在系统工作时钟频率 $f_{\text{clk}}=187.5$ MHz、相位累加器位宽 $\lambda=28$ bit 的条件下，介绍 DDFS 的实现实例。此时，频率分辨率达到 $\frac{187.5\times10^6}{2^{28}}=0.6985$ Hz。将正余弦信号的幅度分辨率设定为

$\mu+2=16$ bit，则 φ'_A 的位宽为 9 bit，φ'_B 的位宽为 16 bit，φ'_A 和 φ'_B 分别表示为

$$\varphi'_A = a_{24} \cdot 2^{24} + a_{23} \cdot 2^{23} + \cdots + a_{16} \cdot 2^{16}$$

$$\varphi'_B = a_{15} \cdot 2^{15} + a_{14} \cdot 2^{14} + \cdots + a_0$$

生成 φ'_A 对应的余弦和正弦查找表公式分别为

$$\text{round}\left[2^{14} \cos\left(\frac{2\pi}{2^\lambda} \varphi'_A \right) \right] = \text{round}\left\{ 2^{14} \cos\left[\frac{2\pi}{2^{12}} (a_{23} \cdot 2^8 + a_{22} \cdot 2^7 + \cdots + a_{16}) \right] \right\}$$

$$\text{round}\left[2^{14} \sin\left(\frac{2\pi}{2^\lambda} \varphi'_A \right) \right] = \text{round}\left\{ 2^{14} \sin\left[\frac{2\pi}{2^{12}} (a_{23} \cdot 2^8 + a_{22} \cdot 2^7 + \cdots + a_{16}) \right] \right\}$$

$$a_{23} a_{22} \cdots a_{16} = 00\cdots0,\ 00\cdots1,\ \cdots,\ 11\cdots1$$

正弦和余弦查找表的深度为 512，数据如图 7.10 所示。两张查找表的存储开销为 512×16×2 = 16 384 bit。

$2^{14} \sin\left(\dfrac{2\pi}{2^\lambda} \varphi'_B \right)$ 的取值随 φ'_B 的变化如图 7.11 所示。当 φ'_B 从 0 增加到 65 535 时，

$2^{14} \sin\left(\dfrac{2\pi \varphi'_B}{2^\lambda} \right)$ 从 0 增加到 25。相应地，F_0，F_1，$\cdots$，F_{25} 的取值如表 7.2 所示。

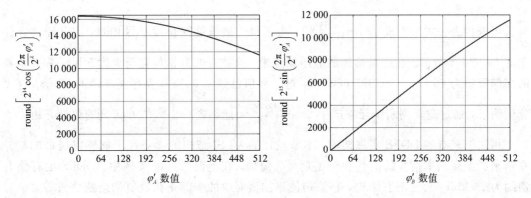

图 7.10　φ'_A 对应的余弦和正弦查找表公式数据

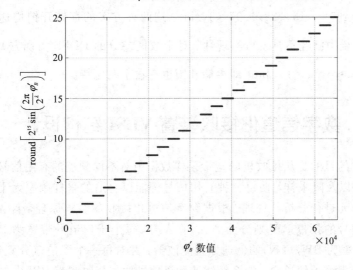

图 7.11　$2^{14} \sin\left(\dfrac{2\pi}{2^\lambda} \varphi'_B \right)$ 的取值随 φ'_B 的变化

表 7.2　F_0，F_1，$\cdots$，F_{25} 的取值

k	F_k	k	F_k	k	F_k	k	F_k
0	1304	8	22 165	16	43 026	24	63 887
1	3912	9	24 773	17	45 633	25	65 535
2	6519	10	27 380	18	48 241	—	—
3	9127	11	29 988	19	50 849	—	—
4	11 735	12	32 595	20	53 456	—	—
5	14 342	13	35 203	21	56 064	—	—
6	16 950	14	37 811	22	58 671	—	—
7	19 557	15	40 418	23	61 279	—	—

根据图 7.7 给出的结构计算 $2^{14}\sin\left(\dfrac{2\pi\varphi'_B}{2^\lambda}\right)$ 时，只需要存储 F_0，F_1，$\cdots$，F_{25} 即可。而如果采用查找表公式来生成 $2^{14}\sin\left(\dfrac{2\pi\varphi'_B}{2^\lambda}\right)$，由于每个数值区间长度不尽相同，因此需要存储全部 65 536 个数值。在这里描述的应用场景中，查找表的数据位宽至少为 5 bit，需要消耗的存储资源为 $65\,536\times5=327\,680$ bit，这个数值已经是 φ'_A 查找表存储开销的 20 倍。这充分说明了，通过逻辑判断单元来产生 $2^{14}\sin\left(\dfrac{2\pi\varphi'_B}{2^\lambda}\right)$ 能够进一步降低 DDFS 的存储开销。

相比于现有的 DDFS 实现架构，本节设计的 VLSI 结构的优势在于能够以极低的存储开销来产生高频率精度的正弦和余弦信号。例如，在上面描述的实例中，DDFS 的存储开销约为 16 kbit。对比现有结构，存储相位累加值对应的全部正弦数值和余弦数值需要的存储开销为 $2^{28}\times16\times2\approx8.59\times10^9$ bit。如果利用正弦函数和余弦函数的对称性和对偶性，则存储开销可以减小到 $\dfrac{2^{28}}{8}\times16\times2\approx1.07\times10^9$ bit。这两种方案的存储开销均达到了千兆比特量级，在实际系统中已经不具备可实现性。对于数值差分的 DDFS 实现方案，其最小存储开销为 $\dfrac{2^{28}}{8}\times1\times2\approx6.71\times10^7$ bit，即存储开销也有数十兆比特。

7.3　数字信道化接收装置 VLSI 结构设计

数字信道化接收的目的是从接收机的宽带采样数据中对不同频点的有用信号同时进行数字滤波、频谱搬移以及降采样，使每一种有用信号都能以合适的采样频率无干扰地被送入后续的信号处理单元进行分析与处理。根据数字信道化接收的基本原理，首先，数字信道化接收机将接收信号的频带 BW 划分为 N 个子信道，每个子信道的带宽为 BW/N；然后，设计通带截止频率为 $BW/(2N)$ 的低通原型滤波器，并对每一个子信道分别进行滤波，如果某个有用信号位于该子信道内，那么经滤波后该信号便与接收频带 BW 内的其他信号分离；最后，对滤除的有用信号进行抽取，使其采样频率降低至满足信号处理要求的合适频率。可以发现在这一过程中，每一个子信道都需要配备一个原型滤波器，而滤波结果的抽取又使得滤波器进行了大量的"无效"计算。为了解决这一问题，人们提出了基于多相滤波的数字信道化接收方案。该方案具有以下几个特点。

（1）由"先滤波再抽取"变为"先抽取再滤波"，数据抽取放在滤波运算之前进行，保证滤波器的输出数据均为有效计算结果；

（2）原型滤波器被分解为 N 个多相滤波器，每个多相滤波器的阶数仅为原型滤波器阶数的 $1/N$，N 路多相滤波器的滤波结果经过 IFFT 计算综合后，能够等效实现对 N 路子信道按照原型滤波器的并行滤波。

多相滤波数字信道化接收装置的提出极大降低了数字信道化接收的复杂度，是目前主流数字信道化接收机最常用的解决方案。而随着接收机带宽的不断提升，以及接收带宽内信号数量的不断增多，多相滤波数字信道化接收装置需要提升子信道个数 N 来满足应用需求。但这也引发了以下问题：

（1）原型滤波器阶数过高。多相滤波数字信道化接收装置的原型滤波器的通带截止频率为 $\dfrac{\mathrm{BW}}{2N}$（或归一化数字频率为 π/N）。当 N 较大时，要满足滤波器阻带衰减和过渡带的要求，滤波器阶数将会明显提升。例如，采用 Kaiser 窗函数法设计通带截止频率为 $\pi/4$、阻带衰减为 80 dB 的原型滤波器，滤波器阶数为 402 阶；若通带截止频率缩减至 $\pi/16$，其他条件不变，则滤波器阶数需要增加至 1606 阶，乘法器开销增加了 4 倍。

（2）全并行 IFFT 计算单元的硬件复杂度过高。多相滤波数字信道化接收装置需要进行 N 点全并行 IFFT 计算，所需的蝶形运算单元数目正比于 $N\,\mathrm{lb}\,N$，乘法器数量正比于 N。随着子信道数量的增加，全并行 IFFT 计算单元的硬件复杂度也会显著提升。

因此，当子信道个数 N 较大时，以上因素限制了多相滤波数字信道化接收装置的应用。针对这些问题，本节将设计新的数字信道化接收装置 VLSI 实现结构，该结构不仅能够实现下行数传信号的低复杂度分离处理，还能够应用于其他信道化接收的场景。

7.3.1　数字信道化接收装置顶层架构

数字信道化接收装置顶层架构如图 7.12 所示。从顶层架构来看，该硬件架构包括输入排序单元、M 通道数字信道化迭代处理单元（其中 M 的取值为 2 的幂次）以及输出分离单元。其中，输入排序单元一方面接收原始输入数据，另一方面接收输出分离单元的反馈数据，将两路数据按一定方式排序及合路后，作为 M 通道数字信道化迭代处理单元的输入；M 通道数字信道化迭代处理单元对并行输入数据进行信道化滤波运算，M 通道数字信道化迭代处理单元的输出数据被送至输出分离单元；输出分离单元将数 M 通道数字信道化迭代处理单元的 M 路输出数据进行筛选和分离，一方面得到需要反馈到输入排序单元的数据，另一方面得到 M^2 路数字信道化处理结果。

在对底层 VLSI 实现结构进行展开说明之前，下面我们首先对数字信道化接收装置的工作原理进行介绍。具体而言，采样带宽为 BW 的原始输入数据首先经过输入排序单元后被送入 M 通道数字信道化迭代处理单元，经过处理后信号频带被等间隔分为带宽为 BW/M 的 M 个子信道；然后，输出分离单元将原始输入数据对应的 M 路信道化结果反馈至输入排序单元，由数据排序单元进行次序变换后，再一次被送入 M 通道数字信道化迭代

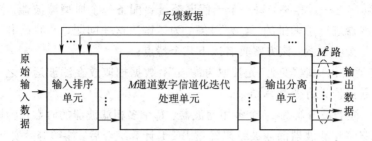

图 7.12　数字信道化接收装置顶层架构图

处理单元进行处理，使得每个带宽为 BW/M 的子信道进一步被划分为 M 份，这样子信道数量增加至 M^2，相应地，每个子信道带宽缩减至 BW/M^2。通道个数 M 的选择主要考虑待分离信号的带宽特点，以保证 BW/M^2 不小于多个待分离信号的最大带宽，这样数字信道化接收处理不会引发信号失真。数字信道化接收装置的工作原理图如 7.13 所示，该图以数字信道化迭代处理单元通道数 $M=4$ 为例对数字信道化接收装置的工作原理进行了说明，此时该装置可以对最多 $M^2=16$ 个信号进行分离。

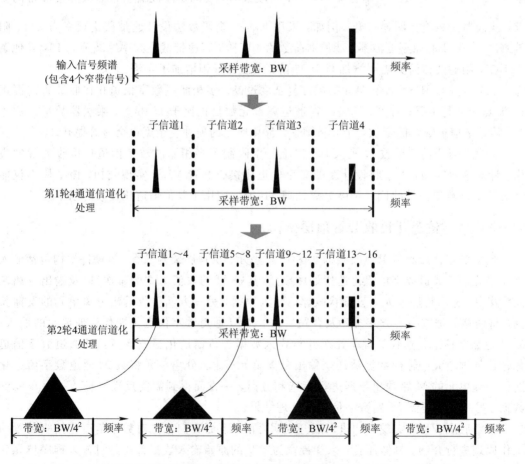

图 7.13　数字信道化接收装置工作原理(设数字信道化迭代处理单元通道数 $M=4$)

7.3.2　输入排序单元设计

输入排序单元的硬件架构如图 7.14(a) 所示，其工作时钟频率为 $\dfrac{2\mathrm{BW}}{M}$。首先，在输入排序单元内部，原始输入数据被送入包含 $M-1$ 个延迟单元的串行延迟器中，每个延迟单元的输出连同原始输入组成了 M 个并行支路；然后，对 M 个并行支路的数据同时进行 $1/M$ 抽取，将抽取后的数据作为 M 通道数字信道化迭代处理单元的输入。用 $x_0(1)$，$x_0(2)$，$\cdots$，$x_0(i)$，$\cdots$ 表示原始输入数据，经过上述操作后，输入数据重新排列为

$$
\begin{bmatrix}
x_0(1) & 0 & x_0(M+1) & 0 & x_0(2M+1) & 0 & x_0(3M+1) & \cdots \\
x_0(2) & 0 & x_0(M+2) & 0 & x_0(2M+2) & 0 & x_0(3M+2) & \cdots \\
\vdots & \vdots & \vdots & \vdots & \vdots & \vdots & \vdots & \\
x_0(M) & 0 & x_0(2M) & 0 & x_0(3M) & 0 & x_0(4M) & \cdots
\end{bmatrix}
\tag{7.20}
$$

其中，矩阵每一列的 M 个元素表示同一时钟周期内并行送入 M 通道数字信道化迭代处理单元的数据；"0"表示该时钟周期空闲，即无数据送入 M 通道数字信道化迭代处理单元。

在上述数据矩阵中，输入数据 $x_0(i)$ 只分布在第 $2k+1(k=0,1,2,\cdots)$ 列，表示在相应时钟周期内有数据被送入 M 通道数字信道化迭代处理单元。

在输入排序单元内，反馈数据的排序通过反馈数据重排模块来实现。需要强调的是，反馈数据重排模块只接收 M 通道数字信道化迭代处理单元输出数据中与原始输入数据 $x_0(1)$，$x_0(2)$，$\cdots$，$x_0(i)$，$\cdots$ 相关联的数据，其他数据不在反馈数据重排模块内操作。用 $y_m(i)(m=1,2,\cdots,M,\ i=1,2,\cdots)$ 表示原始输入数据经 M 通道数字信道化迭代处理单元处理后在第 m 个支路输出的有效数据，反馈数据重排模块每次收集原始输入数据对应的连续 M 组处理结果，这些数据可以构成一个 $M\times M$ 的数据矩阵，即

$$
\begin{bmatrix}
y_1(Mk+1) & y_1(Mk+2) & \cdots & y_1(Mk+M) \\
y_2(Mk+1) & y_2(Mk+2) & \cdots & y_2(Mk+M) \\
\vdots & \vdots & & \vdots \\
y_M(Mk+1) & y_M(Mk+2) & \cdots & y_M(Mk+M)
\end{bmatrix},\ k=0,1,\cdots
\tag{7.21}
$$

对该 $M\times M$ 的数据矩阵进行转置，得到

$$
\begin{bmatrix}
y_1(Mk+1) & y_1(Mk+1) & \cdots & y_1(Mk+1) \\
y_2(Mk+2) & y_2(Mk+2) & \cdots & y_2(Mk+2) \\
\vdots & \vdots & & \vdots \\
y_M(Mk+M) & y_M(Mk+M) & \cdots & y_M(Mk+M)
\end{bmatrix}
\tag{7.22}
$$

在频率为 $\dfrac{2\mathrm{BW}}{M}$ 的工作时钟驱动下，利用原始输入数据送入 M 通道数字信道化迭代处理单元时空闲的时钟周期，将数据矩阵的各列送入 M 通道数字信道化迭代处理单元进行二次处理。两组数据流的合路通过控制输入排序单元中的数据选择器 MUX 来实现。输入数据排序单元的数据时序如图 7.14(b) 所示，通过这种方式实现了对数字信道化接收装置中算术运算单元的复用。

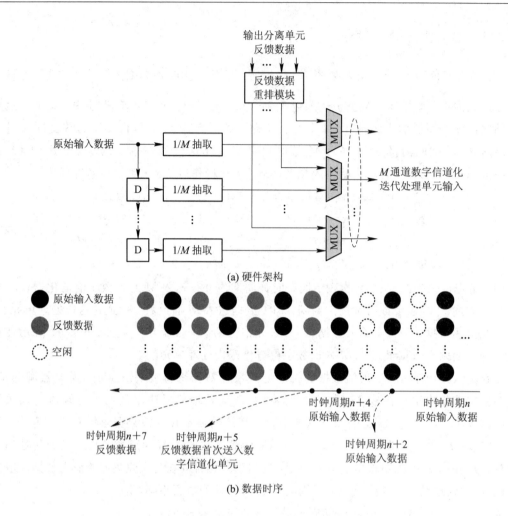

(a) 硬件架构

(b) 数据时序

图 7.14 输入排序单元的硬件架构及数据时序

下面我们重点介绍反馈数据重排模块的 VLSI 实现结构。如上所述，反馈数据重排模块用于实现 $M\times M$ 数据矩阵的转置。以 $M=8$ 为例的反馈数据重排模块的 VLSI 实现结构如图 7.15 所示。一般地，反馈数据重排模块包含 $\mathrm{lb}M$ 级次序变换操作，其中第 i 级的次序变换通过 $M/2$ 个次序变换组件来实现。用 $S(r)$ 表示内嵌寄存器长度为 r 的次序变换组件，则第 i 级的次序变换所用的次序变换组件可以表示为 $S\left(\dfrac{M}{2^i}\right)$。第 i 级的第 j 个($j=1,2$, $\cdots$, M)次序变换组件以前一级输出数据(当 $i=1$ 时为输出分离单元的反馈数据)的第 j 个和第 $j+\dfrac{M}{2}$ 个数据为输入，以此实现各级次序变换组件的互联。最后一级次序变换结束后，数据并行输出，并与原始输入数据进行合路。次序变换组件 $S(r)$ 包含两个长度为 r 的移位寄存器和两个数据选择器。通过控制数据选择器，次序变换组件的工作方式如下：

（1）左右两个支路接收的 r 个数据被送入各自的移位寄存器，同时移位寄存器移出的数据分别从对应的支路输出；

（2）左支路接收的 r 个数据被送入其移位寄存器，同时其移出的数据作为右支路移位寄存器的输入；右支路接收的 r 个数据从左支路输出，同时其移位寄存器移出的数据从右支路输出。

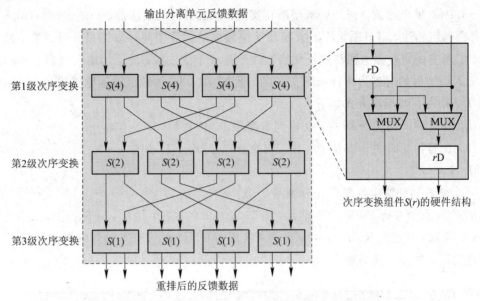

图 7.15　反馈数据重排模块的 VLSI 实现结构（以 $M=8$ 为例）

随着数据的不断输入，方式(1)与方式(2)在次序变换组件内循环交替进行，从而保证了对连续输入数据流的正确处理。

7.3.3　M 通道数字信道化迭代处理单元设计

M 通道数字信道化迭代处理单元接收输入排序单元提供的 M 路并行数据，完成数据的信道化滤波与频谱搬移，其工作时钟频率为 $2BW/M$，与输入排序单元的工作时钟频率一致，M 通道数字信道化迭代处理单元及其内嵌滤波器的硬件结构如图 7.16 所示。由图可知，前端的 M 个乘法器用于给输入数据乘 1 或 −1。设原始输入数据 $x_0(1)$，$x_0(2)$，…，$x_0(M)$ 输入 M 通道数字信道化迭代处理单元的时钟周期为 T_0，反馈数据 $y_1(1)$，$y_1(2)$，…，$y_1(M)$ 输入 M 通道数字信道化迭代处理单元的时钟周期为 T_1，则前端乘法器的运行方式如下：

(1) 在时钟周期 T_0+4k 或 $T_1+4Mk+2i$ 内，输入数据乘 1，其中 $k=0, 1, 2, \cdots$；$i=0, 1, \cdots, M-1$。

(2) 在时钟周期 T_0+4k+2 或 $T_1+4Mk+2M+2i$ 内，输入数据乘 −1，其中 $k=0, 1, 2, \cdots$；$i=0, 1, \cdots, M-1$。

M 通道数字信道化迭代处理单元集成的 M 个滤波器的阶数均为 $L-1$，但 L 个滤波器系数各不相同。为确定滤波器系数，可先设计阶数为 $ML-1$、通带截止频率为 $\frac{\pi}{M}$ 的数字低通原型滤波器，相应的滤波器系数记作 $h(1)$，$h(2)$，…，$h(ML)$，则 M 通道数字信道化迭代处理单元中第 m 个（$m=1, 2, \cdots, M$）滤波器的系数 $h_m(1)$，$h_m(2)$，…，$h_m(L)$ 与原型滤

波器系数的对应关系为

$$h_m(l) = h[(l-1)M+m]$$

图 7.16 中的 M 个滤波器采用转置型结构实现。滤波器内的乘法器、加法器都与 $(M+1)$ 选 1 的寄存器组相连，将对原始输入数据和反馈数据的滤波中间计算结果分开缓存。滤波器工作时，所有的寄存器组同步进行切换。对于第 m 个滤波器，设原始输入数据 $x_0(m)$ 经加权后输入滤波器的时刻为时钟周期 T_0'，反馈数据 $y_1(m)$ 经加权后输入滤波器的时刻为时钟周期 T_1'，则寄存器切换方式如下：

（1）在时钟周期 $T_0'+2k$ 内，切换到寄存器 1，其中 $k=0, 1, 2, \cdots$。

（2）在时钟周期 $T_1'+2Mk+2i$ 内，切换到寄存器 $i+2$，其中 $k=0, 1, 2, \cdots$；$i=0, 1, \cdots, M-1$。

M 个滤波器的输出数据首先分别乘 $(-1)^0 e^{j\frac{\pi}{M}0}$，$(-1)^1 e^{j\frac{\pi}{M}1}$，$\cdots$，$(-1)^{M-1} e^{j\frac{\pi}{M}(M-1)}$，然后再送入 M 点全并行 IFFT 计算单元。由于 M 为 2 的幂次，因此，IFFT 计算采用传统的 Radix-2 算法，并按照 Radix-2 信号流图来实现 IFFT 计算。IFFT 计算结果作为 M 通道数字信道化迭代处理单元的输出。

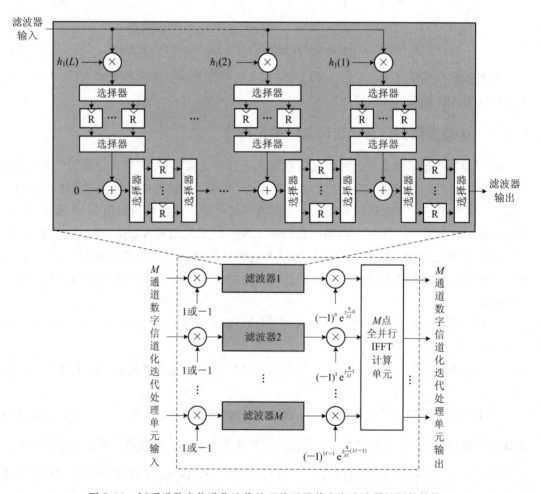

图 7.16　M 通道数字信道化迭代处理单元及其内嵌滤波器的硬件结构

7.3.4　输出分离单元设计

输出分离单元用于从 M 通道数字信道化迭代处理单元的输出数据中分离出反馈数据和有效输出数据，并通过异步 FIFO 实现输出数据的速率调整，其硬件结构框图如图 7.17 所示。在输出分离单元中，M 路输入数据首先被送入数据分离模块。数据分离模块的工作时钟频率为 $2\mathrm{BW}/M$，与输入数据速率相同。数据分离模块包含 $M+1$ 个输出端口，其中端口 1 输出原始数据的信道化处理结果，端口 2 至端口 $M+1$ 分别输出 M 路反馈数据的信道化处理结果。设原始数据的信道化处理结果开始进入输出分离单元的时刻为时钟周期 $\tilde{T}_0$，M 路反馈数据的信道化处理结果开始进入输出分离单元的时刻为时钟周期 $\tilde{T}_1$，则数据分离模块的端口选择方式如下：

（1）在时钟周期 $\tilde{T}_0+2k$ 内，当前输入数据从端口 1 输出，其中 $k=0,1,2,\cdots$。

（2）在时钟周期 $\tilde{T}_1+2Mk+2i$，当前输入数据从端口 $i+2$ 输出，其中 $k=0,1,2,\cdots$；$i=0,1,\cdots,M-1$。

端口 1 的输出数据作为反馈数据被送入输入排序单元。端口 2 至端口 $M+1$ 的输出数据被送入异步 FIFO 模块进行数据速率变换。数字信道化接收装置最终输出 M^2 路带宽为 BW/M^2 的信号，故异步 FIFO 模块输出端的时钟频率为 BW/M^2，输入端的时钟频率为 $2\mathrm{BW}/M$。设 $t_{\mathrm{clk}}^{\mathrm{in}}=\dfrac{1}{2\mathrm{BW}/M}$ 和 $t_{\mathrm{clk}}^{\mathrm{out}}=\dfrac{1}{\mathrm{BW}/M^2}$ 分别为异步 FIFO 模块输入端与输出端的时钟周期长度，从数据分离模块的端口选择方式可以看出，每个异步 FIFO 模块在每 $2M$ 个时钟周期内只写入一次数据，相应的数据写入速率为 $\dfrac{M}{t_{\mathrm{clk}}^{\mathrm{in}}\cdot 2M}=\dfrac{M}{M^2/\mathrm{BW}}$，与数据读出速率 $\dfrac{M}{t_{\mathrm{clk}}^{\mathrm{out}}}$ 相同。因此，异步 FIFO 模块的存储深度最小可以设置为 2，即可满足数据速率转换的要求。

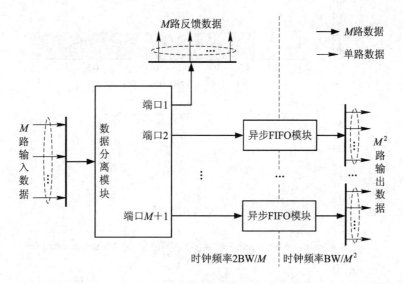

图 7.17　输出分离单元硬件结构框图

总结起来，相比于传统的数字信道化接收装置，本节提出的数字信道化接收装置具有以下两方面的优势：

（1）显著降低了低通原型滤波器的阶数，从而降低了数字信道化接收装置中乘法器的开销。本节提出的数字信道化接收装置可提供 M^2 路信道化输出，而其低通原型滤波器的通带截止频率为 π/M。在相同条件下，传统数字信道化接收装置的低通原型滤波器的通带截止频率应为 π/M^2。不难发现，传统数字信道化接收装置由于滤波器通带较窄，滤波器设计难度更大，因此需要更高的滤波器阶数才能满足数字信道化接收要求，这也意味着硬件实现中需要消耗更多的乘法器。图 7.18 以 $M=4$ 为例，比较了通带截止频率为 π/M 与 π/M^2 时滤波器的阶数，两者的阻带衰减值均为 80 dB。从图中可以看出，在滤波器过渡带与通带比值保持不变的情况下，更小的通带宽度需要更高的滤波器阶数。在图 7.18 的实例中，通带截止频率为 π/M^2 的低通原型滤波器阶数达到了 1296 阶，是通带截止频率为 π/M 时低通原型滤波器阶数的 4 倍。

（2）除由于低通原型滤波器阶数下降带来的乘法器资源开销降低外，在本节提出的数字信道化接收装置中，M 通道数字信道化迭代处理单元的 M 点全并行 IFFT 计算单元只需实现 M 点全并行 IFFT 计算即可。而在传统数字信道化接收装置中，要实现 M^2 路信道化输出，IFFT 计算单元要实现 M^2 点全并行 IFFT 计算。显然本节提出的信道化接收装置具有更低的硬件复杂度。

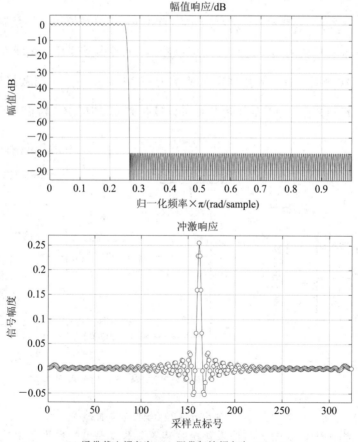

(a) 通带截止频率为 $\pi/4$，阻带起始频率为 $\pi/4 + \pi/64$

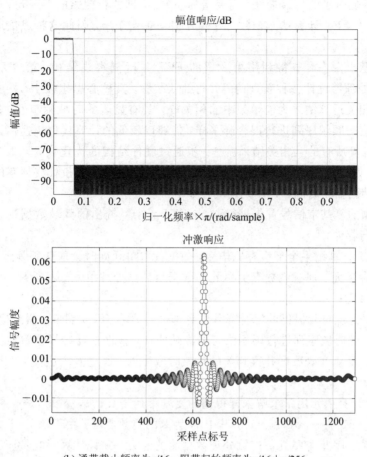

幅值响应/dB

(b) 通带截止频率为π/16, 阻带起始频率为π/16+π/256

图 7.18　不同参数配置下的低道原型滤波器阶数对比

7.4　伪码并行捕获装置 VLSI 结构设计

回顾第 1 章介绍的基于 FFT 的伪码捕获流程, 与之对应的伪码快速捕获装置需要部署 1 个 N 点 FFT 计算单元和 p 个 N 点 IFFT 计算单元。假设 FFT 和 IFFT 计算结果实部和虚部的定点化数据位宽均为 ω_x bit, 则该装置的存储开销为 $(4pN\omega_x + 2N\omega_x)$ bit。同时, 要搜索完 Q 个多普勒频率和 N 个码相位, 该捕获装置的处理时延约为 $\frac{2NQ}{p}$ 个时钟周期, 并且为了保证捕获装置具备对接收数据的流处理能力, 要求捕获装置的工作时钟频率 f_{proc} 应当至少为基带采样时钟频率 f_{base} 的 $\frac{2Q}{p}$ 倍。

在实际应用中, 参数 N 通常为伪码序列长度的数倍, 设定为 2048、4096 或更大的取值。同时由于无人机与地面设备的相对速度大, 因此, 多普勒频率搜索要覆盖较宽的频率范围, 对应的待搜索多普勒频率个数 Q 可达数百个。较大的 N 和 Q 会显著增加频域联合并行搜索方法的处理时延, 并且捕获装置需要以较高时钟频率工作, 这将影响其运行的稳定性。而要实现低时延的可靠捕获，需要增加参数 p，即并行搜索的多普勒频率个数。由于捕获装置所需的 IFFT 计算单元个数与存储开销均正比于 p，因此这将成倍地提升计算资源和存储开销。

从以上问题出发，本节将利用第 2 章的 FFT 并行流水线结构、第 3 章的基于单口 RAM 的 FFT 处理器设计一种新型伪码并行捕获装置。其核心思想在于，接收扩频信号与本地伪码的互相关运算结果为能量集中的相关峰，具有显著的时域稀疏性。因此，通过对互相关序列对应的频域序列进行混合降采样，能够以较低的计算代价快速估计出相关峰的位置，而不必计算所有的互相关结果。进一步通过硬件结构的优化设计，本节提出的伪码快速捕获装置(如图 7.19 所示)能够以低硬件开销实现对码相位和载波频率的二维并行搜索，显著缩短伪码捕获时间，具体处理流程如下：

(1) 下变频的复基带信号首先进行 N 点 FFT 计算，输出的频域数据进入乒乓结构数据缓存单元进行存储；

(2) 待 FFT 计算结果全部缓存完毕后，数据读取单元同时读取伪码频谱存储单元、乒乓结构数据缓存单元、加权系数存储单元的数据至数据处理单元进行处理，该过程即为频域混合降采样过程；

(3) 对数据处理单元提供的混合降采样数据进行 B 点 IFFT 计算，得到等效时域序列；

(4) 基于等效时域序列进行码相位与多普勒估计，根据估计结果调整数据读取单元的地址产生方式，重新读取数据并得到新的等效时域序列，通过多次迭代提升码相位与多普勒估计精度。

N 点 FFT 计算单元用于求解采样得到的复基带信号 $x(0)$，$x(1)$，$\cdots$，$x(N-1)$ 对应的频谱 $X(0)$，$X(1)$，$\cdots$，$X(N-1)$，其中 N 为 2 的整数次幂。由于该 FFT 计算单元直接连接输入数据流，因此需要具备连续处理数据流的能力，并且计算吞吐量应当不小于原始采样信号的吞吐量。可以参考第 2 章提出的混合抽取多路延迟反馈结构来实现 N 点 FFT 计算单元。以下对伪码并行捕获装置内的其他单元的 VLSI 结构进行具体介绍。

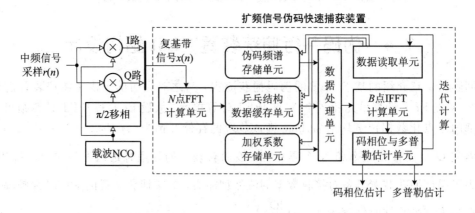

图 7.19　频域混合降采样联合并行捕获装置示意图

7.4.1　数据缓存单元及参数存储单元设计

数据缓存单元由两组存储阵列、地址生成模块、数据差分模块以及数据恢复模块构成。每组存储阵列在 $N \cdot f_{base}$ 个时钟周期内设定为"数据缓存"模式，用于接收 FFT 计算单

元连续输出的 N 个计算结果及相关变量；进而在接下来的 $N \cdot f_{\text{base}}$ 个时钟周期内，每组存储阵列设定为"数据使用"模式，用于接收读地址产生器产生的读地址并为后续单元提供待处理数据。两组存储阵列以乒乓策略进行控制，以保证两组存储阵列始终处于不同工作模式下，实现对新 FFT 计算结果的缓存与对原结果处理的并行执行。

　　每组存储阵列包含 $p+1$ 个存储深度为 N 的存储器，其中 p 为 2 的整数次幂。数据缓存单元顶层结构如图 7.20 所示，其中 2 个基准存储器对应的标号为 0^{+} 和 0^{-}，其余 $p-1$ 个增量存储器对应的标号分别为 $-\frac{p}{2}$，…，-1，1，…，$\frac{p}{2}-1$。基准存储器位宽为 $2\omega_X$，与 FFT 计算单元输出位宽保持一致，其中频谱数值 $X(i)(i=0,1,\cdots N-1)$ 的实部与虚部均为 ω_X 比特，$X(i)$ 对应的写地址为 $w_X(i)=i$。另外，增量存储器位宽为 $2\omega_{\Delta}$，用于存储以下差分结果：

$$\Delta(i) = X(i) - X[(i-\delta) \bmod N], \quad i = 0, 1, \cdots, N-1 \tag{7.23}$$

其中 δ 为多普勒频率搜索步进与 FFT 频率分辨率 f_{res} 的比值取整后的结果，$\Delta(i)$ 对应的写地址为

$$w_{\Delta}(i, j) = \begin{cases} (i+j\delta) \bmod N, & j > 0 \\ [i+(j+1)\delta] \bmod N, & j < 0 \end{cases} \tag{7.24}$$

其中，$j=-\frac{p}{2}$，…，-1，1，…，$\frac{p}{2}-1$ 为增量存储器标号；$i=0,1,\cdots N-1$ 为 $\Delta(i)$ 的次序标号。

　　除两组存储阵列外，图 7.20 所示的数据缓存单元包含的其他模块的功能是，地址生成模块在 FFT 输出使能的驱动下，产生存储阵列的数据读/写地址和使能信号；数据差分模块用于计算差分结果；数据恢复模块利用存储阵列的 p 路并行输出数据，将基准存储器的读取结果叠加成不同的差分数据，获得的 p 个频谱数值作为数据处理单元的输入。上述模块均以高速时钟 $f_{\text{proc}} = \lambda \cdot f_{\text{base}}$ 工作，时钟倍频数为 $\lambda \geqslant 2$。

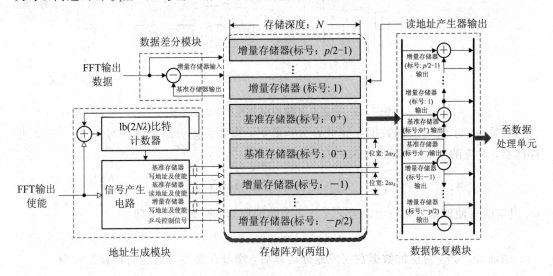

图 7.20　数据缓存单元顶层结构图

地址生成模块包含的 $\text{lb}(2N\lambda)$ 比特计数器在 FFT 输出使能有效（为高电平）期间持续

计数，用 c 表示计数器计的数值，信号产生电路基于 c 中对应的各比特位来产生数据读/写地址与使能信号。地址产生模块中信号产生电路结构如图 7.21 所示，c 的最高位 $[c]_b(1)$ 作为乒乓存储使能信号，当其发生跳变时，存储阵列进行工作模式切换。FFT 输出使能取反后，与第 $[c]_b(\mathrm{lb}(2N)+1)$ 位至第 $[c]_b(\mathrm{lb}(2N\lambda))$ 位进行逐比特与非运算，作为两个基准存储器的写使能信号 $e_{w,x}$。第 $[c]_b(2)$ 位至第 $[c]_b(\mathrm{lb}(2N))$ 位经次序反转后作为两个基准存储器的写地址 w_x。为计算差分结果 $\Delta(i)$，需要同时从基准存储器中读取部分已缓存的数据，其中读地址的产生方式为

$$r_x^+ = w_x + \delta, \; r_x^- = w_x - \delta \tag{7.25}$$

r_x^+ 和 r_x^- 被先后送至基准存储器，对应的读使能信号分别为

$$e_{r,x}^+ = [c]_b(\lceil \mathrm{lb}\delta \rceil - k_\delta + 2) \text{ AND } e_{w,x}, \; e_{r,x}^- = \mathrm{Delay}(e_{r,x}^+, 1) \tag{7.26}$$

其中，k_δ 表示 δ 最低非零比特位的序号；$e_{r,x}^-$ 由 $e_{r,x}^+$ 延迟一个时钟周期得到。

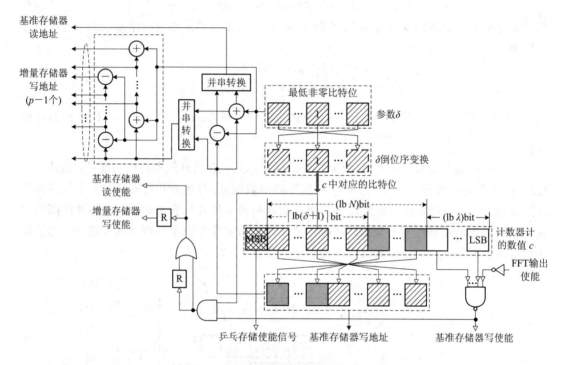

图 7.21　地址生成模块中信号产生电路结构

地址 w_x 与 r_x^+ 对应的数据在完成差分运算后，需要将差分结果并行写入 $p-1$ 个增量存储器，对应的 $p-1$ 个写地址为

$$w_\Delta^+ = \left\{ r_x^+ - \left(\frac{p}{2}-1\right)\delta, \cdots, r_x^+ - \delta, r_x^+, r_x^+ + \delta, \cdots, r_x^+ + \frac{p}{2}\delta \right\} \tag{7.27}$$

w_Δ^+ 对应的写使能信号 $e_{w,\Delta}^+$ 由信号 $e_{r,x}^+$ 经一个时钟周期的延迟得到，即

$$e_{w,\Delta}^+ = \mathrm{Delay}(e_{r,x}^+, 1) \tag{7.28}$$

地址 w_x 与 r_x^- 对应的数据在完成差分运算后，增量存储器写地址的计算方式为

$$w_\Delta^- = \left\{ w_x - \left(\frac{p}{2}-1\right)\delta, \cdots, w_x - \delta, w_x, w_x + \delta, \cdots, w_x + \frac{p}{2}\delta \right\} \tag{7.29}$$

w_Δ^- 对应的写使能信号 $e_{w,\Delta}^-$ 由信号 $e_{r,x}^-$ 经一个时钟周期的延迟得到，即

$$\overline{e_{w,\,\Delta}} = \mathrm{Delay}(\overline{e_{r,\,x}},\,1) \tag{7.30}$$

　　除上面介绍的数据缓存单元外，图 7.19 描述的伪码并行捕获装置的存储单元还包括伪码频谱存储单元和加权系数存储单元。它们存储的数值在运算过程中是固定的，属于"只读"信息，因此一般存放在 ROM 中。我们将伪码频谱存储单元和加权系数存储单元统称为参数存储单元。

　　伪码频谱存储单元利用数据位宽为 $2\omega_X$、存储深度为 $\dfrac{N}{2}$ 的存储器存储本地伪码的频谱数据 $S(i)\left(i=0,\,1,\,\cdots,\,\dfrac{N}{2}\right)$。频谱数据的实部和虚部位宽均为 $\omega_X\,\mathrm{bit}$，其获取方式是长度为 K 的伪码序列经 $\left\lfloor\dfrac{N}{K}\right\rfloor$ 倍过采样后补零至 N 点，然后进行 N 点 FFT 计算。根据实信号的频谱对称特性可知，前一半和后一半的 FFT 计算结果相同，只要将前 $\dfrac{N}{2}$ 个计算结果顺次写入存储器中即可。

　　加权系数存储单元利用数据位宽为 ω_X、存储深度为 W 的存储器存储加权系数 $F(i)$ $(i=0,\,1,\,\cdots,\,W-1)$，其中 W 个系数等价于一个阶数为 $W-1$、量化位宽为 ω_X、通带截止频率为 $\dfrac{\pi}{B}$ 的数字滤波器。为保证伪码并行捕获性能，滤波器在通带范围内应具备良好的增益一致性，并在满足 $W\ll N$ 的情况下，减小滤波器的过渡带宽度。通过对序列补零来保证 W 的取值为 2 的幂次。

7.4.2　数据读取单元设计

　　数据读取单元用于生成合适的读地址，以便从数据缓存单元和参数存储单元中读取数据来参与后续信号捕获运算。具体而言，在数据读取阶段，地址 $a_{r,\,x}^{+}(i)$ 用于读取基准存储器 0^{+} 和标号为 1 至 $\dfrac{p}{2}-1$ 的增量存储器，地址 $a_{r,\,x}^{-}(i)$ 用于读取基准存储器 0^{-} 和标号为 -1 至 $-\dfrac{p}{2}$ 的增量存储器，它们的计算方式为

$$a_{r,\,x}^{+}(i) = a_{r,\,x}(i) + \frac{p\delta I}{2},\ a_{r,\,x}^{-}(i) = \left(a_{r,\,x}(i) - \frac{p\delta I}{2}\right)\bmod N \tag{7.31}$$

$$a_{r,\,x}(i) = \left\lfloor\frac{iB}{W}\right\rfloor\cdot\tau + (iB\tau \bmod W\tau)\bmod N,\ i=0,\,1,\,\cdots;\ W-1,\ I=0,\,1,\,\cdots$$

其中 I 表示伪码并行捕获装置的迭代计算次数，对应的多普勒搜索范围为

$$\left[-\frac{p(I+1)}{2}f_{\mathrm{res}},\ \left(-\frac{pI}{2}-1\right)\cdot f_{\mathrm{res}}\right]\bigcup\left[\frac{pI}{2}\cdot f_{\mathrm{res}},\ \left(\frac{p(I+1)}{2}-1\right)f_{\mathrm{res}}\right] \tag{7.32}$$

I 的初值设置为 0，并随迭代次数递增。参数 τ 是与 N（N 为 2 的整数次幂）互素的正整数。为保证系统捕获效果，参数 τ 应当按照如下方式产生：

　　(1) 若取 $\tau_0 = 2\left\lfloor\dfrac{N}{2B}\right\rfloor + 1$，则 τ_0 为奇数且与 N 互素；

　　(2) 若取 $\widetilde{\tau}_0 = N - \tau_0$，则 $\widetilde{\tau}_1$ 为奇数且与 N 互素；

　　(3) 若取 $\tau_j = h_j\tau_0$，其中 $h_j < \dfrac{B}{2}$ 且 h_j 与 B 和 N 互素，则 τ_j 与 N 互素；

（4）若取 $\tilde{\tau}_j = N - \tau_j$，则 $\tilde{\tau}_j$ 为奇数且与 N 互素。

对于按照以上方式得到的 $\tau_0, \cdots, \tau_j, \cdots$ 和 $\tilde{\tau}_0, \cdots, \tilde{\tau}_j, \cdots$，可通过加上或减去一个远小于 τ_0 的偶随机数来增加 τ 的候选取值个数。

用 T 表示参数 τ 所有候选取值构成的集合。在所设计的方案中，参数 B 作为后续 IFFT计算长度也设置为 2 的整数次幂，因此参数 h_j 只要为小于 $\dfrac{B}{2}$ 的奇数即可。进一步，伪码频谱存储单元的读地址可基于 $a_{r,x}(i)$ 得到，即

$$a_{r,s}(i) = \min\{a_{r,x}(i), N - a_{r,x}(i) - 1\} \tag{7.33}$$

加权系数存储单元的读地址产生方式为

$$a_{r,F}(i) = \left\lfloor \frac{iB}{W} \right\rfloor + iB \bmod W, \quad i = 0, 1, \cdots, W - 1 \tag{7.34}$$

基于上述地址生成方案，所设计的数据读取单元电路结构如图 7.22 所示，其工作时钟频率 $f_{\text{proc}} = \lambda \cdot f_{\text{base}}$，与数据缓存单元的内部工作时钟频率相同。在读地址产生使能信号有效（为高电平）期间，lb$W$ 比特累加器以 1 为步进持续累加，累加器前 lb B bit 和剩余 lb $\dfrac{W}{B}$ bit 位求和后作为加权系数存储单元读地址 $a_{r,F}(i)$。同时，累加器前后两部分数据分别与参数 τ 相乘，取各自结果的后 lbN_0 位求和得到数据缓存单元读地址 $a_{r,x}(i)$。进一步，将 $N-1$ 与 $a_{r,x}(i)$ 相减，并通过比较器选取相减结果与 $a_{r,x}(i)$ 中的较小值输出，作为伪码频谱存储单元读地址 $a_{r,s}(i)$。所有读地址共用同一读使能信号，该信号由读地址产生使能信号经一个时钟周期延迟得到。此外，参数 τ 的候选集经过离线计算并缓存在 FIFO 模块中。

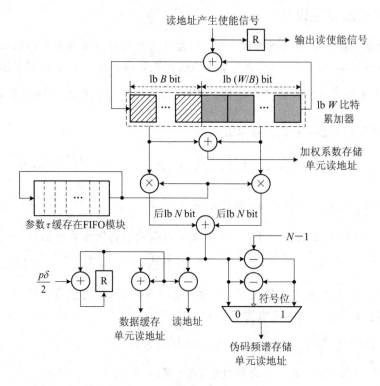

图 7.22　数据读取单元电路结构

在读地址产生使能信号上升沿触发下，FIFO 模块依次输出缓存的参数 τ 并用于地址计算，同时输出参数与伪随机数相加后重新写入 FIFO 模块，使得 FIFO 模块中可用参数个数保持不变。

7.4.3　数据处理单元设计

数据处理单元利用数据缓存单元、伪码频谱存储单元以及加权系数存储单元的输出数据计算得到 B 点 IFFT 计算单元的输入，具体运算方式为

$$Y_m(k) = \sum_{i=\frac{kW}{B}}^{\frac{(k+1)W}{B}-1} X[a_{r,X}(i)+m\delta] \cdot S[a_{r,S}(i)] \cdot F[a_{r,F}(i)], \ k=0,1,\cdots,B-1$$

(7.35)

其中 $X[a_{r,X}(i)+m\delta]\left(m=\frac{-p}{2},\cdots,0,\cdots,\frac{p}{2}-1\right)$ 为基于地址 $a_{r,X}(i)$ 从数据缓存单元读取的 p 个并行数据；$S[a_{r,S}(i)]$ 和 $F[a_{r,F}(i)]$ 分别是伪码频谱存储单元、加权系数存储单元基于各自读地址 $a_{r,S}(i)$ 和 $a_{r,F}(i)$ 的输出结果。序列 $Y_m(k)(k=0,1,\cdots,B-1)$ 与 m 倍多普勒频移搜索步进相对应。

数据处理单元的电路结构如图 7.23 所示，其工作时钟频率为 $f_{\text{proc}}=\lambda \cdot f_{\text{base}}$。从图中可知，数据缓存单元的并行输出数据首先与伪码频谱存储单元、加权系数存储单元的输出数据相乘，然后与寄存器中的数据相加并重新写入寄存器。同时，$\text{lb}\left(\dfrac{W}{B}\right)$ 比特计数器在数据使能有效期间持续计数，当计数器计满时，将寄存器清零并输出缓存结果。寄存器并行输出的 p 路并行数据经过并串转换后被送至 B 点 IFFT 计算单元。需要注意的是，由于并串转换单元以时钟频率 $\left\lceil\dfrac{pB}{W}\right\rceil \cdot f_{\text{proc}}$ 运行，因此当 $\dfrac{pB}{W}>1$ 时，其工作时钟高频率于 f_{proc}。

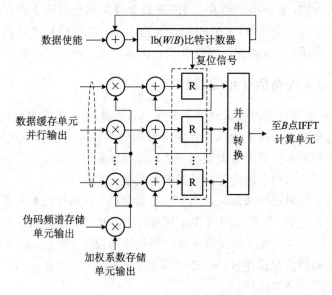

图 7.23　数据处理单元电路结构

7.4.4　*B* 点 IFFT 计算单元设计

B 点 IFFT 计算单元用于计算序列 $Y_m(0)$，$Y_m(1)$，$\cdots$，$Y_m(B-1)$ 对应的 *B* 点 IFFT 计算结果 $y_m(0)$，$y_m(1)$，$\cdots$，$y_m(B-1)$，其工作时钟频率与数据处理单元内的并串转换模块的工作时钟频率相同，为 $\left\lceil \dfrac{pB}{W} \right\rceil \cdot f_{proc}$。通过对输入数据取共轭，再对 FFT 计算结果取共轭，IFFT 计算可通过 FFT 计算来实现。由于序列 $\{Y_m(k)\}\left(m=\dfrac{-p}{2}，\cdots，0，\cdots，\dfrac{p}{2}-1\right)$ 在数据处理单元内并行计算，因此，经过并串转换后 p 路数据将以时间交织的方式排列，排列次序具体为

$$Y_{-\frac{p}{2}}(0)，\cdots，Y_{\frac{p}{2}-1}(0)，Y_{-\frac{p}{2}}(1)，\cdots，Y_{\frac{p}{2}-1}(1)，\cdots，Y_{-\frac{p}{2}}(B-1)，\cdots，Y_{\frac{p}{2}-1}(B-1)$$

$$(7.36)$$

为以较低的存储开销同时实现对 p 个序列的 *B* 点 IFFT 计算，可以第 3 章介绍的基于单端口 RAM 的 FFT 处理器为基础，并适应性地进行如下改进：

（1）将输入并行度与输出并行度均设置为 1。

（2）将计算单元的数据量扩展为 p 个，每个计算单元执行的计算并行度为 P_c。

（3）将每 p 个连续输入数据看成一个"超长数据"，整体存入同一物理地址。并且在 FFT 计算执行过程中，同一物理地址的数据被同时读出，分配到 p 个计算单元分别进行计算，相应计算结果重新组成"超长数据"，并利用相应的写地址再次写入单端口 RAM。

（4）用于进行数据调整的电路的运算时序不变，但每个数据寄存器的容量扩大 p 倍，满足"超长数据"的整体缓存要求。

（5）读取计算结果时，每次从单端口 RAM 中读出一个"超长数据"，待其中包含的 p 个数据依次输出后再读取下一个"超长数据"。

通过以上改进方案，p 个序列的 *B* 点 IFFT 计算结果仍按时间交织方式排列。实际上，上述方案相当于将 p 个独立的 FFT 处理器合并为 1 个，其中数据读写控制单元与旋转因子生成单元实现了共用，因此在第 3 章优化设计的基础上，进一步降低了硬件资源开销。

7.4.5　码相位与多普勒估计单元设计

IFFT 计算单元的串行输出数据取模平方并进行 1 路至 p 路的串并转换，以完成数据的时间解交织。每条支路的峰值表示在固定多普勒频率并遍历所有码相位取值的条件下，接收序列与本地序列所能达到的最大互相关值，该值与参数 τ 无关。且 p 条支路最大峰值对应的多普勒频率为当前搜索范围下的最优多普勒估计。

由于实际系统中伪码速率通常远远大于多普勒频移，故码相位和多普勒频偏对互相关峰值的耦合影响可以忽略，即两者可看作相互独立。因此，多普勒频率的设置不会对码相位估计造成影响，即可以任选 p 条支路中的一路估计码相位。令 $j_{max}\in\{0，1，\cdots，B-1\}$ 表示所选支路的峰值对应的数据序号，τ^{-1} 表示参数 τ 的算术逆，满足 $\tau\cdot\tau^{-1}\bmod N=1$。码相位与多普勒估计按如下步骤执行：

（1）在 $\tau=\tau_0$，$I=0$ 条件下，令参数 l 遍历 $\dfrac{N}{B}$ 个取值 $\left\{0，1，\cdots，\dfrac{N}{B}-1\right\}$，计算 $\dfrac{N}{B}$ 个码相

位候选值 $\left(j_{\max} \cdot \dfrac{N}{B} + l\right) \cdot \tau^{-1} \bmod N$ 并将其写入集合 Λ，然后统计各候选值的频数。若在当前多普勒搜索范围内最大峰值未超过预设门限，则执行步骤(1)；否则执行步骤(3)。

（2）选取集合 T 中未被使用的元素作为 τ，同时 I 增加 1，重新读取数据完成 IFFT 计算并确定 $j_{\max}$。利用新的 τ、I 和 $j_{\max}$ 计算 $\left(j_{\max} \cdot \dfrac{N}{B} + l\right) \cdot \tau^{-1} \bmod N$ 并将得到的码相位候选值记入集合 Λ 中，合并集合 Λ 中的相同候选值并更新频数。若此时最大峰值未超过预设门限，则重复执行步骤(2)；若多普勒搜索已覆盖整个预定频率搜索区间，而最大峰值仍未超过预设门限，则将 Λ 中全部候选值及其频数全部清除，同时切换至另一组存储阵列，利用缓存的新输入数据重新开始捕获；否则，执行步骤(3)。

（3）将最大峰值对应的多普勒频率作为捕获装置的多普勒估计值输出。保持 I 不变，选取集合 T 中未被使用的元素作为 τ，重新读取数据完成 IFFT 计算并确定 $j_{\max}$。利用新的 τ 与 $j_{\max}$ 计算 $\left(j_{\max} \cdot \dfrac{N}{B} + l\right) \cdot \tau^{-1} \bmod N$ 并将得到的码相位候选值记入集合 Λ 中，合并 Λ 中的相同候选值并更新频数。重复执行步骤(3)，直到最大频数唯一或达到给定的数值门限，将最大频数对应的码相位候选值作为码相位估计结果输出。

遵循上述方案设计的码相位与多普勒估计单元电路结构如图 7.24 所示，其中模平方计算模块和串并转换模块以时钟频率 $\left\lceil \dfrac{\rho B}{W} \right\rceil \cdot f_{\mathrm{proc}}$ 运行，与 IFFT 计算单元的工作时钟频率保持一致。由于串并转换操作降低了数据速率，因此其余电路以时钟频率 f_{proc} 运行。在图 7.24 所示的电路结构中，利用 p 条支路并行搜索最大峰值来估计多普勒频率，并且将第 1 条支路得到的 $j_{\max}$ 用于码相位估计。由于每次更新参数 τ 或 I 时，从开始读取缓存数据到确定 $j_{\max}$ 需要经历 W 个时钟周期，而与此同时基于原参数会计算得到 $\dfrac{N}{B}$ 个码相位候选值，因此为保证新的 $j_{\max}$ 生成后原参数对应的码相位候选值全部处理完毕，码相位候选值的计算以 $\left\lceil \dfrac{N}{BW} \right\rceil$ 条支路并行执行。

频数存储器组包含 $\left\lceil \dfrac{N}{BW} \right\rceil$ 个频数存储器，频数存储器位宽为 ω_{f}，其中频数存储器 k $\left(k = 0,\,1,\,\cdots,\,\left\lceil \dfrac{N}{BW} \right\rceil - 1\right)$ 用于记录码相位候选值 k，$k + \left\lceil \dfrac{N}{BW} \right\rceil$，$\cdots$，$N - \left\lceil \dfrac{N}{bw} \right\rceil + k$ 对应的频数。并行生成的码相位候选值通过后 $\mathrm{lb}\left(\left\lceil \dfrac{N}{BW} \right\rceil\right)$ 比特位来从频数存储器组中选定频数存储器，并将其余比特位作为频数存储器的读写地址。当 $\left\lceil \dfrac{N}{BW} \right\rceil > 1$ 时，$\left\lceil \dfrac{N}{BW} \right\rceil = \dfrac{N}{BW}$，且由于 N、B、W 均为 2 的幂次，因此频数存储器个数为偶数。τ^{-1} 作为参数 τ 的算术逆始终为奇数，奇偶性与频数存储器个数的奇偶性不同。这样一来，同一时刻生成的 $\left\lceil \dfrac{N}{BW} \right\rceil$ 个码相位候选值将与 $\left\lceil \dfrac{N}{BW} \right\rceil$ 个频数存储器构成一一映射关系，避免了数据访问冲突。基于码相位候选值转换生成的物理地址首先读取存储器得到各候选值原先的频数，并将其加 1 后再存回原地址，

然后从更新后的频数中选出最大值与记录的频数历史最大值比较，若频数历史最大值小于当前最大值，则用频数当前最大值替换频数历史最大值，并更新相应的码相位候选值；最后将频数历史最大值对应的码相位候选值输出，作为码相位估计结果。

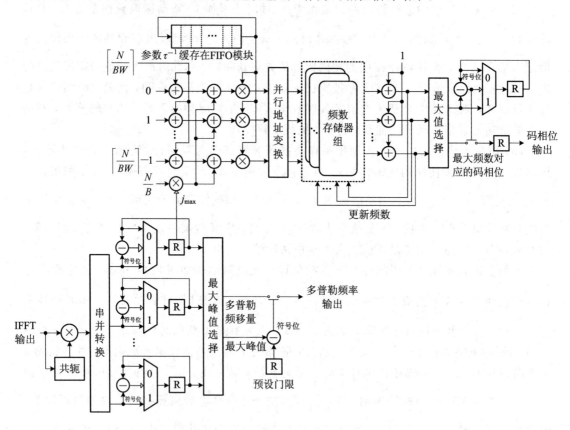

图 7.24　码相位与多普勒估计单元电路结构

　　为了评估上述伪码捕获装置 VLSI 结构的可用性，首先在高斯白噪声信道下，对本节所提伪码捕获装置与基于 FFT 的传统伪码捕获装置进行性能比较。这里假设伪码序列采用 $N_c=1023$ 的 m 序列，码速率为 1.023 Mb/s，接收多普勒频率设定为 $f_d=15$ kHz，接收机过采样倍数为 $\alpha=2$。因此 FFT 计算长度 $N=2048$，与本节所提伪码捕获装置中 IFFT 计算长度 B 分别取 8、16、32 和 64 进行性能对比。同参数配置下本节所提伪码捕获装置与传统伪码捕获装置性能对比如图 7.25 所示。从图可以看出，本节所提伪码捕获装置随着 IFFT 计算长度 B 的增加将逐渐改善捕获性能，当 $B=64$ 时，其捕获性能已经与基于 FFT 的传统伪码捕获装置接近，且在相同捕获概率下，信噪比的差值小于 1 dB。进一步令 $f_d=0$ 并保持其他仿真条件不变，研究在不同信噪比下，本节所提伪码捕获装置确定码相位所需的迭代次数 Q 的平均值。不同信噪比下基于 FFT 的伪码捕获装置确定码相位所需的迭代次数如图 7.26 所示。该图的结果表明，提升信号信噪比或增加 IFFT 计算长度 B 有助于减小迭代次数和缩短码相位确定时间。特别地，当捕获概率高于 0.9，即链路状态较好时，迭代次数可以减小到 10 次以下。

　　与基于 FFT 的传统伪码捕获装置相比，由于本节所提伪码捕获装置只需 1 个 N 点 FFT 计算单元和 1 个 B 点 IFFT 计算单元，且 $B\ll N$，因此本节所提伪码捕获装置在计算

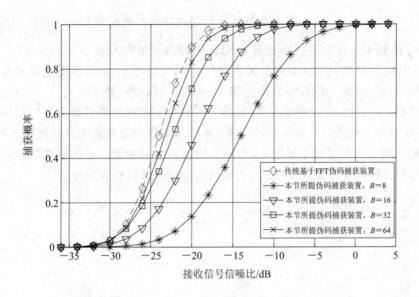

图 7.25 同参数配置下所提伪码捕获方案与传统伪码捕获方案性能对比

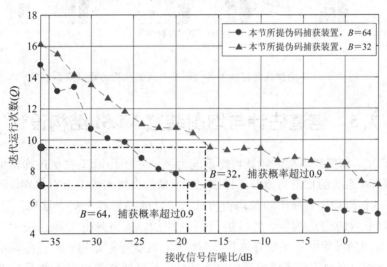

图 7.26 不同信噪比下基于 FFT 的伪码捕获装置确定码相位所需的迭代次数

资源开销上明显低于基于 FFT 的传统伪码装置。在存储开销方面,本节所提伪码捕获装置需要消耗($9N\omega_X + 4(p-1)N\omega_\Delta + 2W\omega_X + N\omega_f$) bit 存储资源,由于差分结果实部与虚部的数据位宽 ω_Δ、频数存储器位宽 ω_f 均远小于 FFT 和 IFFT 计算结果实部和虚部的数据位宽 ω_X,并且只有差分数据的存储开销正比于 p,因此在 $p>2$ 的条件下,随着 p 的增加,本节所提伪码捕获装置在存储开销上明显低于传统伪码捕获装置。要搜索完 Q 个多普勒频率和 N 个码相位,本节所提伪码捕获装置的处理时延约为 $2\dfrac{WQ}{p}$ 个时钟周期,由于 W 远小于 FFT 计算长度 N,故本节所提伪码捕获装置在处理时延上明显低于传统伪码捕获装置。要实现对接收数据流的处理,本节所提伪码捕获装置所需的处理时钟频率 f_{proc} 只需为基带采

样时钟频率 f_{base} 的 $\frac{2Q}{p} \cdot \frac{W}{N}$ 倍，因此本节所提伪码捕获装置的时钟频率明显低于传统伪码捕获装置的时钟频率。为了进一步比较不同伪码捕获装置的硬件开销，令 FFT 计算长度 $N=2048$，FFT 计算结果实部与虚部的数据位宽 $\omega_x=16$ bit，本节所提伪码捕获装置的硬件结构中差分结果实部与虚部的数据位宽 $\omega_x=4$ bit，频数存储器位宽 $\omega_f=4$ bit，IFFT 计算长度 $B=64$，窗函数长度 $L=256$。不同搜索并行度下各伪码捕获装置所需的硬件资源比较如图 7.27 所示。从该图的结果可以看出，本节所提伪码捕获装置在复数加法器、复数乘法器和存储开销上均明显少于基于 FFT 的传统伪码捕获装置，并且随着搜索并行度 p 的增加，本节所提伪码捕获装置 VLSI 结构的低复杂度优势将更为明显。

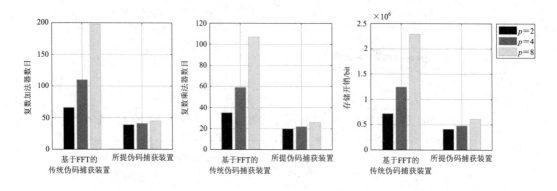

图 7.27　不同搜索并行度下各伪码捕获装置所需的硬件资源比较

7.5　信道估计与均衡装置 VLSI 结构设计

在第 1 章中，我们以单载波频域均衡系统为例，讨论了 FFT 在信道均衡中的应用，本节将针对 OFDM 系统的信道均衡开展详细讨论。虽然在技术细节上有差别，但单载波频域均衡和 OFMD 信道均衡都属于频域均衡方式，其目的都是首先基于导频位置的信道响应估计出整个频带内的信道响应，然后进行信道补偿，从而降低无线信道对信号的影响。OFDM 系统常用的导频结构主要有块状导频结构、梳状导频结构和混合导频结构。其中梳状导频结构能够很好地跟踪无线信道的时变特性，是高速移动应用场景下主要采用的导频结构。基于梳状导频结构的信道估计与均衡方案首先利用分布在信号带宽内的离散导频估计出导频位置的频域信道响应，然后通过以下方法估计出全频域信道响应。

（1）插值法：通过多项式内插或设计合适的低通滤波器作为内插滤波器，基于导频位置的信道响应估计出频域其他位置的信道响应。

（2）FFT 变换法：首先利用导频位置的频域信道响应，通过 IFFT 计算估计出无线信道的时域冲激响应，然后再对时域冲激响应做 FFT 变换，从而确定出频域其他位置的信道响应，最后利用全频域信道响应完成数据均衡。

相比于插值法，FFT 变换法能够降低噪声对信道估计性能的影响，同时避免插值法带来的信道响应相位不连续的问题，因此具有更好的信道均衡效果。然而，由于涉及 IFFT 和 FFT 计算，因此，FFT 变换法的计算复杂度和处理时延远高于插值法。具体而言，假设 OFDM 信号包含有 N 个子载波和 P 个导频符号，那么：

（1）在计算复杂度方面，FFT 变换法需要完成一次 P 点 IFFT 计算和一次 N 点 FFT 计算，当 OFDM 子载波数 N 较大时，计算复杂度将明显提升；

（2）在计算时延方面，从 OFDM 信号的第一个有效数据输入均衡器到最后一个计算结果输出均衡器，计算时延约为 $4N+2P$ 个时钟周期，超过了一个 OFDM 信号持续时间的 4 倍。

除计算复杂度和计算延迟方面的问题外，当 OFDM 信号中含有保护子载波时，传统方案大多只在保护子载波上填充保护符号，而不添加导频符号，此时梳状导频符号在整个信号频带内并非均匀分布，导致信道冲激响应能量泄露，从而影响信道估计与均衡精度。以这些问题为切入点，下面将开展信道估计与均衡装置 VLSI 结构设计。

7.5.1　导频符号排列方式设计

所设计的 OFDM 系统梳状导频信道估计与均衡装置以接收端去循环前缀与 FFT 解调后的数据为输入，经过处理向解映射单元输出信号均衡后的数据符号。设 OFDM 信号包含的子载波数为 N 且 N 为 2 的整数次幂，导频符号个数为 P 且 N 可被 P 整除，数据符号个数为 S，保护符号个数为 G 且 $N=S+G+P$，P 个导频符号以 N/P 个子载波为间隔，均匀分布在 N 个子载波中。如果用 $0, 1, \cdots, N-1$ 表示 OFDM 信号的 N 个子载波对应的序号，那么导频符号 i 对应的子载波序号 $\mathrm{Pos}_P(i)$ 为

$$\mathrm{Pos}_P(i) = \frac{Ni}{P} + \frac{N}{2P},\ i = 0, 1, \cdots, P-1 \tag{7.37}$$

数据符号所属的子载波序号 $\mathrm{Pos}_S(i)$ 为

$$\mathrm{Pos}_S(i) = \begin{cases} i+1, & 0 \leqslant i \leqslant \dfrac{N}{2P} - 2 \\[3mm] \left\lfloor \dfrac{i - \dfrac{N}{2P} + 1}{\dfrac{N}{P} - 1} \right\rfloor \dfrac{N}{P} + \dfrac{N}{2P} + 1 + \\[5mm] \quad \left[i - \dfrac{N}{2P} + 1 \right] \bmod \left(\dfrac{N}{P} - 1 \right), & \dfrac{N}{2P} - 1 \leqslant i \leqslant \dfrac{S}{2} - 1 \\[5mm] N - \left\lfloor \dfrac{S - i - \dfrac{N}{2P}}{\dfrac{N}{P} - 1} \right\rfloor \dfrac{N}{P} - \dfrac{N}{2P} - 1 - \\[5mm] \quad \left[S - i - \dfrac{N}{2P} \right] \bmod \left(\dfrac{N}{P} - 1 \right), & \dfrac{S}{2} \leqslant i \leqslant S - \dfrac{N}{2P} \\[5mm] N - S + i, & S - \dfrac{N}{2P} + 1 \leqslant i \leqslant S - 1 \end{cases} \tag{7.38}$$

除导频符号和数据符号占据的子载波外，OFDM 信号中的其余子载波均填充保护符号。保护符号的数值为 0，数据符号的数值为经过 PSK 或 QAM 星座映射后的星座点，导频符号基于恒模序列产生，其中第 i 个导频符号 $X_P(i)$ 定义为

$$X_P(i) = C \cdot \exp\left\{ \mathrm{j} \frac{2\pi r}{N} \left[\frac{\mathrm{Pos}_P(i)^2}{2} + \mathrm{Pos}_P(i) \right] \right\},\ i = 0, 1, \cdots, P-1 \tag{7.39}$$

其中，常数 C 为幅度因子；常数 r 与 N 互质。

导频符号、数据符号与保护符号的排列方式如图 7.28 所示。需要说明的是，大多数基于梳状导频结构的 OFDM 系统只在数据符号内插入导频符号，在保护符号内并不插入导频符号。相比之下，所设计的方案在数据符号和保护符号中均插入了导频符号，这使得导频符号在整个频带内均匀分布，能够避免非均匀导频符号分布导致的能量泄露问题，有助于提升信道估计与均衡精度。为了进一步说明这一点，我们以 QPSK 调制为例，在 ITU-VA 信道模型下对不同信道均衡方法输出的数据进行星座图效果评估，梳状导频符号不同插入方式下的信道均衡效果如图 7.29 所示。在图 7.29(a)中，导频符号以 1/4 导频密度分布在数据子载波之间，而在保护子载波区域不插入导频符号；而在图 7.29(b)中，导频符号以 1/4 导频密度均匀分布在整个频带内。从星座图可以看出，与均匀插入导频符号的方式相比，保护子载波区域不添加导频符号使得星座点出现明显发散，这是非均匀导频符号分布导致能量泄露而造成的。

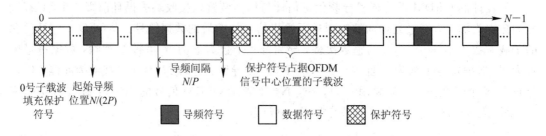

图 7.28 导频符号、数据符号与保护符号的排列方式

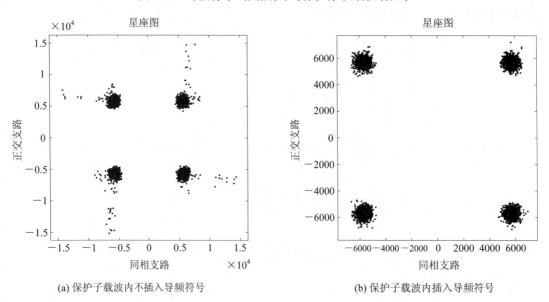

(a) 保护子载波内不插入导频符号

(b) 保护子载波内插入导频符号

图 7.29 梳状导频符号不同插入方式下的信道均衡效果

7.5.2 信道估计与均衡装置顶层架构

针对上一节设计的梳状导频结构，OFDM 系统基于梳状导频结构的信道估计与均衡装置如图 7.30 所示。该装置接收 FFT 解调并且去循环前缀的自然序数据，经过处理，将每

个 OFDM 信号内 S 个数据符号的信道均衡结果连续输出，输入与输出数据时序如图 7.31 所示。由于输入数据已经去除了循环前缀并执行了 N 点 FFT 解调，故在 N 个时钟周期内的有效数据输入后，存在 N_{cp} 个时钟周期的空闲时钟周期。经过一定的群延迟，信道估计与均衡装置以串行方式输出计算结果，其中 N 个子载波内包含 S 个数据符号，相应的信道均衡结果在 S 个时钟周期内连续输出，紧接着在 $N+N_{cp}-S$ 个时钟周期内保持空闲。

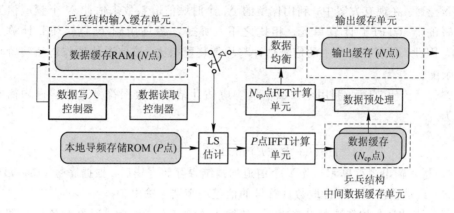

图 7.30　OFDM 系统基于梳状导频结构的信道估计与均衡装置顶层架构

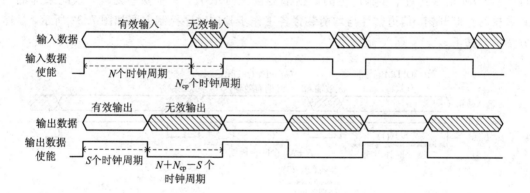

图 7.31　信道估计与均衡装置输入及输出数据时序

信道估计与均衡装置的工作步骤如下：

步骤(1)：数据缓存。OFDM 信号的 N 个有效输入数据 $Y(i)(i=0, 1, \cdots, N-1)$ 首先在输入端的 RAM 存储器中进行缓存。

步骤(2)：导频信道响应估计。当 N 个有效数据存储完毕后，根据序号 $\text{Pos}_P(i)(i=0, 1, \cdots, P-1)$ 从输入缓存中读取导频符号 $Y[\text{Pos}_P(i)](i=0, 1, \cdots, P-1)$。结合接收端本地存储的初始导频符号 $X_P(i)(i=0, 1, \cdots, P-1)$，利用最小二乘(Least Square, LS)信道估计算法，导频位置的信道响应可以表示为

$$H_P(i) = \frac{Y[\text{Pos}_P(i)]}{X_P(i)} = \frac{Y[\text{Pos}_P(i)] \cdot [X_P(i)]^*}{X_P(i)[X_P(i)]^*} = Y[\text{Pos}_P(i)] \cdot [X_P(i)]^* \quad (7.40)$$

其中，$[X_P(i)]^*$ 表示 $X_P(i)$ 的共轭，利用导频符号的恒模特性有 $X_P(i)[X_P(i)]^*=1$。

步骤(3)：数据变换。对 $H_P(i)(i=0, 1, \cdots, P-1)$ 进行 P 点 IFFT 计算，可以得到其

对应的时域序列 $h_P(i)(i=0, 1, \cdots, P-1)$，这是基于导频估计的无线信道时域冲激响应。由于信道时延扩展通常小于 OFDM 信号循环前缀的持续时间，因此可以仅保留 $h_P(i)$ 的前 N_{cp} 个数值，将其缓存并用于后续运算。

步骤(4)：全频域信道响应估计。对保留的 N_{cp} 个时域信道系数进行预处理，进而通过 N_{cp} 点 FFT 计算来估计 OFDM 信号的 N 个子载波对应的频域信道响应，记作 $H(i)(i=0, 1, \cdots, N-1)$。在现有方案中，利用保留的 N_{cp} 个时域信道系数来估计 N 个频域信道响应需要部署的 N 点 FFT 计算单元。相比之下，所提方案只用到 N_{cp} 点 FFT 计算。由于 $N_{cp} \ll N$，因此，与现在方案中的信号估计与均衡装置相比，该信道估计与均衡装置具有更低的复杂度。

步骤(5)：信道均衡。利用全频域信道响应估计结果对数据符号进行信道均衡操作可以表示为

$$\hat{X}(i) = \frac{Y[i]}{H[(i+N/2P) \bmod N]}, \; i = 0, 1, \cdots, S-1 \tag{7.41}$$

并将 $\hat{X}(i)$ 写入输出缓存单元。当 N 个信道均衡结果存储完毕后，根据序号 $\mathrm{Pos}_S(i)(i=0, 1, \cdots, S-1)$ 从输出缓存中读取数据符号的信道均衡结果输出。

由于信道估计与均衡装置以流输入、流输出方式工作，因此，通过对各个步骤的处理时间进行合理规划，能够有效降低存储开销。其核心思想在于，在信道估计与均衡装置内，每个 OFDM 信号在每个步骤产生的数据都能被及时用于下一步骤的处理，以此来降低中间数据的存储开销。信道估计与均衡装置各工作步骤的时序控制方案如图 7.32 所示，具体方案内容如下。

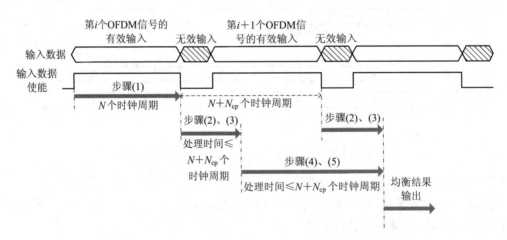

图 7.32　信道估计与均衡装置各工作步骤的时序控制方案

(1) 每个 OFDM 信号解调后的 N 个有效数据需要在 N 个时钟周期内完成缓存，即每个时钟周期缓存一个输入数据。

(2) 步骤(2)与步骤(3)的处理时间不超过 $N+N_{cp}$ 个时钟周期。这保证每个 OFDM 信号在 N 个时钟周期的数据缓存结束后，可以立即开始执行步骤(2)与步骤(3)的操作。由于 P 点 IFFT 计算从第一个数据输入到最后一个计算结果输出需要 $2P$ 个时钟周期，而导频信道响应估计通过将接收导频与本地数据进行复数乘法运算来实现，只需 1 个时钟周期即

可完成，因此 $2P+1 \leqslant N+N_{cp}$。当 $P \leqslant \dfrac{N}{2}$，即导频密度小于 $\dfrac{1}{2}$ 时，可满足处理时间约束。

OFDM 系统的导频密度通常远小于 $\dfrac{1}{2}$，因此上述要求能够得到满足。

（3）步骤（4）与步骤（5）的处理时间不超过 $N+N_{cp}$ 个时钟周期。如图 7.32 所示，当后一个 OFDM 信号在信道估计与均衡装置内完成步骤（2）与步骤（3）时，前一个 OFDM 信号也已完成步骤（4）与步骤（5）的相关运算。因此对于每一个 OFDM 信号，在步骤（2）与步骤（3）的操作执行完毕后，均可以立即开始执行步骤（4）与步骤（5）的操作。所提方案通过合理设计，可以利用 N_{cp} 点 FFT 计算在 $N+N_{cp}$ 个时钟周期内完成步骤（4）与步骤（5）的操作。

7.5.3　数据缓存单元结构及控制方案

由图 7.30 可知，信道估计与均衡装置中包含有三类数据缓存单元，即输入缓存单元、中间数据缓存单元、输出缓存单元。下面对这三类数据缓存的设计方案进行逐一描述。

1. 输入缓存单元

乒乓结构输入缓存单元及数据读写地址控制器如图 7.33 所示，其中两个存储深度为 N 的双端口 RAM 按照乒乓方式工作，分别记作 RAM A 和 RAM B，每个 RAM 可以同时进行读操作和写操作。输入缓存的数据写入方式是，RAM A 接收第 $4m+1(m=0, 1, \cdots)$ 个和第 $4m+3$ 个解调 OFDM 信号，其中第 $4m+1$ 个 OFDM 信号按照自然序地址 $0, 1, \cdots,$ $N-1$ 依次写入相应存储空间；第 $4m+3$ 个 OFDM 信号按照倒位序地址 $\mathrm{rev}_n(0), \mathrm{rev}_n(1),$ $\cdots, \mathrm{rev}_n(N-1)$ 依次写入相应存储空间，其中 $n=\mathrm{lb}N$，$\mathrm{rev}_n(i)$ 表示参数 i 在 n 比特表示方式下的倒位序数值。类似地，RAM B 接收第 $4m+2$ 个和第 $4m+4$ 个解调 OFDM 信号 $(m=0, 1, \cdots)$，其中第 $4m+2$ 个 OFDM 信号按照自然序地址 $0, 1, \cdots, N-1$ 依次写入相应存储空间；第 $4m+4$ 个 OFDM 信号按照倒位序地址 $\mathrm{rev}_n(0), \mathrm{rev}_n(1), \cdots, \mathrm{rev}_n(N-1)$ 依次写入相应存储空间。

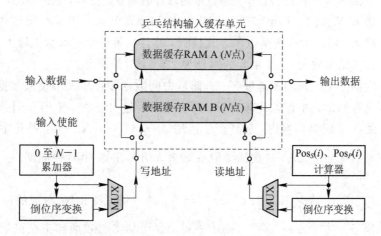

图 7.33　乒乓结构输入缓存单元及数据读写地址控制器

RAM A 和存储器 RAM B 的数据读取方式是，当输入数据以自然序存入 RAM 时，在输出端口以次序 $\mathrm{rev}_n[\mathrm{Pos}_P(i)](i=0, 1, \cdots, P-1)$ 依次读取导频符号，以次序 $\mathrm{rev}_n[\mathrm{Pos}_S(i)]$

$(i=0, 1, \cdots, S-1)$ 依次读取数据符号；当输入数据以倒位序存入 RAM 时，在输出端口以次序 $\mathrm{Pos}_P(i)(i=0, 1, \cdots, P-1)$ 依次读取导频符号，以次序 $\mathrm{Pos}_S(i)(i=0, 1, \cdots, S-1)$ 依次读取数据符号。

2. 中间数据缓存单元

中间数据缓存单元包含两个存储深度为 N_{cp} 的单端口 RAM，分别记作 RAM A′ 和 RAM B′。两个 RAM 以乒乓方式工作，每个 RAM 的读操作和写操作需要分时进行。中间数据缓存单元从 P 点 IFFT 计算单元接收按倒位序排列的结果，即 $h_P[\mathrm{rev}_l(0)]$，$h_P[\mathrm{rev}_l(1)]$，$\cdots$，$h_P[\mathrm{rev}_l(P-1)]$，其中 $l=\mathrm{lb}P$，$\mathrm{rev}_l(i)$ 表示参数 i 在 l 比特表示方式下的倒位序数值。数据读写方式是，RAM A′ 缓存第 $2m+1$ $(m=0, 1, \cdots)$ 个 OFDM 信号对应的中间计算结果，即从 P 点 IFFT 计算单元的输出数据中选择在自然序排列下的前 N_{cp} 个数据，以对应的自然序序号作为写地址写入 RAM。数据写入完毕之后切换至读模式，直到下次有数据写入时再切换回写模式。RAM B′ 用于缓存第 $2m+2$ 个 OFDM 信号对应的中间计算结果 $(m=0, 1, \cdots)$，数据读写操作与 RAM A′ 的读写操作相同。

3. 输出缓存单元

输出缓存单元由一个存储深度为 N 的双端口 RAM 组成，该 RAM 用于缓存信道均衡结果。读写方式是，对于第 $2m+1(m=0, 1, \cdots)$ 个 OFDM 信号，$\hat{X}(i)$ 的写地址为 i，当 N 个信道均衡数据接收完毕后，依次产生 $\mathrm{Pos}_S(i)(i=0, 1, \cdots, S-1)$ 作为读地址，将 S 个数据符号的信道均衡结果输出；对于第 $2m+2$ 个 OFDM 信号 $(m=0, 1, \cdots)$，$\hat{X}(i)$ 的写地址为 $\mathrm{rev}_n(i)$，当 N 个信道均衡数据接收完毕后，依次产生 $\mathrm{rev}_n[\mathrm{Pos}_S(i)](i=0, 1, \cdots, S-1)$ 作为读地址，将 S 个数据符号的信道均衡结果输出。

7.5.4 全频域信道估计与均衡结构

全频域信道响应估结构框图如图 7.34 所示。由图可知，全频域信道响应估计的工作流程是，首先从乒乓结构中间数据缓存单元中读取时域冲激响应数据 $h_P(i)(i=0, 1, \cdots, N_{cp}-1)$，经过预处理后送入 N_{cp} 点 FFT 计算单元。这里 FFT 计算单元采用流水线结构，支持数据流的串行连续输入，输出数据按倒位序方式排列，并且从第一个有效数据输入 FFT 计算单元到最后一个计算结果输出 FFT 单元的时延为 $2N_{cp}$ 个时钟周期。

读地址产生器产生正确的读地址，一方面从中间数据缓存单元中读取数据，另一方面从旋转因子压缩存储单元中读取旋转因子，两者相乘后输出至 N_{cp} 点 FFT 计算单元。地址产生方式是，在 N 个时钟周期内，循环产生读地址 $0, 1, \cdots, N_{cp}-1$，并从中间数据缓存单元中读取数据，直至完成 $\dfrac{N}{N_{cp}}$ 轮数据读取后结束。同时在 N 个时钟周期内，获取旋转因子 $e^{\frac{-\mathrm{j}2\pi \cdot \mathrm{rev}_u(n \bmod N_{cp}) \cdot \left\lfloor \frac{n}{N_{cp}} \right\rfloor}{N}}$，其中，$n=0, 1, \cdots, N-1$，$u=\mathrm{lb}N_{cp}$ 表示 N_{cp} 对应的位宽大小。

由于旋转因子 $e^{\frac{-\mathrm{j}2\pi k}{N}}=\cos\left(\dfrac{2\pi k}{N}\right)-\sin\left(\dfrac{2\pi k}{N}\right)$，利用其实部和虚部正弦函数和余弦函数的周期性和对称性，可以对旋转因子进行压缩存储。具体地，图 7.34 中的旋转因子压缩存储单元只存储 $\cos\left(\dfrac{2\pi k}{N}\right)$ 与 $\sin\left(\dfrac{2\pi k}{N}\right)$ 在 $k=0, 1, \cdots, \dfrac{N}{8}$ 范围内的数值，进而利用表 7.3 描

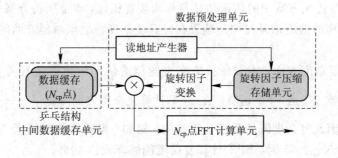

图 7.34　全频域信道响应估计结构框图

述的旋转因子映射关系及变换方案，通过变换得到所需的旋转因子。在表 7.3 中，第一列

参数 k 即为 $\mathrm{rev}_u(n \bmod N_{cp}) \cdot \left\lfloor \dfrac{n}{N_{cp}} \right\rfloor$，经过第二列变换产生 k' 作为旋转因子压缩存储单元

的读地址，获取 $\cos\left(\dfrac{2\pi k'}{N}\right)$ 和 $\sin\left(\dfrac{2\pi k'}{N}\right)$。接下来根据第三列和第四列描述的映射关系，将

读取的正余弦值映射为旋转因子的实部和虚部。按照上述方式将中间数据缓存单元的数据

加权并送入 N_{cp} 点 FFT 计算单元，最终可以得到按倒位序排列的全频域信道响应 $H(i)$

$(i=0,\mathrm{rev}_n(1),\cdots,\mathrm{rev}_n(N-1))$。根据公式 (7.41)，依次产生读地址 $(i-N/2P) \bmod N$

$(i=0,\mathrm{rev}_n(1),\cdots,\mathrm{rev}_n(N-1))$，读取 $Y[(i-N/2P) \bmod N]$ 完成信道均衡运算得到 $\hat{X}$

(i) 并送至输出缓存。

表 7.3　旋转因子映射关系及变换方案

$\mathrm{e}^{\frac{-\mathrm{j}2\pi k}{N}}$ 中 k 的取值	旋转因子压缩 存储单元的读地址 k'	旋转因子实部	旋转因子虚部
$0 \leqslant k < \dfrac{N}{8}$	$k' = k$	$\cos\left(\dfrac{2\pi k'}{N}\right)$	$-\sin\left(\dfrac{2\pi k'}{N}\right)$
$\dfrac{N}{8} \leqslant k < \dfrac{N}{4}$	$k' = \dfrac{N}{4} - k$	$\sin\left(\dfrac{2\pi k'}{N}\right)$	$-\cos\left(\dfrac{2\pi k'}{N}\right)$
$\dfrac{N}{4} \leqslant k < \dfrac{3N}{8}$	$k' = k - \dfrac{N}{4}$	$-\sin\left(\dfrac{2\pi k'}{N}\right)$	$-\cos\left(\dfrac{2\pi k'}{N}\right)$
$\dfrac{3N}{8} \leqslant k < \dfrac{N}{2}$	$k' = \dfrac{N}{2} - k$	$-\cos\left(\dfrac{2\pi k'}{N}\right)$	$-\sin\left(\dfrac{2\pi k'}{N}\right)$
$\dfrac{N}{2} \leqslant k < \dfrac{5N}{8}$	$k' = k - \dfrac{N}{2}$	$-\cos\left(\dfrac{2\pi k'}{N}\right)$	$\sin\left(\dfrac{2\pi k'}{N}\right)$
$\dfrac{5N}{8} \leqslant k < \dfrac{3N}{4}$	$k' = \dfrac{3N}{4} - k$	$-\sin\left(\dfrac{2\pi k'}{N}\right)$	$\cos\left(\dfrac{2\pi k'}{N}\right)$
$\dfrac{3N}{4} \leqslant k < \dfrac{7N}{8}$	$k' = k - \dfrac{3N}{4}$	$\sin\left(\dfrac{2\pi k'}{N}\right)$	$\cos\left(\dfrac{2\pi k'}{N}\right)$
$\dfrac{7N}{8} \leqslant k < N$	$k' = N - k$	$\cos\left(\dfrac{2\pi k'}{N}\right)$	$\sin\left(\dfrac{2\pi k'}{N}\right)$

概括起来，与传统方案中的信道估计与均衡装置相比，本节所提方案中的 OFDM 系统基于梳状导频结构的信道估计与均衡装置在计算复杂度与处理时延方面的优势具体表现在以下几个方面：

（1）在计算复杂度方面。本节所提方案中的信道估计与均衡装置需要完成一次 P 点 IFFT 运算和 $\frac{N}{N_{cp}}$ 次 N_{cp} 点 FFT 运算，在 FFT 计算复杂度方面降低了 $\frac{1-\mathrm{lb}N_{cp}}{\mathrm{lb}}N$，由于 N_{cp} 通常远小于 N，因此复杂度降低程度是显著的。例如，当循环前缀长度 $N_{cp}=128$，OFDM 信号的子载波数 $N=2048$ 时，FFT 计算复杂度能够降低约 40%。

（2）在处理时延方面。本节所提方案中的信道估计与均衡装置的计算时延为 $2N+2P+N_{cp}+S$ 个时钟周期，小于 $3N+2P$ 个时钟周期。与传统方案中信道估计与均衡装置的 $4N+2P$ 个时钟周期的处理时延相比，缩短了超过 N 个时钟周期的计算结果等待时间。

本 章 小 结

本章以无人机通信系统为例，围绕测控链路的低速扩频信令交互和数传链路高速 OFDM 数据传输需要，在综合运用前几章 FFT 计算与信道译码 VLSI 设计成果的基础上，重点针对通信系统中的定制化处理模块，研究其高效的 VLSI 实现问题。本章首先介绍了地面控制站数字前端的设计方案，通过较低的计算资源开销实现邻近频带数传信号的测控信号的分离；接着针对数字下变频和频率补偿操作对高精度 DDFS 应用要求研究了 DDFS 数据压缩存储方案，给出了相应的 VLSI 实现结构；然后对于频分多址接入的多路数传信号设计了迭代反馈结构的数字信道化接收装置，该数字信道化接收装置能够显著降低信道化原型滤波器阶数，并在保证多信道可靠分离的前提下显著减少了乘法器资源开销；最后针对扩频信号同步和 OFDM 系统信道均衡问题设计了低复杂度的 VLSI 实现结构，在保证同步性能和信道均衡效果的前提下，降低了处理延迟与存储开销。本章提出的 VLSI 设计理念和电路结构能够扩展应用于类似通信波形的硬件实现中，发挥更大的应用效能。

附录　CORDIC 运算单元的量化误差分析

对于复数 $x = x_{\text{re}} + \text{j} \cdot x_{\text{im}}$，将其在极坐标系内旋转角度 θ 得到 $y = y_{\text{re}} + \text{j} \cdot y_{\text{im}}$，那么 x 和 y 的关系可以表示为 $y = x \cdot \text{e}^{\text{j}\theta}$。如果将复数 x 和 y 分别看作是二维平面内的向量 $\boldsymbol{x}_{\text{in}} = [x_{\text{re}} \quad x_{\text{im}}]^{\text{T}}$，$\boldsymbol{y}_{\text{out}} = [y_{\text{re}} \quad y_{\text{im}}]^{\text{T}}$，那么

$$\boldsymbol{y}_{\text{out}} = \begin{bmatrix} y_{\text{re}} \\ y_{\text{im}} \end{bmatrix} = \begin{bmatrix} \cos\theta & -\sin\theta \\ \sin\theta & \cos\theta \end{bmatrix} \begin{bmatrix} x_{\text{re}} \\ x_{\text{im}} \end{bmatrix} = C(\theta) x_{\text{in}}$$

适用于 FFT 流水线结构的 CORDIC 运算单元将角度 θ 分解为一组预先设定的角度值，即

$$\theta = \mu_1 \pi + \mu_2 \frac{\pi}{2} + \sum_{t=1}^{T_{\text{c}}} v_t \arctan(2^{-t}) + \delta_\theta \tag{A.1}$$

其中，μ_1，$\mu_2 \in \{0, 1\}$；$v_t \in \{-1, 1\}$；T_{c} 的设置取决于 CORDIC 运算单元的角度分辨率的大小；δ_θ 则是小于角度分辨率 $\arctan(2^{-T_{\text{c}}})$ 的余项。

基于 θ 的表达式并忽略 δ_θ，可以将角度旋转矩阵 $\boldsymbol{C}(\theta)$ 近似为

$$\tilde{\boldsymbol{C}}(\theta) = S(1 - 2\mu_1) \cdot \boldsymbol{U} \prod_{t=1}^{T_{\text{c}}} \boldsymbol{\Theta}_t$$

其中，$\tilde{\boldsymbol{C}}(\theta)$ 表示近似后的角度旋转矩阵；常数 $S = \prod_{t=1}^{T_{\text{c}}} \cos[\arctan(2^{-t})] \approx 1 - 2^{-3} - 2^{-6}$；矩阵 $\boldsymbol{U}$ 和 $\boldsymbol{\Theta}_t$ 具有如下的形式：

$$\boldsymbol{U} = \begin{bmatrix} 1 - \mu_2 & -\mu_2 \\ \mu_2 & 1 - \mu_2 \end{bmatrix}, \quad \boldsymbol{\Theta}_t = \begin{bmatrix} 1 & -v_t 2^{-t} \\ v_t 2^{-t} & 1 \end{bmatrix}$$

CORDIC 运算单元在定点运算过程中，π 弧度和 $\pi/2$ 弧度的角度旋转可以通过对输入数据的实部和虚部进行互换或者取反来实现，因此它们不会引入量化误差。余下的 T_{c} 个角度旋转器依次用于实现 $\arctan(2^{-1})$，$\cdots$，$\arctan(2^{-T_{\text{c}}})$ 弧度的旋转，其中第 t 个旋转器要用到 t bit 的数据右移以及截位操作，这给数据的实部和虚部引入误差 $\boldsymbol{e}_t = [e_{t,\,\text{re}} \quad e_{t,\,\text{im}}]^{\text{T}}$。通过 T_{c} 个角度旋转器的数据在输出 CORDIC 运算单元之前还需要乘常数 $S \approx 1 - 2^{-3} - 2^{-6}$，由于需要对数据进行 3 bit 和 6 bit 的右移和截位操作，因此还会引入额外的计算误差 $\boldsymbol{e}_s = [e_{s,\,\text{re}} \quad e_{s,\,\text{im}}]^{\text{T}}$。将以上由定点运算引入的量化误差考虑在内，CORDIC 运算单元的输出数据 $\boldsymbol{y}_s = [y_{s,\,\text{re}} \quad y_{s,\,\text{im}}]^{\text{T}} \in \mathbb{R}^2$ 可以表示为

$$\boldsymbol{y}_s = S(1 - 2\mu_1)\boldsymbol{U} \sum_{t=1}^{T_{\text{c}}} \boldsymbol{\Theta}_t (\boldsymbol{x}_{\text{in}} + \boldsymbol{\varepsilon}_{\text{in}}) + S(1 - 2\mu_1)\boldsymbol{U} \sum_{t=1}^{T_{\text{c}}-1} \prod_{j=t+1}^{T_{\text{c}}} \boldsymbol{\Theta}_j \boldsymbol{e}_t + \boldsymbol{e}_{T_{\text{c}}} + \boldsymbol{e}_s$$

其中 $\boldsymbol{\varepsilon}_{\text{in}} = [\varepsilon_{\text{re}} \quad \varepsilon_{\text{im}}]^{\text{T}}$ 表示叠加在输入数据 $\boldsymbol{x}_{\text{in}}$ 内的误差。为了便于分析起见，我们认为误差项 $\boldsymbol{e}_s$ 与角度旋转器产生的误差 $\boldsymbol{e}_t$ $(t \in \{1, \cdots T_{\text{c}}\})$ 统计独立，且不同角度旋转器产生的误差也彼此不相关，即对于 $t_1 \neq t_2$ 有 $\text{tr}[\mathbb{E}(\boldsymbol{e}_{t_1} \boldsymbol{e}_{t_2}^{\text{T}})] = 0$。当 CORDIC 运算单元输入数据的实部 x_{re}

和虚部 x_{im} 均用 1 比特符号位和 $w-1$ 比特数据位进行表示时，由于在角度旋转过程中数据位宽保持不变，故对于 $t \in \{1, \cdots T_{\mathrm{c}}\}$ 都有 $\mathrm{tr}[\mathbb{E}(\boldsymbol{e}_t \boldsymbol{e}_t^{\mathrm{T}})] = 2/3 \cdot (1 + 2^{-t}) 2^{-2w}$。这样一来

$$\mathrm{tr}[\mathbb{E}(\boldsymbol{y}_s \boldsymbol{y}_s^{\mathrm{T}})] = \mathrm{tr}\Big[\mathbb{E}(\boldsymbol{x}_{\mathrm{in}} \boldsymbol{x}_{\mathrm{in}}^{\mathrm{T}}) \cdot S^2 \boldsymbol{U} \sum_{t=1}^{T_{\mathrm{c}}} \boldsymbol{\Theta}_t \Big(\boldsymbol{U} \sum_{t=1}^{T_{\mathrm{c}}} \boldsymbol{\Theta}_t\Big)^{\mathrm{T}}\Big] +$$

$$\mathrm{tr}\Big[\mathbb{E}(\boldsymbol{\varepsilon}_{\mathrm{in}} \boldsymbol{\varepsilon}_{\mathrm{in}}^{\mathrm{T}}) \cdot S^2 \boldsymbol{U} \sum_{t=1}^{T_{\mathrm{c}}} \boldsymbol{\Theta}_t \Big(\boldsymbol{U} \sum_{t=1}^{T_{\mathrm{c}}} \boldsymbol{\Theta}_t\Big)^{\mathrm{T}}\Big] +$$

$$\mathrm{tr}\Big[S^2 \sum_{t=1}^{T_{\mathrm{c}}-1} \mathbb{E}(\boldsymbol{e}_t \boldsymbol{e}_t^{\mathrm{T}}) \cdot \boldsymbol{U} \prod_{j=t+1}^{T_{\mathrm{c}}} \boldsymbol{\Theta}_j \Big(\boldsymbol{U} \prod_{j=t+1}^{T_{\mathrm{c}}} \boldsymbol{\Theta}_j\Big)^{\mathrm{T}}\Big] +$$

$$\mathrm{tr}[\mathbb{E}(\boldsymbol{e}_t \boldsymbol{e}_t^{\mathrm{T}})] + \mathrm{tr}[\mathbb{E}(\boldsymbol{e}_{T_{\mathrm{c}}} \boldsymbol{e}_{T_{\mathrm{c}}}^{\mathrm{T}})]$$

令 $\varepsilon = \varepsilon_{\mathrm{re}} + \mathrm{j} \cdot \varepsilon_{\mathrm{im}} \in \mathbb{C}$，同时由于 $\boldsymbol{U}\boldsymbol{U}^{\mathrm{T}} = \boldsymbol{I}_2$ 且 $\boldsymbol{\Theta}_t \boldsymbol{\Theta}_t^{\mathrm{T}} = (1 + 2^{-2t}) \cdot \boldsymbol{I}_2$，故上式可以简化为

$$\mathrm{tr}[\mathbb{E}(\boldsymbol{y}_s \boldsymbol{y}_s^{\mathrm{T}})] = \mathbb{E}(|x|^2) + \mathbb{E}(|\varepsilon|^2) + \frac{2}{3} \cdot 2^{-2w}(3 + 2^{-3} + 2^{-6} + 2^{-T_{\mathrm{c}}}) +$$

$$\frac{2}{3} \cdot 2^{-2w} \cdot S^2 \sum_{t=1}^{T_{\mathrm{c}}-1} (1 + 2^{-t}) \prod_{j=t+1}^{T_{\mathrm{c}}} (1 + 2^{-2j})$$

除了定点运算引入的量化误差，被忽略的式（A.1）中的角度残余量 δ_θ 也给计算带来了不准确性，这部分误差用 $e_\theta \in \mathbb{C}$ 表示。基于已有研究工作，e_θ 的统计特性可以表示为

$$\mathbb{E}(|e_\theta|^2) \approx \mathrm{tr}[\mathbb{E}(\boldsymbol{y}_s \boldsymbol{y}_s^{\mathrm{T}})][\tan^{-1}(2^{-T_{\mathrm{c}}})]^2 \approx \mathbb{E}(|x|^2) 2^{-2T_{\mathrm{c}}}$$

由上面的推导可以看出，对于输入数据 $x = (x_{\mathrm{re}} + \varepsilon_{\mathrm{re}}) + \mathrm{j} \cdot (x_{\mathrm{im}} + \varepsilon_{\mathrm{im}})$，CORDIC 运算单元在计算过程中不改变信号和误差的功率，这一特点与复数乘法器相同。同时，利用 CORDIC 运算单元完成非平凡角度旋转会引入新的计算误差，其方差可以表示为

$$\sigma^2 = \frac{2^{-2w+1}}{3} S^2 \sum_{t=1}^{T_{\mathrm{c}}-1} (1 + 2^{-t}) \prod_{j=t+1}^{T_{\mathrm{c}}} (1 + 2^{-2j}) +$$

$$\frac{2^{-2w}}{3}(3 + 2^{-3} + 2^{-6} + 2^{-T_{\mathrm{c}}}) + \mathbb{E}(|x|^2) 2^{-2T_{\mathrm{c}}}$$

参 考 文 献

[1] MOLISCH A F. 无线通信[M]. 2 版. 田斌，帖翊，任光亮，译. 北京：电子工业出版社，2015.

[2] 王兴亮，寇宝明. 数字通信原理与技术[M]. 3 版. 西安：西安电子科技大学出版社，2009.

[3] TSE D，VISWANATH P. 无线通信基础[M]. 李锵，周进，译. 北京：人民邮电出版社，2007.

[4] 张欣. 扩频通信数字基带信号处理算法及其 VLSI 实现[M]. 北京：科学出版社，2004.

[5] 张海滨. 正交频分复用的基本原理与关键技术[M]. 北京：国防工业出版社，2006.

[6] 王琳，徐位凯. 高效信道编译码技术及其应用[M]. 北京：人民邮电出版社，2007.

[7] WANG J，XIONG C，ZHANG K，et al. A mixed-decimation MDF architecture for radix -2^k parallel FFT[J]. IEEE Transactions on Very Large Scale Integration (VLSI) Systems，2015，24(1)：67 - 78.

[8] AYINALA M，BROWN M，PARHI K K. Pipelined parallel FFT architectures via folding transformation[J]. IEEE Transactions on Very Large Scale Integration (VLSI) Systems，2012，20 (6)：1068 - 1081.

[9] GARRIDO M，GRAJAL J，SANCHEZ M，et al. Pipelined radix-2^k feedforward FFT architectures[J]. IEEE Transactions on Very Large Scale Integration (VLSI) Systems，2013，21 (1)：23 - 32.

[10] LI N，MEIJS N P V D. A radix-2^2 based parallel pipeline FFT processor for MB-OFDM UWB system[C]. 2009 IEEE International SOC Conference (SOCC)，2009：383 - 386.

[11] Lee J. A. high-speed，low-complexity radix-2^4 FFT processor for MB-OFDM UWB systems[C]. IEEE International Symposium on Circuits and Systems，2006：4719 - 4722.

[12] YANG K J，TSAI S H，CHUANG G C. MDC FFT/IFFT processor with variable length for MIMO-OFDM systems[J]. IEEE Transactions on Very Large Scale Integration (VLSI) Systems，2013，21 (4)：720 - 731.

[13] LIU H，LEE H. A high performance four-parallel 128/64-point radix-2^4 FFT/IFFT processor for MIMO-OFDM systems[C]. 2008 IEEE Asia Pacific Conference on Circuits and Systems，2008：834 - 837.

[14]   CHO S I, KANG K M, CHOI S S. Implementation of 128-point fast Fourier transform processor for UWB systems[C]. 2008 IEEE International Wireless Communications and Mobile Computing Conference, 2008: 210 – 213.

[15]   TANG S N, TSAI J W, CHANG T Y. A 2. 4-GS/s FFT processor for OFDM-based WPAN applications[J]. IEEE Transactions on Circuits and Systems II: Express Briefs, 2010, 57 (6): 451 – 455.

[16]   YANG C H, YU T H, MARKOVIC D. Power and area minimization of reconfigurable FFT processors: A 3GPP-LTE example[J]. IEEE Journal of Solid-State Circuits, 2011, 47(3): 757 – 768.

[17]   CHO T, LEE H. A high-speed low-complexity modified radix-2^5 FFT processor for high rate WPAN applications [J]. IEEE Transactions on Very Large Scale Integration (VLSI) Systems, 2013, 21(1): 187 – 191.

[18]   HE S, TORKELSON M. Designing pipeline FFT processor for OFDM (de) modulation[C]. 1998 IEEE URSI International Symposium on Signals, Systems, and Electronics. Conference Proceedings, 1998: 257 – 262.

[19]   WOLD E H, DESPAIN A M. Pipeline and parallel-pipeline FFT processors for VLSI implementations[J]. IEEE Transactions on Computers, 1984, 33(05): 414 – 426.

[20]   WANG J, LI S, LI X. Scheduling of data access for the radix-2^k FFT processor using single-port memory[J]. IEEE Transactions on Very Large Scale Integration (VLSI) Systems, 2020, 28(7): 1676 – 1689.

[21]   TSAI P Y, LIN C. Y. A generalized conflict-free memory addressing scheme for continuous-flow parallel-processing FFT processors with rescheduling[J]. IEEE Transactions on Very Large Scale Integration (VLSI) Systems, 2010, 19(12): 2290 – 2302.

[22]   XING Q J, MA Z G, XU Y K. A novel conflict-free parallel memory access scheme for FFT processors[J]. IEEE Transactions on Circuits and Systems II: Express Briefs, 2017, 64(11): 1347 – 1351.

[23]   RICHARDSON S, MARKOVICE D, DANOWITZ A, et al. Building conflict-free FFT schedules[J]. IEEE Transactions on Circuits and Systems I: Regular Papers, 2015, 62(4): 1146 – 1155.

[24]   LUO H F, LIU Y J, SHIEH M D. Efficient memory-addressing algorithms for FFT processor design[J]. IEEE Transactions on Very Large Scale Integration (VLSI) Systems, 2014, 23(10): 2162 – 2172.

[25]   TIAN Y, HEI Y, LIU Z, et al. A modified signal flow graph and corresponding conflict-free strategy for memory-based FFT processor design [J]. IEEE Transactions on Circuits and Systems II: Express Briefs, 2018, 66(1): 106 – 110.

[26] LIU S, LIU D. A high-flexible low-latency memory-based FFT processor for 4G, WLAN, and future 5G[J]. IEEE Transactions on Very Large Scale Integration (VLSI) Systems, 2018, 27(3): 511 - 523.

[27] TANG S N, TSAI J W, CHANG T Y. A 2. 4-GS/s FFT processor for OFDM-based WPAN applications[J]. IEEE Transactions on Circuits and Systems Ⅱ: Express Briefs. 2010, 57 (6): 451 - 455.

[28] TANG S N, JAN F C, CHENG H W, et al. Multimode memory-based FFT processor for wireless display FD-OCT medical systems[J]. IEEE Transactions on Circuits and Systems Ⅰ: Regular Papers, 2014, 61(12): 3394 - 3406.

[29] HORN R A, JOHNSON C R. Matrix analysis [M]. Cambridge University Press, 2012.

[30] TURRILLAS M, CORTES A, VELEZ I, et al. An area-efficient radix-2^8 FFT algorithm for DVB-T2 receivers[J]. Microelectronics Journal, 2014, 45 (10): 1311 - 1318.

[31] WANG J, XIONG C, ZHANG K, et al. Fixed-point analysis and parameter optimization of the radix-2^k pipelined FFT processor[J]. IEEE Transactions on Signal Processing, 2015, 63(18): 4879 - 4893.

[32] TAKESHITA O Y. On maximum contention-free interleavers and permutation polynomials over integer rings [J]. IEEE Transactions on Information Theory, 2006, 52(3): 1249 - 1253.

[33] SUN J, TAKESHITA O Y. Interleavers for turbo codes using permutation polynomials over integer rings [J]. IEEE Transactions on Information Theory, 2005, 51 (1):101 - 119.

[34] ARDAKANI A, MAHDAVI M, SHABANY M. An efficient VLSI architecture of QPP interleaver/deinterleaver for LTE turbo coding [C]. 2013 IEEE International Symposium on Circuits and Systems (ISCAS), 2013: 797 - 800.

[35] STUDER C, BENKESER C, BELFANTI S, et al. Design and implementation of a parallel turbo-decoder ASIC for 3GPP-LTE [J]. IEEE Journal of Solid-State Circuits, 2011, 46 (1): 8 - 17.

[36] WANG J, ZHANG K, KRÖLL H, et al. Design of QPP interleavers for the parallel turbo decoding architecture [J]. IEEE. Transactions on Circuits and Systems Ⅰ: Regular Papers, 2016, 63(2): 288 - 299.

[37] RÖDER M, HAMZAOUI R. Fast tree-trellis list Viterbi decoding [J]. IEEE Transactions on Communi-cations, 2006, 54 (3): 453 - 461.

[38] SESHADRI N, SUNDBERG C E. List Viterbi decoding algorithms with applications [J]. IEEE Transactions on Communications, 1994, 42 (2): 313 - 323.

[39] SÁNCHEZ V, PEINADO A. M. An efficient parallel algorithm for list Viterbi

decoding [J]. Signal processing, 2003, 83 (3): 511 - 515.

[40] WANG R, XU H, WEI Y, et al. List Viterbi decoding of tail biting convolutional codes: U. S. Patent 8, 543, 895[P]. 2013 - 9 - 24.

[41] WANG J, KORB M, ZHANG K, et al. Parallel list decoding of convolutional codes: Algorithm and implementation [J]. IEEE Transactions on Circuits and Systems Ⅰ: Regular Papers, 2017, 64(10): 2806 - 2817.